公共調達解体新書

建設再生に向けた調達制度再構築の道筋

木下 誠也

推薦のことば

万能の杖といえるような社会制度や仕組みは存在しない。公共調達制度もまた然りである。社会的要請に応えるために整備された制度は、その運用で発生する課題を解決するために、常に改善が図られる必要がある。また、時代や社会環境の変化は、社会的要請の変化をもたらす。世界の公共調達制度は、常に変化しているように見える所以である。わが国においても、品確法や改正品確法などの制定に基づき、新しい調達制度が現場に導入されている。一方で、わが国の公共調達の基本原則を規定する会計法は、明治期に欧州より導入して以来、根本的に変わっていない部分を数多く残している。

現代の社会制度は、複雑である。特に、旧い時代に整備された基本原則を規定する制度には、関連する数多くの制度やその運用におけるさまざまな慣習などが複雑に絡み合っている。社会的要請の変化に応じて、基本原則に関わる制度の改善を図るためには、その周辺に存在する関連する制度や運用に対する影響をあらかじめ考慮する必要がある。基本原則に関わる制度の変革が難しいといわれる所以である。

わが国は、明治維新期に法体系を整備し、近代国家としてスタートしてから約１５０年が経過し、戦後の高度経済成長期に大量のインフラを整備した経験を経て、21世紀に入り、人口減少高齢化社会を迎え、これまでとは異なる新しい時代に突入している。社会的要請が明らかに変化する中で、公共調達に関わる制度や建設業などに関わる制度もその基本から見直すべき時期に来ている。本書には、諸外国の制度との比較も行いながら、わが国の公共調達に関わる制度をその根本から改革を行う必要があるとの木下誠也氏の強い想いが込められている。

最後に、木下誠也氏の今後益々のご健勝をお祈り申し上げるとともに、わが国の公共調達制度が、国民にとってより賢い調達が可能となり、サービスを提供する産業界にとっても、健全な発展につながるよう常に改善が図られることを切に願う次第である。

平成29年1月吉日

東京大学大学院工学系研究科
教授　小澤　一雅

はじめに

公共調達は、国、地方公共団体などの公的機関が税金などの公の資金を用いて公のために必要な物品を購入したり、サービスの提供を受けたり、建設工事を請負に出したりすることである。官公需法に基づく調査によれば、2015年度決算ベースで独立行政法人を含む国などの調達規模は約7兆円である。都道府県、人口10万人以上の市および東京特別区を対象とした地方公共団体の契約実績は約14兆円となっている[1]。

公共調達は、そのプロセスにおいて不公正な取引や汚職などこれまでさまざまな問題が起きたため、長い歴史の中で繰り返し制度が見直されるなど紆余曲折を経てきた。物品については、契約時点で目的物が存在し製品の評価がメンテナンスを含め市場において既になされていることが多いため、公正さを確保しながら競争性を確保しさえすれば問題は少ない。しかし、サービスや建設工事の調達については、契約時点で品質を確認することはできず、市場における評価もなされていない。このため、ややもすると「安かろう悪かろう」となり、サービスや工事の品質が低下したり、下請いじめや、末端労働者の賃金が不当に削られたり不払いが生じるなどの問題が生じかねない。ひいては「悪貨が良貨を駆逐する」という事態が生じ、優良な企業が生き残れずに不良業者の参入が拡大しかねない。これまで何度も制度改革の努力がなされたが、なかなか問題がすべて解決という状況に至らない。

筆者自身、公共調達方式の改善に長らく関わってきたが、現行の法制度と商慣習の下では取組みに限界が感じられる。本質のところを根本的に改めないと建設産業界も技術者も疲弊してしまうのではないか。わが国の公共調達の歴史的変遷や海外との比較などの研究を重ねるにつれ、根本の問題は、明治時代に西洋にならってつくって以来、基本的な枠組みが変わらない『会計法』と現行の商慣習を構成している社会構造にあると確信するに至った。

筆者が建設省（現在の国土交通省）に入り、社会資本整備に関わりはじめたのは１９７８年。全国各地でインフラ整備に取り組んだ。２００９年に国土交通省近畿地方整備局長を最後に国土交通省を退職するまでの31年余の公務員生活のうち通算17年は東京の霞ヶ関などに勤務したが、残りは関東運輸局（横浜）の1年足らずを除くと長い方から中部8年、近畿3年、九州2年、そして沖縄に1年余と各地で河川や道路を中心とする社会資本整備の計画づくりから公共事業の実施に携わった。工事を建設会社に発注するだけでなく、測量、地質調査や設計など多くの仕事は民間のそれぞれの専門の会社に外注して仕事を進めた。地方整備局の河川や道路担当の事務所の仕事は、事業の計画づくり、予算要求や地元調整から工事の実施、そして維持管理や許認可と幅広いが、さまざまな業務の外注や工事の発注という公共調達が仕事の相当部分を占める。

筆者が建設省・国土交通省時代に特に公共調達の制度改革に深く関わったのは、１９９５年から１９９９年にかけて大臣官房に勤務したときであった。１９９３年頃のゼネコン汚職のスキャンダルに加えアメリカからの市場開放の圧力もあって、当時90年ぶりの入札・契約制度の大改革として、国の発注については１９９４年度から大規模工事に「一般競争入札」を導入した。それまではほとんどの場合

「指名競争入札」を採用していた。発注者が事前に適切に施工可能な企業を10社程度指名した上で指名された者だけが入札し発注者が定めた予定価格以下でかつ最低の価格を入れた札を落札とする方式だった。それを大転換して、一定金額以上の大規模な工事については「指名競争入札」ではなく、要件を満たす者であれば自由に入札に参加できるという「一般競争入札」に切り替えたのだ。しかし、一般競争入札では、不良不適格な企業が参入し工事の「品質」を確保できないのではないかとの懸念があった。そのため、1997年度以降、入札時に技術を重視するバリューエンジニアリング（入札時ＶＥ）や、価格と品質を総合的に評価して落札者を決定する「総合評価落札方式」などを試行的に導入した。

それ以降も、公共事業の調達方式についてはさまざまな改革が進められた。筆者が中部地方整備局企画部長在任中の2005年には『公共工事の品質確保の促進に関する法律』（公共工事品確法）が公布、施行された。公共工事の発注については「総合評価落札方式」を適用することが原則とされ、2005年度の下半期から国土交通省が発注する工事は総合評価落札方式による一般競争入札へと大きく転換を始めた。1995年から2006年まで発注者が関与したいわゆる「官製談合事件」が続発し、改正独禁法の2006年1月施行とほぼ同時期に大手ゼネコン4社が「談合決別宣言」をした。それ以降、政府の財政逼迫により公共事業の市場が縮小したこともあって、異常な低価格で落札するダンピングが目立つようになった。2006年12月に国土交通省が強力なダンピング防止策を打ち出してからは過当競争が沈静化したものの、その後も低入札が発生しやすい状況が続いた。品質重視・技術重視の競争方式の切り札と期待されていた「総合評価落札方式」についても、さまざまな問題が指摘されるようになった。各社が机上の提案にエネルギーを費やし現場の施工力はかえって衰えているともいわれる。技術力を重視した健全な競争環境が整ったとは言い難い。

一方で、2011年3月11日に発生した東日本大震災の復旧・復興工事において、技術者不足や材料不足のために、工事発注を公告しても入札する者がいなかったり（不調）、入札者がいても入札価格がいずれも予定価格を上回ってしまい落札に至らない（不落）といったケースが続発した。予定価格の上限拘束の下では、予定価格の設定が市場価格の変動に追随できず、再入札の実施などの事務の増大につながったり、工事完成時期が遅れるなど、さまざまな弊害が生じた。

2014年には公共工事品確法が改正され、予定価格は最新の社会情勢を反映したものにするなどさまざまな対策を講じることが規定された。この法律がきっちりと運用されなければ事態は改善しないので、数多くの公共工事発注機関において徹底することが重要である。

この公共工事品確法改正により入札契約制度改革は大きく前進したが、課題がすべて解決したわけではない。また、かねてから問題が指摘されているわが国独特の予定価格による上限拘束の仕組みは抜本見直しには至らなかった。今後のさらなる改革が求められる。

本書では、第1章において、そもそもわが国においてどのように請負が発生し、どのような形で入札が行われるようになったのか、明治期に至るまでの公共調達の歴史を紐解く。その上で、西洋諸国にならって明治会計法を制定した経緯とその後の公共調達方式の変遷をレビューする。

特に1961年会計法改正について、低価格入札を調査する制度を取り入れるまでに、どれほどの紆余曲折があり、どのような議論がなされたのか経緯を明らかにする。これにより、国の入札契約を規定する会計法を改正するのにどのような困難があったのかを振り返り、低入札防止を困難にしているわが国の実情を分析する。

また、入札において工事の品質を担保するためにどのように入札者を評価していたのかという企業評価の仕組みに着目して、わが国の建設業の許可制度や、企業を点数付けする経営事項審査制度、あるいは企業をA、B、Cなどの等級（ランク）に格付けする制度などの変遷を追跡する。建設業許可制度のもとになっている『建設業法』が制定されるまでに国会でどのような議論がなされたのか、そして企業を格付けする制度がどのように生まれたのか、わが国の企業評価制度の歴史を遡る。さらに、90年ぶりの入札契約制度の大改革といわれた１９９４年以降の一般競争入札の拡大、２００５年公共工事品確法の制定、そして２０１４年の同法改正から現在に至る公共調達の動向を概観する。

第2章では、明治期にわが国が参考としたフランスとイタリアの公共調達制度が、その後どのように変化し、現在のわが国と全く異なるものとなったのか経緯を追跡する。そして、イギリスを含むヨーロッパ各国の公共調達の現状を明らかにする。

これに加えて、アメリカの公共調達制度を紹介し、かつてわが国の統治下であった韓国、台湾の現状も明らかにする。さらにわが国の建設産業が海外展開するにあたって留意しなければならないリスク管理について、実際に海外で経験した方々のコラムを含めて紹介する。

第3章では、建設コンサルタント業務等の調達方式について、わが国の現状と問題点を明らかにした上で、海外の実態を分析・整理する。それらを踏まえて、今後のわが国の建設コンサルタント業務等の調達方式のあり方を論じる。

第4章では、明治会計法制定以降現在まで何が変わらないままであって、それがどのような問題を来しているのか提起し、公共事業調達について、今後のあるべき姿を論じたい。特に、2011年8月に土木学会建設マネジメント委員会において提言した「公共事業調達法の提案」を紹介するほか、2014年の公共工事品確法改正以降の土木学会建設マネジメント委員会における研究成果を紹介する。

世界経済の先行きが不透明な今、いかに新たな成長モデルを構築するかということが国の将来を決める。新たな成長モデルをつくる鍵は、社会資本整備だ。迫り来る「首都圏直下地震」「南海トラフ地震」に対する備え、異常気象による風水害などに対する備え、わが国の生産性向上に資する基幹的交通網の整備など、戦略的な社会資本整備を効率的に進めなければならない。そのためには公共事業の調達制度改革が重要だ。本書が、日本再生の道筋を切り拓くヒントになることを望む。

[1] 経済産業省中小企業庁：官公需契約の手引き 施策の概要、平成27年度版
http://www.chusho.meti.go.jp/keiei/torihiki/kankouju/tebiki/131007251ytebiki.pdf

目次

公共調達解体新書

建設再生に向けた調達制度再構築の道筋

推薦のことば

はじめに

第2章—海外の公共調達制度

第3章―国内外の建設コンサルタント業務等の調達方式

第4章──さらなる公共調達改革に向けて

第1章

わが国の公共調達制度

わが国において大規模な土木建築工事は、古来、大勢の人足の単純労働によるいわゆる直営方式で施工されていたと考えられる。請負方式の発生時期は明確ではないが、古代から請負が徐々に発展し、江戸時代において請負業が成立して入札が行われるようになった。さらに、明治期以降、わが国の公共工事の調達方式は紆余曲折を経て現在に至っている。1889（明治22）年に制定された『会計法（明治会計法）』における入札・契約に関する規定は、現行の入札契約制度の枠組みを定めた。この枠組みは、どのような経緯で定められたのか。一定の要件を満たした者は自由に入札に参加できるという「一般競争入札」の適用を原則としながら、その後どのような経緯で、あらかじめ指名された者が入札に参加するという「指名競争入札」が1900（明治33）年の勅令により導入されるに至ったのか。指名競争入札が位置付けられてからは、約90年にわたり指名競争入札が主に用いられた。1994年度以降、大規模な工事に一般競争入札が導入されたが、2005年に公共工事品確法が制定されてからは総合評価落札方式を用いた一般競争入札の適用が大幅に拡大している。さらに、2014年にはインフラの品質確保とその担い手の中長期的な育成・確保を目指して同法が改正された。

現在に至るわが国の公共調達の歴史を遡ってその動向を概観する。

1　土木の始まりから請負の発生まで

人類が生活を始めて最初に必要とされた技術が土木であり、文明の始まりが土木の始まりといっていい。それほど、土木の歴史は古い。奈良時代（710－794年）に行基（668－749年）が恭仁京や泉大橋架橋、大仏殿建立などの事業を行ったのを請負の一つのルーツとする見方もある。

請負の実態が文書に残っているものとしては、正倉院所蔵の『大日本古文書』がある。奈良時代の762（天平寶字6）年、近江石山寺造営の際に木材の運搬を桴工が請け負った。また、様工と呼ばれる工人が一部の工事（桧皮葺など）に従事したとの記録がある。様工は配下を従えて工事を実施し、完了とともに賃金を支払った。いわゆる手間請負と考えられ、様工の「様」は請負を意味するといわれている。

時代がくだり鎌倉時代（1185－1333年）には、古文書集『鎌倉遺文』に1232（貞永元）年の春日社御供所造営に関する記録がある。造営の請負に際して番匠大工に前渡金が渡され、工事費の不足は大工が私費を充当して立て替え、完成後に支払いを受けた。手間請負ではあるが、工事経営能力を備える大工が存在していたと思われる。

室町時代（1336－1573年）には、伏見宮貞成親王（1372－1456年）の日記である『看聞日記（看聞御記ともいう）』に1435（永享7）年の伏見宮邸造営に関する記録がある。新造するにあたって、内裏御大工・公方御大工・大工源内の3人に見積らせたところ、700貫・2000余貫・820貫の麁色(そしき)が出され、2番目に低い価格を提示した源内が大工に任じられた。現在の貨幣価値には単純に換算できないが、仮に1貫が約1万円とすれば、820貫は820万円というオーダーだ。この頃、既に現在の入札に近い手法が用いられていた。「麁色」(あるいは損色・索色・摠色)とは見積りを意味する言葉だ。最低価格ではない源内が大工に任じられたのは、あまりに低い価格で工事を請負に出すと手抜きなどにつながりやすいと懸念したものと思われる。

1592(文禄元)年には、京都の相國寺方丈(しょうこくじほうじょう)の修理工事で、木工大工と桧皮大工との見積り合せの結果、安い見積りを出した桧皮大工に請け負わせたとの記録がある。小規模な建築工事で手間請負が行われ、現在の競争入札の考え方が取り入れられるようになったのはこの頃と思われる。

2 入札の始まり

江戸時代に入ると、競争入札による請負は、材木などの納入だけでなく、寺社の建築や架橋の工事にもみられる。1621(元和7)年に淀大橋小橋の大工方に関する入札があり、この時は中井伊豆という請負人が入札高11貫目を請け取り、この中から雇いの大工衆の作料飯米、大工小屋の入用などを支払ったとの記録がある。仮にこの時の1貫目を100万円とすると、1100万円程度の金額だ。本阿弥光悦(1558-1637年)が、著しく低い価格による落札は品質低下の問題が生じると懸念していたことが、『本阿弥行状記・上巻』に記されている。

1640（寛永17）年から1643（寛永20）年にかけて行われた幕府直轄による美濃南宮（みのなんぐう）神社の造営は、設計と見積りは幕府作事方が行い、それを競争入札に付している。特に三重塔は一式請負であった。幕府は請負人にさまざまな条件を課し、契約を履行できない場合の罰則を厳しく定めた。すなわち、請負条件として、工事を滞らせないこと、仕様どおりに仕事をすること、もし設計者の意に満たないときは何度でもやり直すこと、見積り損じがあっても許されないこと、万一途中で工事が滞ったときは代金は一切支払わず、他人に仰せつけ、その上落札者・請人とも家・屋敷・家財を召し上げられても差し支えないことなどの条件を課した。契約を結ぶ時点で請負人の信用度や工事実施の能力を十分把握できないために、発注者が請負人に対して厳しい条件を課したのだ。

この頃になると社寺の公儀造営は入札によるのが一般的となり、1662（寛文2）年の二条城外側の塀工事では、まず二条城棟梁の福井源太夫が柱、土台、貫（ぬき）などの材木、下地竹、瓦、釘、葺き壁、大工、日用一式で塀1間当たり銀230目1分（230目は230匁（もんめ）と同じ、1分は10分の1匁）の仕様見積を作成した。福井家は初期には修理工事を直接行っていたが、この時期から入札の諸資料作成と工事中の目付という職務内容となり、工事は一括請負の形で入札に転換していた。入札に参加した3人の入札価格は塀1間当たり各々164匁1分5厘、225匁9分4厘、231匁5分7厘（1厘は100分の1匁）であった。これを福井源太夫が吟味した結果、最も安値の1間当たり164匁1分5厘札は「下直（げじき）」にてはねられ、設計者の見積額230匁1分より低くこれに近い225匁9分4厘の札が231匁5分7厘に勝って適当である旨を奉行の牧野佐渡守に進言した。著しい低入札を排除し、予定価格の上限拘束のもとで落札者を決定するという今日と同じ考えをとっていた。

入札によって修復工事を行ったものとしては、１６６４-１６６５（寛文４-５）年に行われた石清水八幡宮、続いて１６６５（寛文５）年に始まった洛東泉涌寺の作事が早い例だ。これ以降は多くの一式請負の記録が残されている。１６６４（寛文４）年閏５月９日の町触れでは、土木工事として最も初期の一式請負とされる江戸八丁堀鉄砲安土の工事について公開の入札が行われた。また、１６６５（寛文５）年の９月と10月の江戸町触れに、橋の修理仕事の入札に関する触れが出ている。橋の架替えや修理に関する入札が、しばしば行われるようになっていた。入札は手間請負を対象としており、別途に木材・釘などの入札も行われていた。

土木工事の入札規定である１６７１（寛文11）年の『賀茂川堤御普請請負入札人江申渡覚并請書』によると、前金・敷金（入札保証金）として50両を持参することを条件とし、保証人は借家人でなく家持ちに限った。敷金は、業者の信用保証だけでなく、落札後に行方不明となったり、工事の手抜きをすることを防止するのがねらいであった。発注者が、請負人に対して契約を履行できない場合の罰則を定めただけでなく、事前に前金・敷金を持参させたり、家持ちである保証人を求めたのだ。

１６６９（寛文９）年の三条大橋（公儀橋）の普請では、京都町奉行から京都町中に対して、大工、材木屋、鍛冶屋、石屋などの対象の職種と入札日、入札場所を示し、希望者は出願して台帳に登録した上で入札に参加する仕組みになっていた。入札の参加者は資本力のある商人が多かった。

17世紀後半には大火・飢饉の頻発、大量の浪人の発生もあって、いろいろと統制・禁制が行われるようになった。商人・職人についても、同業者が仲間・組合を作ることを厳しく統制して、公認の仲間に属さなければ営業できないこととした。大工などの職人も株仲間を通じて幕藩体制に組み込まれた。例えば、1695（元禄8）年に堺にあった大工仲間は、京都の大工頭・中井氏が支配し、その下知に従わない者には営業を許さなかった。また、仲間同士互いの得意先を侵さない、建築主も出入りの大工の了解なくほかの大工に仕事をさせてはならないといったルールが確立された。

1719（享保4）年11月の江戸市中の町触れに「鳶頭（とびがしら）入口請負之者」および「屋敷方諸日用請負之者」の名称がみられる。鳶職は建築における地形や小屋組みなど鳶口（とびぐち）を使う本来の仕事のほかに、頭立ったものはその配下を指揮して、道路や溝の補修といった地域の小土工や雑用を果たしていた。鳶職たちはその労務管理の能力を資本として専任消防夫を務めるとともに、土木工事において請負業者へと転化していった。もう一つの「屋敷方諸日用請負之者」は、平常多数の人足を配下に置き、注文に応じて必要人数を差し向ける手配師であり、彼らは武家屋敷への労働力供給請負から、さらに進んで土木工事の請負に進んでいった。

入札がしばしば行われるようになると、不正が横行し始めた。1725（享保10）年、新井白石（はくせき）（1657－1725年）は自叙伝『折（おり）たく柴（しば）の記』の中で、当時の入札にまつわる不正を嘆いている。1734（享保19）年には、年間800両で江戸市中の168カ所の橋の維持管理・修繕を責任をもって代行するという仕事を、幕府が2人の町人に連名で請け負わせた。請負人は、担保となる十分な家作を有していることが必要とされた。請負人の履行能力などを事前に十分に評価できないために、発注者が請負人に対し家作などの担保を要求したのだ。

18世紀前半頃には、土木請負業は江戸をはじめとする大都市において、

① 鳶頭における鳶職人の供給請負
② 各種工事および人数を要する需要に対する人足供給請負
③ 橋梁など小土木工事の定式請負

の3種類の形態で事業として成り立つようになっていた。

江戸中期以降の閉鎖的な制度である株仲間は、幕末の天保の改革により1841（天保12）年についに全面廃止に至った。しかし、期待に反して流通機構の混乱が生じ、品不足などから物価は逆に騰貴したため、1851（嘉永4）年に株仲間制は復活した。しかし、元の制度に戻すのではなく、誰でも自由に仲間に参加できるようにして、開放的な同業組合に形を変えた。株仲間の解放は、建設事業を巡る市場環境にも大きな変化をもたらした。商人をはじめ、火消鳶の頭、あるいは労働力の集約に長じたいわゆる親分衆などに至るまで、多様な層が建設請負市場、特に土木工事の請負に進出し、「請負師」といわれる一種の職業が成立するようになった。

3 請負業の成立と入札制度の導入

幕末・維新の変革期には、幕府はいくつかの大型建設工事を実施した。品川台場の工事が入札に付され、1853（嘉永6）年8月に起工、翌1854（安政元）年4月に完成した。箱館（函館）にも台場が築造され、品川台場の工事を経験した労働者が呼ばれた。五稜郭の築城工事は、1857（安政

４）年に始まった。さらに、港に外国人居留地を設けることが焦眉の急となり、中でも横浜の外国人居留地建設事業は、一寒村に一挙に近代的な都市機能を持たせようという新規開発事業であった。清水喜助、鹿島岩吉をはじめ、多くの進歩的請負業者がその営業の基礎をこの地で築いた。

また、後に横須賀海軍工廠（こうしょう）となる横須賀製鉄所は、幕府勘定奉行小栗上野介（おぐりこうずけのすけ）によって進められ、１８６５（慶応元）年に締結された日仏間の契約に基づいてフランス人技師ヴェルニーの設計・指導のもとに始められた。維新後、明治新政府に引き継がれて１８７１（明治４）年に完成した。この建設事業を進めるにあたって、幕府は指定請負人を定め、工事や物品納入１件ごとにこれらの指定請負人に入札させ、最低額落札方式を採用した。指定請負人は当初着手時６人であったが、工事最盛期には十数人に達した。請負１件ごとの金額は大小さまざまであるが、大きなものは１万両に達する建築工事などがあった。１万両というのを現在の貨幣価値に換算するのは難しいが、仮に１両を現在の６万円とすれば今の６億円相当である。また、関連事業として野島崎の灯台工事を一式６５００両で発注しているが、これは材工一式であった。あらかじめ信頼できる者のみを指定請負人に定めて入札を行っていた。この頃になると十分な工事の実績を有し信頼できる請負人が現れていたので、そのような者を前もって指定して入札させるようになっていた。不特定多数の請負人を評価するのではなく、信頼できる特定の請負人を選定しておくという考え方であった。

維新の争乱が収まり、建設の動きの中心も東京に移ってから、２代清水喜助は築地ホテル館、引き続いて第一国立銀行、為替バンク三井組などを手掛け、鹿島方は高輪に毛利邸、京橋に蓬莱社など、当時の著名な建築物を施工した。１８７２（明治５）年に創立された抄紙会社（現在の王子製紙）の王子工

表1－1　幕末までの請負方式と入札の発展

8世紀－　手間請負の発生
　762年　近江石山寺造営・・・桴工（木材の運搬)、様工（桧皮葺工事）など
　1232年　春日社御供所造営・・・大工
　1435年　伏見宮邸造営（見積り合せ）・・・大工
　1440年　雲居寺二王造立（見積り合せ）
　1592年　京都相國寺方丈修理工事（見積り合せ）・・・木工大工、桧皮大工など
17世紀　一式請負の発生と入札の導入
　1621年　淀大橋小橋（手間請負）（入札）・・・大工
　1640年　美濃南宮神社三重搭造営（一式請負）（入札）
　1662年　二条城塀の作事（一式請負）（入札）
　1664年　石清水八幡宮作事（入札）
　1664年　江戸八丁堀鉄砲安土の土木工事（一式請負）（入札）
　1665年　橋の修理工事（手間請負）（入札）
19世紀　請負師（請負業者）の発生
　1853年　品川台場の工事（入札）
　1865年　横須賀製鉄所建設（指定請負人の入札）

場建設においても、両者は指定請負人となった。残されている請負契約書によると、この時は原則として材工一式請負で、支払いは前渡し・中間・残の3回とすること、中途解約の際の処理方法、工期遅延違約金は1日につき100分の1とすることなどが定められている。今日の工事請負契約標準約款の原形となった。

幕末までの請負方式と入札の発展の過程を表1－1に示す。

4　明治会計法が制定されるまで

明治維新後、国の土木工事・営繕工事の所掌は、目まぐるしく変転した。１８６８（明治元）年には、河川改修などの土木工事は「治河使（ちかし）」が担い、営繕工事は、会計事務局に置かれた「営繕」が担当してから大蔵省に引き継がれた。１８６９（明治２）年には土木工事・営繕工事とも一旦は民部省土木司に統合された。しかし、翌１８７０（明治３）年には営繕は再び大蔵省に戻り、土木司は１８７１（明治４）年工部省に移され、同年のうちに土木と営繕が統合、その後大蔵省に移管されて大蔵省土木寮となった。１８７４（明治７）年には内務省設置に伴い土木寮は同省所属となった。このとき、営繕は工部省が所掌することとなったが、１８８５（明治18）年工部省廃止に伴い内務省土木局に引き継がれた。

それぞれの分野の工事は、次のように実施された。

【河川・港湾・道路】

河川、港湾、道路などの工事実施形態は、主に「直営方式」であった。すなわち、発注者が自ら施工部門を有して、資材調達、機器類から労務の調達まですべてを行うか、労務者の供給のみを請負者に行わせる方式であった。

【営繕】

営繕の工事実施形態は、労働者の供給を請負者に行わせる方式が主で、「入札請負」と「定式請負」

の2種の方法があった。いずれの方法も、信頼できる者のみをあらかじめ選ぶという考え方であり、不特定多数の請負人を評価するのではなく、特定の請負人を前もって選定しておくという考え方であった。「入札請負」とは、平素着実に工事を仕上げる手堅く信用のある者をあらかじめ吟味選択しておいて、他日に工事施行の際に、これらの者に見積書を提出させ、その結果によって下命を決するという制度だ。明治の末から導入された指名競争入札に相当するものである。一方、「定式請負」とは、ある程度以下の工事に対して、出入りの者の中から月番というものを設け、ある一定の期間を定めて、その期間内に生じる工事をその月番に担当させるものだ。これは、見積書の提出が不要で、職方の工賃や材料価格を定めておいて工費を決定した。

なお、工部省製作寮建築局は1874(明治7)年に『入札規則』(巻末参照)を定め、不相当の入札を排除する考えを取り入れていた。翌1875(明治8)年には『工部省営繕局入札定則』(巻末参照)として改正している。この入札定則第3則、第4則に営繕工事について落札者決定の手続きを定め、価格不相当の入札を排除するよう定めていた。この定則は一般競争入札の手続きを定めているが、この第5則、第10則に入札にあたっては受注者に請負証人をつけることを求めていた。一般競争入札を適用し不特定多数の者が入札するとなると、事前に入札者を審査して不適格者を排除することが重要と考えられるが、この時代にはまだ企業評価制度が整っておらず、請負人に対して契約を履行できない場合の罰則を定めたり、請負証人を付けることを求めていたのだ。

【鉄道】

鉄道工事の工事実施形態は、工事の内容によって直営と請負のどちらかが採用された。労務主体の土工工事は労務提供を請負とし、駅舎建築は大工による請負で行われた。新しい技術を要するトンネルや橋梁工事は直営による施工が１８９３-１８９４（明治26-27）年まで続いた。トンネルや橋梁工事については資材を発注者が支給し、業者が手間請けで参加するというのが次の段階で、１８９７（明治30）年以降になって請負による施工が鉄道工事において定着していった。このように紆余曲折はあったが、鉄道工事においては「請負方式」が発展し、明治以降の土木建設業の発展につながった。

なお、１８８０（明治13）年着工の敦賀-長浜間32㎞の敦賀線では、鹿島岩蔵の鹿島組が初めて鉄道工事に参入した。この敦賀線工事に『土工仕様書並びに請負人心得書』というものがつくられ、この文書には契約保証金、工期、工事数量、請負外の精算、工事中止、支払方法、下請自由、そして一括下請禁止などの記載がある。発注者は受注者から契約保証金を取ることで、工事の履行を担保させていたのだ。

業者選定方式は、１８８４（明治17）年に日本鉄道会社が計画した新線（品川-新橋-赤羽間）の工事で、アメリカ留学帰りの原口要鉄道局少技長の提案で「指名競争入札」を採用したのを除けば、鉄道工事は「特命方式」すなわち「随意契約」が用いられた。

明治期の鉄道整備は急ピッチで進められ、１８７２（明治５）年に開業した新橋-横浜間を皮切りに１８８７（明治20）年末には私鉄を含む鉄道の開業延長は１０３３㎞に及び、１９０１（明治34）年末には６４８１㎞に達した。工事の品質を確保し、工事を早期に完成させる観点から、鉄道整備には特命契約が有効と考えられた。しかし、特命契約は不透明になりがちで競争性を確保しにくい問題があり、後になって第2次世界大戦後、ＧＨＱから国鉄に対し公開入札を求める指令が出されることにつながっ

表1-2　明治会計法が制定されるまでの主な鉄道工事の出来事

西暦	和暦	内容
1870年－ 1872年	明治3年－ 明治5年	汐留（新橋）－横浜間の官営鉄道を起工 工事材料は全部官給し、土工、鳶、大工、石工、左官などの各職別に大部分を手間請負すなわち切り投げに
1873年	明治6年	鉄道新線 京都－大阪間を着工 阪神間は直営工事で1874（明治7）年、京阪間は労働力供給請負で1877（明治10）年開業
1874年	明治7年	工部省製作寮建築局が『入札規則』を制定
1875年	明治8年	工部省営繕局が『入札定則』を制定
1880年－	明治13年－	敦賀－長浜間32kmの敦賀線の工事で鹿島岩蔵の鹿島組が初めて鉄道工事に参入 契約保証金、工期、工事数量、請負外の精算、工事中止、支払方法、下請自由、一括下請禁止などを規定した請負工事の一例
1880年－	明治13年－	『工場払下概則』を制定 北海道開拓使の官有物払い下げ問題が大きな政変に発展
1884年－	明治17年－	日本鉄道会社が計画した新線（品川－新橋－赤羽間）で競争入札を採用（これ以後はしばらく競争入札を積極的に活用せず）

た。

払い下げ問題からはじまった議論

入札制度が法制化されていく上でもう一つ注目すべき点として「払い下げ」の問題がある。1880年代から明治政府は、官営工場や鉱山などを民間へ払い下げた。当時、官営事業の不公正な払い下げが問題となり、森有礼（ありのり）文部大臣が、官有物の払い下げはすべて入札によること、払い下げ物品の「実価」を評価してあらかじめ払い下げの「最低価格」を定めること、入札者を代金の半額以上（少額のものについては全額）即納できる者に限定することなどを提案した。明治会計法制定以前に、売り払い（「売」）における「一般競争入札」、「予定価格」などの原則がこのようにして生まれていた。

明治維新以降、1889（明治22）年に『明治会計法』が制定されるまでの主な鉄道工事の出来事を表1-2に示す。

5　明治会計法の制定

(1) 欧米各国の会計制度の調査

明治会計法の最初の起草者は、大蔵省の阪谷芳郎（さかたによしろう）（1863-1941年）だ。東京大学を卒業後、大蔵省に入り、後に大蔵次官、大蔵大臣を務め、東京市長、貴族院議員となった。阪谷の著書[1]によると、政府は、憲法発布ならびに議会開設に伴い、従来の会計制度を抜本的に改正することが必要と考え、1886（明治19）年末において会計法取調委員を任命し、従来の会計法を基礎として、これに広く欧米各国の会計法規を参考として改めて会計法案を作成した。当時わが国では、屈辱的な不平等条約を撤廃するという政治的な目的のために、西洋的な法典を取り入れて日本の飾りにするという一面があったといわれている。明治会計法は、わが国の実情を踏まえるというよりも、欧米の当時の標準型を取り入れようとしたものだった。当時既に、仏国（フランス）、白耳義（ベルギー）、伊太利（イタリア）の各国において会計法が整備されていたが、独逸（ドイツ）、英国および米国にはいまだ統一的会計法規が存在しなかった。

1887（明治20）年3月に大蔵省が翻訳した当時の『仏国会計法』、『白耳義国会計法典』および『伊多利国会計法』（巻末参照）が国立国会図書館に残されている。仏国会計法は1864年の原版を翻訳したものだ。これは1862年の『政府会計全般に関する王令』（第2章参照）に相当する。白耳義国会計法典は1880年の原版を翻訳したものであり、その中身は『1846年5月15日会計組織法令（1857年4月8日、1867年12月28日および1871年7月28日改正を含む）』などである。伊多利国会計法はフランスの『1885年3月仏国大蔵省刊行統計及立法比較報告』にイタリアの1884年王令『国家会計法』（第2章参照）が掲載されているのを重訳したものだ。

当時の大蔵省の翻訳によると、仏国会計法は、「売買」を同じ取扱いとして「公告による競争」（すなわち「一般競争入札」）を原則とすることとし、必要な場合に「指名競争入札」を認め、例外的に少額のもの、秘密にすべきものなど12項目について「随意契約」によってよいとしていた。また、必要があれば「買」の場合は最高価格（「売」の場合は最低価格）を予定することができるとしている。予定価格の制限に関する規定があった。

白耳義国会計法典においては、買い入れ（「買」）について「公告による競争」すなわち「一般競争入札」を原則とするとし、少額のもの、秘密にすべきものなどについて「随意契約」によることを認めた。予定価格の制限に関する定めはない。

伊多利国会計法においては、「売買」を同じ取扱いとして、「公の手続き」すなわち「一般競争入札」を原則とすることを規定している。そして、「公の手続き」によらず「私の手続き」すなわち「随意契約」によってよい場合を定めた。条文によると、政府が「買」の場合は最高価格（「売」の場合は最低価格）の制限を定めることを前提とした規定があるため、フランスのように予定価格による制限を定める場合があったことがわかる。

(2) 会計法の立案

また、阪谷は、１８８７（明治20）年7月に起草した１７７カ条からなる『会計原法草案』において、入札については「総て政府の収入となり又は経費となるへき官有財産の賣買貸借運送工事営繕は公告の上競争に付するものとす　但し特別の法律を以て示したる場合及左の二ケ条に掲けたる場合は取除とす」としており、既に草案の段階で、「買」と「売」を同じ取扱いとして「公告による競争」すなわち「一般競争入札」の原則を明記していた。この条文の文言は伊太利国会計法第3条と非常によく似ている。阪谷は草案立案の説明文に「大抵は伊佛法と異なる所なし」と述べており、伊多利国会計法と仏国会計法にならって草案を作成したことを明らかにしている。大蔵省が枢密院に上奏した１８８７（明治20）年12月の会計原法案の第24条は、阪谷の草案の文言を少しだけ変えて「法律を以て定めたる場合の外政府の工事又は物件の売買貸借は総て公告して競争に付すへし　但し左の場合に於いては競争に付せす相対の約定に依ることを得へし」となった。

１８８８（明治21）年5月には、9章55カ条からなる内閣提出の会計法第1草案が出来上がり、閣議に提出された。この草案に添えられた大蔵省上奏文によれば、この法案は会計上の原則を定めたものであるからみだりに変更すべきではないこと、そして会計法の実施上の細則は別に定める必要があることを主張している。この草案は内閣法制局の修正を経て、同年9月枢密院の議に付され修正が加えられ第2草案の成案をみた。

(3) 会計法の制定

勅裁を経て、大日本帝国憲法の発布と同時に全11章33カ条からなる『会計法』(巻末参照)(後の改正法と区別するため以後は「明治会計法」と呼称する)は翌1889(明治22)年2月11日公布、1890(明治23)年4月1日施行された。会計法の構成は次のとおりであり、政府の入札や契約に関わる条文は第8章のみである。

第1章　總　則(第1条–第4条)
第2章　豫　算(第5条–第9条)
第3章　収　入(第10条)
第4章　支　出(第11条–第15条)
第5章　決　算(第16条–第17条)
第6章　期満免除(第18条–第19条)
第7章　歳計剰餘定額繰越豫算外収入及定額戻入(第20条–第23条)
第8章　政府ノ工事及物件ノ賣買貸借(第24条–第25条)
第9章　出納官吏(第26条–第29条)
第10章　雑　則(第30条–第31条)
第11章　附　則(第32条–第33条)

第8章の第24条では「法律勅令を以て定めたる場合の外政府の工事又は物件の売買貸借は総て公告して競争に付すへし　但し左の場合に於ては競争に付せす随意の約定に依ることを得へし」として政府の

工事および物件の売買貸借に関する手続きが定められた。会計原法案と書きぶりが少し改められただけで実質的に変わりはない。そして、第25条においては前金払いについて規定されている。

建築が専門で法政大学名誉教授の岩下秀男は、「憲法の制定を基本に、近代的法体系を急速に整備して、幕末以来の不平等条約を何とか改正しようという当時の状況の中では、政府調達に関する競争入札制の導入はむしろ必然と言ってよいものであった」と著書[2]で述べている。

会計法第24条において、公告による競争を原則とするとして例外規定を設けたのは、仏国会計法、白耳義国会計法典および伊多利国会計法と同様の考え方である。また、会計法第24条は、「買」だけでなく「売買貸借」を対象とした。これは当時の仏国会計法と伊多利国会計法にならったものだ。また、指名競争入札は仏国会計法では認められていたが、このときには導入されなかった。

(4)　予定価格の制限

会計法の施行に必要な手順を定めた『会計規則（明治会計規則）』(巻末参照)が１８８９（明治22）年５月勅令第60号として公布、１８９０（明治23）年４月施行された。

会計規則は10章１３２カ条からなり、会計規則第75条は「各省大臣若くは其委任を受けたる官吏は其競争入札に付したる工事又は物件の価格を予定し其予定価格を封書とし開札のとき之を開札場所に置くへし」として発注者が予定価格を必ず作成することを規定している。また、第77条は「開札の上にて各人の入札中一も第七十五條に拠り予定したる価格の制限に達せさるときは直に入札人をして再度の入札を為さしむることを得」として、予定価格を「買」の場合は契約額の上限（「売」の場合は契約額の下限）

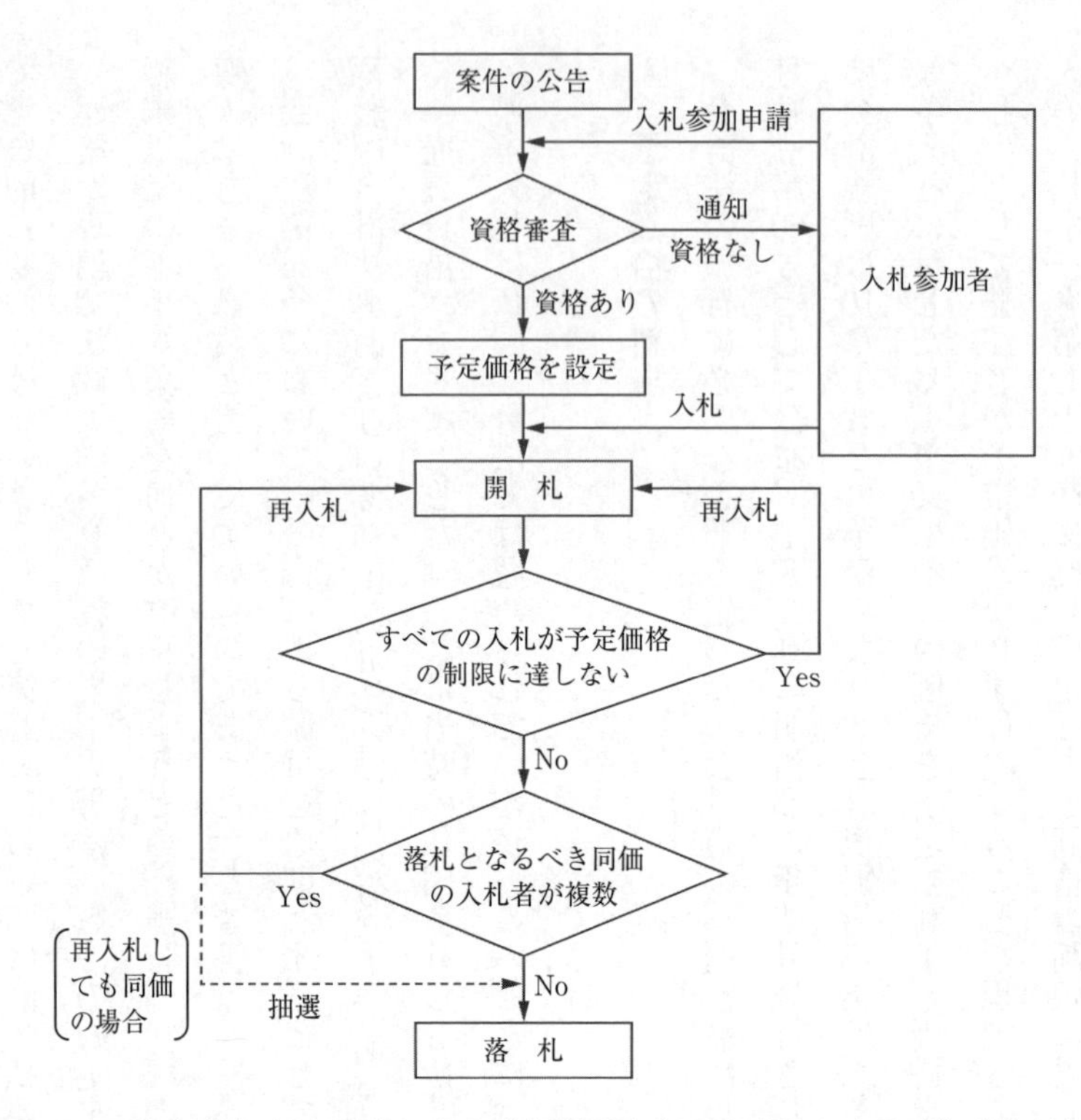

図1-1　明治会計法（1889年）および会計規則（1889年）による入札手続の流れ

とすることとしている。予定価格の制限に関するこれらの規定は、仏国会計法および伊多利国会計法を参考にしたものだ。図1-1に、明治会計法および会計規則に基づく競争入札手続の流れを示す。

なお、政府は、1890（明治23）年9月には勅令第193号において「政府の工事又は物件の売買貸借にして競争に付するも入札者なきとき又は会計規則第77条に依り再度の入札に付するも尚ほ予定価格の制限に達せさるときは随意契約を為すことを得　但之か為め最初競争に付するとき定めたる価格及其他の条件を変更することを得す」と定め、入札する者がいない「不調」が生じたり、入札する者がいてもすべての入札が予定価格の制限に達しない「不落」が発生した場合に、再入札に付するが、それでもなお予定価格の制限に達しない場合は随意契約によってよいとした。

明治会計法の解説書[3]を著した北島兼弘らは、予定価格の制限を規定した会計規則第77条について、「本条の規定なきときは取引の間に私曲行はれ易けれとも広く競争に付するときは政府の取扱を公明にし当局官吏の康正を保ち政府の為めに経済上の利益も少なからさるなり」と述べている。官吏の不正防止が大きな関心事であったことがわかる。当時は、私利非行による価格のつり上げを防止する観点から、明治会計法においては、西洋諸国のうち特にフランスとイタリアにならい公開による入札を原則とし、厳格な予定価格の制限を設け、「買」の場合は最低価格の入札者が自動的に落札することとしたものと思われる。

日本大学を卒業後、高等文官試験を経て１８９７（明治30）年に会計検査院に配属となり、１９０６（明治39）年に台湾総督府保安課長を最後に退官した図師庄一郎（ずししょういちろう）は会計法の解説書『会計論綱』[4]の中で、一般競争入札のもとで談合によって「着実信用ある良商」がかえって排除されていることを憂え、むしろ「経験信用ある良商数人を指名」する方がよいと述べている。優良業者が排除されないよう「指名競争入札」を導入すべきと提案したのだ。

また、予定価格に関しては、同書において、復制限すなわち最低制限価格の設定を許さないと述べている。１８７５（明治８）年の工部省営繕局入札定則にあった価格不相当の入札を排除する規定は、明治会計法には設けられなかった。

官設鉄道工事については、会計法第24条に基づく『官設鉄道会計法』が１８９０（明治23）年３月に公布、「工事及物件の売買貸借に関する総て会計規則第七章の例に依る」とされ、鉄道工事も一般競争入札が原則となった。これは官営鉄道の工事だけに適用されたものであるが、民営の鉄道工事もおおむね政府の方式にならって行われた。

(5) 競争参加の要件

会計規則第7章第1款総則で代価の支払方法および競争に参加する者の資格ならびに契約の際の保証金が規定された。競争参加者および契約者は2年以上その事業に従事していることの証明を必要とした。このほか、保証金の納付に関しては、競争参加者は現金または公債証書をもって見積代金の100分の5以上、契約締結者は契約代金の100分の10以上の保証金を各省大臣が定めるところによりそれぞれ納付することとされた。

官設鉄道工事については、官設鉄道会計法と『作業及鉄道会計規則』が1890(明治23)年3月18日と20日に公布され、前者では「工事及物件の売買貸借に関する総て会計規則第七章の例に依る」とし、鉄道工事も一般競争入札が原則となった。これらの法規は官営鉄道の工事だけに適用されたものだが、民営の鉄道工事もおおむね政府の方式にならって実施された。

入札参加者の資格要件として、2年以上その事業に従事していることの証明などを求めたのは企業評価の走りといえる。しかし、契約履行の確実性を担保するには十分な制度ではなかった。明治会計法制定当時は、経済状況の悪化と重なり、請負業に大きな影響を与え、小企業が多数乱立し、大企業の存立が危うくなるという大混乱に陥った。手抜き工事だけでなく、悪質な談合が続発し、指名競争入札よりも多くの弊害が起きたといわれている。企業評価制度が十分に整わないまま不特定多数の業者の参入を許す一般競争入札を導入したことが混乱の原因となったといえる。

１８９３（明治26）年10月には、会計規則が改正（翌年1月1日施行）され、入札者資格の業務経歴2カ年について工事の性質により必要があるときは各省大臣は省令でその資格を定めることができるとするなど、いくつかの点が加えられた。

(6)　会計法が及ぼした影響

会計法制定以前にも競争入札は一部において行われていたが、官庁工事や陸海空軍の工事は特命方式が主体であり、大規模工事や高度の技術を要するものに関しては、施工能力において信頼できる業者に特命で発注する例がほとんどであった。会計法制定に伴う一般競争入札の原則は、それまでの慣行を覆す政策上の大転換であり、中央官衙（かんが）街建設などの特命受注を期待していた大規模請負業者にとっては予想していない出来事であった。

問題であったのは会計法だけではなく、会計法が公布された頃には、経済全般に過剰生産恐慌の兆しが見えていたことである。中央官衙街の計画も大幅に縮小されるとともに、着手時期も延び延びとなっていた。経営環境が予想に反して思わしくないところに、会計法の制定が請負業に決定的なダメージを与えた。

ところが、日清戦争（１８９４-１８９５年）に発展していく過程での軍事需要の増加によって、建設需要の回復は案外早くやってきた。さらに、日清戦争が圧倒的な勝利に終わり、莫大な償金を得、遅ればせながら本格的な産業革命が進んだ。

建設需要が活況を呈するようになると、一般競争入札のもとで新たに土木建築請負に参入する業者が次第に増え、闇雲な安値で落札し、ろくに管理もできない上に、算盤が合わない分を手抜きをするといった粗悪な工事が行われた。また、密かに予定価格を探知しては、入札参加者に談合を持ち掛け、応じない者には非合法な手段で正当な入札行為を妨害するといった悪徳業者もおり、予定価格の漏洩も珍しいことではなかった。

一般競争入札は事務が繁雑で、社会的混乱もあったこともあり、政府は特例として随意契約の範囲の拡大を徐々に行った。1892(明治25)年5月の勅令では「鉄道工事の職工人夫雇傭」に随意契約を認めたほか、1893(明治26)年5月、1898(明治31)年3月、1899(明治32)年2月、8月などに多数の勅令を定め随意契約の範囲を拡大した。

(7) 業界組織の結成

土木建設業界の全国的業界組織は、会計法制定以前から結成が進んだ。1874(明治7)年には、大阪の大工職が土木建築に関わる同業組合として最初の「大工職業組合」を結成した。明治初年に株仲間が廃止され、悪徳商人が跋扈(ばっこ)して健全な業者が工事を受注することができないという問題が背景にあった。そこで組合を設けることによって自分たちの活動の正当性を示すとともに、政府からの保護を希望したのである。

その後、東京でも同様に同業組合が自主的に結成され、会計法制定後には政府も悪質な業者を入札市場から排除しようと、土木建設業者に協会への加入を促す対応がとられた。しかし市場が広域化するにつれて、地域ごとの組合ではダンピングなどのさまざまな問題に対応することが困難となり、より広域的な、地域を超えた横断組織の必要性も高まった。

このような流れの中で請負業者が広域的に結束したのが、１８８９年の日本土木組合である。当時活発であった鉄道工事をねらった「質の悪い新興請負業者」による業界の混乱が懸念されたためとされている。

6　指名競争入札の導入

(1)　勅令の制定

政府は、一般競争入札によって優良な業者が排除されるような状況を改善しようと、１９００（明治33）年勅令第２８０号に「無制限の競争に付するを不利とするときは指名競争に付することを得」と定め、指名競争入札を位置付けた。１９１６（大正５）年5月にはその勅令の一部を改正して「物件の購入」を「物件の購入若は売払」とした。つまり、指名競争に付することができる範囲を売り払い（「売」）にも拡張した。

随意契約の範囲については、１９０１（明治34）年3月勅令第8号『政府に於て直接に従事する事業に要する職工人夫雇傭の請負』によりさらに拡大され、1890（明治23）年から1921（大正10）年までに随意契約を認める場合の数は約140に達するに至った。

会計法は、1902（明治35）年8月に一部改正が行われ、現金前渡しおよび随意契約の制限金額の緩和がなされた。また、手抜き工事や入札妨害、談合などの弊害を除去するため、この会計法改正に伴って会計規則が改正され、「粗雑な工事」や「入札への妨害」などと並んで「価格を競上げ若くは競下くるの目的を以て連合を為したる者」は、2年間入札に加わることができないと定められた。こうして、公共工事入札における談合が初めて行政処分の対象となった。会計法の契約に関する規定は、これらの改正の後は1921（大正10）年までは何も改正されていない。

鉄道関係については、鉄道国有化に伴って、1890（明治23）年の官設鉄道会計法に代わって1906（明治39）年『帝国鉄道会計法』が公布された。そして、勅令による会計法付則・帝国鉄道および同用品資金会計規則公布の結果、随意契約の範囲を拡大し、これにより鉄道工事の大半は随意契約が可能となった。

しかし、随意契約の拡大や指名競争入札の導入により一般競争入札の適用が少なくなってからも、談合屋の横行と入札談合が維持されたといわれている。こうした談合に対し、当時の司法判断は現在に比べると相当寛大であった。長野県小県郡上田町の小学校新築請負工事の競争入札において、談合金の授受を約して協定し落札した事件に関する1919（大正8）年2月27日大審院刑事判決は「注文者は工事の内容を知悉し豫定價格を附するを常とするを以て注文者か入札に依る價格を相當と認めて落札者を定むる以上は價格の點に何らの錯誤と没交渉なり」とし、「入札者は随意に入札價格を定むる自由を有し入札者の連合に依る協定入札は注文者に對し價格の量定を誤らしめる手段にあらすして入札者か自己に利益なる價格を主張する方法なりと解するを相當とす」と述べて、談合金の有無にかかわらず詐欺罪の成立を否定した。朝鮮高等法院では詐欺罪の成立を認めた例があったが、大審院判決で談合行為が不可罰であることが明確にされたため、公の入札にあたって半ば公然と入札談合が行われていた。

(2) 会計法の改正（大正会計法）

会計法は制定以来運用上の不都合な点が多く、改正の必要性は年とともに高まった。大蔵省は1917-1918（大正6-7）年頃から調査を進め、ついに会計法改正に関する成案を得て、政府はこれを1920（大正9）年2月第42回帝国議会に提出した。しかし、この改正案は衆議院の特別委員会において審議中に衆議員が解散となったため審議未了となり成立をみるに至らなかった。

翌年の帝国議会で意見は真っ二つに割れた。1921（大正10）年2月、政府は第44回帝国議会に再び前年と同一の案を提出した。政府提出案は、一般競争入札の原則を緩和して、各省の大臣において一般競争入札に付することを不利と認めた場合には指名競争入札または随意契約により得るとしたものだ。これに対し、衆議院において「大臣の自由裁量に委せて随意契約をした場合は不正な事項を発見する緒口がない」などとして、修正を求める意見があった。しかし、その修正案に対し「(指名競争または随意契約によってよいというのは、一般競争入札とするのが国の）利益（にならない場合）という重大な制限を加えている。漫然として自由契約を締結し得る途を開いたものではない」などと反対する意見があり、結局、修正案は否決され原案のまま可決された。

さらに、貴族院に回付され、貴族院特別委員会にて「国務大臣に広汎な権限を付与するということは面白くない」などの意見により、一旦は政府提出案を修正することとなった。しかし、本会議において「最も理想的であるべきはずの競争入札なるものは往々にして国家に不利益をもたらすことはしばしばある」などと修正案に反対する意見があり、委員会の修正は否決された。

こうして、会計法改正案は政府原案どおり両院を通過し、1921（大正10）年4月に改正法（『大正会計法』）（巻末参照）が公布、翌1922（大正11）年4月に施行され、第31条に「国務大臣前項の方法に依り競争を為すを不利と認むる場合に於ては　指名競争に付し又は随意契約に依ることを得」として一般競争入札の例外として指名競争入札と随意契約が明記されるとともに、随意契約の範囲が拡張された。

会計法の改正を受け、1922（大正11）年1月に公布された改正会計規則（『大正会計規則』）は大正会計法と同時に施行された。大正会計法は明治会計法と同様に「買」と「売」を同じ取扱いとして公開による入札を原則としたが、指名競争入札を随意契約に加えて条文化した。実際においてはほとんどの公共工事で指名競争入札が採用された。また、大正会計規則は明治会計規則と同様に予定価格の制限を必ず定めることとし、「買」の場合は最低価格（「売」の場合は最高価格）の入札者が自動的に落札することとした。

指名競争入札を定めた1900（明治33）年勅令第280号（巻末参照）は、大正会計規則の附則によって廃止された。大正会計規則は随意契約によることができる場合を列挙し、同時にその附則において随意契約に関する従来の多くの勅令をほとんど廃止した。また、規則第119条により「各省大臣は会計法第31条第2項によって随意契約によった場合には、事由を詳具して直にこれを会計検査院に通知する」こととされた。この大正会計法第31条第2項の規定は、契約に関し各省大臣に広範な権限を付与したが、法案の審議において議論を呼び、政府においては、同項の濫用を自粛し統一的運用を図ることの必要性を認めた。そこで、各省大臣が一般競争入札に付するのを不利と認めて指名競争入札に付することができる事由と随意契約によることができる事由を列挙し、それ以外の場合で特殊の事由があるときは大蔵大臣に協議することと定めた運用基準『会計法第31条第2項の適用に関する閣議決定事項』（巻末参照）を閣議決定し各省大臣に通牒した。

鉄道については、１９２２（大正11）年7月鉄道大臣達第５４５号により、鉄道事業経営に必要な土工、橋梁その他の施設は随意契約方式によって差し支えないこととした。しかし、随意契約方式といっても、実際には何人かの指名した請負者から見積りを徴収して予定価額を定めておいてその範囲内で最低の見積者を請負者としたので、実質的には指名競争方式とあまり変わりがなかった。

(3)　道路工事執行令

１９２１（大正10）年の会計法改正（大正会計法）に先立って、内務省は、１９１９（大正8）年4月10日に制定された旧道路法（大正8年法律第58号）第31条の「道路ノ構造、維持、修繕及工事執行方法ニ關シテハ命令ヲ以テ之ヲ定ム」との規定を受けて、１９２０（大正9）年7月8日内務省令第36号をもって『道路工事執行令』（巻末参照）を定めていた。これは、道路の工事執行上必要とする制度を設けたもので、直営と請負との区別や請負人の資格、入札の方法などについて道路工事に関して規定したものである。

この省令の最も特徴とするところは、落札金額について制限（最低制限価格）を設けていることである。すなわち、第11条に「入札中予定価格以内にして予定価格の3分の2を下らさる最低価格の入札を為したる者を以て落札人とす 但し設計附き入札に在りては設計及入札金額に依り落札人を定む」と規定している。設計を含めた入札については、予定価格が明確にされないで、設計の内容と入札金額とのにらみ合わせによって定めることとしている。政治家から法学博士となった牧野良三は「この規定は道路法その他の規定により、すべての土木工事は勿論、建築工事にも適用せられるのである」[5]と述べている。道路以外の公共工事にも適用されていたということだ。わが国では、室町時代以降の記録からも、安すぎるものは品質に対する懸念があり必ずしも最低価格を提示した者と契約するのではなく、工事の履行能力などを重視して契約相手を決めるという考え方があった。明治会計法の制定により一般競争入札のもとで過当競争が問題となったことから、1900（明治33）年以降は、勅令により指名競争入札方式が導入され、一般競争入札よりも指名競争入札の適用が事実上原則化されるようになった。そして、1920（大正9）年には落札金額の最低制限を定める道路工事執行令が制定された。

また、競争参加資格については、1889（明治22）年の会計規則第69条に業務経歴2年と定められ、その後の改正で、必要があるときは各省大臣は省令によりその資格を定めることができるとしていた。しかし、1922（大正11）年1月に公布され4月に施行された改正会計規則（大正会計規則）第96条において、一般競争入札に参加しようとする者に必要な資格は、大蔵大臣が定める旨を規定し、各省の不統一が整理された。すなわち、1922（大正11）年4月大蔵省令第33号『会計規則第96条の規定に依り一般競争に加らんとする者に必要なる資格に関する件』（巻末参照）をもって画一的規定を設けた。これにより、従来個人企業の方が法人よりも受注制限が緩いなど各省まちまちであった入札資格が統一され、物件ごとの見積可能金額も、個人で2年間の納税額合計の１００倍、法人は出資額・払込資本金額または2年間の納税額の５００倍が上限となった。

⑷　相次ぐ業界組織の設立

この時期も、地域を超えて業界組織が相次いで設立された。例えば、有能な土木業者間の交流・協力によって、業界の健全化を図り、社会的評価を高めることを目的に１９１５（大正４）年、鉄道請負業協会が発足したことが挙げられる。当時、一部の不徳義な業者の行為によって請負業に対する世間の評価は甚だ低く、このため真面目に努力している業者の正当な権利も認めてもらえないといった状況があったからであった。

7　戦時中の動乱期

大正期後半から昭和初期にかけては、第1次世界大戦の景気の激しい変動と１９２３（大正12）年９月の関東大震災、そしてこれに続く経済の長期停滞を経て次第に戦争へと傾斜していった時代だ。

わが国の土木建築請負業は、戦前までは各府県の警察が専ら取締りの観点から所轄していた。戦時下における産業統制という観点から、土木建築請負業の所管官庁は、1939年より商工省化学局無機課、1942年より商工省企業局工政課が担っていた。一方、公共事業の執行は内務省の所管であり、その他の省庁もそれぞれ所管する範囲の公共事業を執行した。昭和初期には不況の影響が極めて深刻になり、国内の土木建築市場は軍需以外にみるべきものもなく、戦争の激化とともに請負業界も軍の統制下に組み込まれた。

1936-1940年に大蔵省により編纂(へんさん)された『明治大正財政史、第二巻』[6]に「会計法に於て斯くの如く競争入札を以て原則と為すは、固より最も公正の方法に依り国庫の利益を保護せんとするの趣旨に出づるものなりと雖も、而も之を実際に徴すれば、入札に際して無制限の競争は、往々にして信用確実なる当事者を得るの支障となることもあるのみならず、不正の徒相結託して不当に価格の競上げ又は競下げを図り、延て或は工事を粗漏にし或は物品を劣悪にする等、契約の本旨に反するの結果を来し、却て国庫の不利となるが如き弊少からず」とある。会計法を立案した大蔵省自身が昭和の初期には、一般競争入札の弊害を十分認識するようになっていた。

この時期、入札談合に対処するため『刑法』の改正が検討された。政府は談合即違法とする改正を意図したが、帝国議会では「悪質な談合のみを処罰すべきである」との意見が大勢を占めた。結局1941年3月、第96条の3に「偽計若くは威力を用ひ公の競売又は入札の公正を害すへき行為を為したる者は二年以下の懲役又は五千円以下の罰金に処す　公正なる価格を害し又は不正の利益を得る目的を以て談合したる者亦同し」との文言にて談合罪を規定した『刑法改正』が成立した。この規定は競争が制限されることを問題とするのではなく、公務としての業者選定手続を妨害するものを処罰しようとしたものだ。このような経過によって、業界内では、「良い談合」「悪い談合」という概念が定着し、適正な価格を維持するための談合は適法であると認識され、業界団体を中心とした談合が依然として行われた。

１９３８年には『国家総動員法』が制定され、これに基づき１９４１年勅令第１０８４号『企業許可令』が発令された。これを受けて商工省は、１９４２年6月に化学局長名をもって土木建築業の『企業許可通牒』を発令した。これは企業許可令の施行に際して、土木建築業を指定業種とし新規事業の開始の場合は許可制とすることや企業合同の資格を定めた。企業合同については2以上の業者のうち1者は過去3カ年における1年平均施工高が10万円以上、1件当たり施工実績5万円以上で陸海軍工事、生産拡充工事、官庁工事もしくは市町村工事または以上に類する工事の受注実績を有し、工事に関して社会的信用があるものとされた。また、企業合同をする者の過去3カ年における施工実績の合計1カ年平均金額が50万円に達しない場合は企業合同を認めないとされた。さらに、企業合同に際しては工業組合を重視し、「現に道府県土木建築工業組合の組合員であること」を要件とした。その他、大学の土木科、建築科などの卒業者3人以上の主任技術者を保有する者とした。

１９４3年2月、商工省は『土木建築業関係職別工事業統制機構整備要綱』を定め、地方長官宛てに大工工事業者をはじめとする29業種に、それぞれ工業組合を結成するよう通牒した。この29業種は戦後の建設業法立案の際に業種区分を検討するのに参考とされた。商工省は、従来は区分が明確でなかった総合工事業者と職別工事業者をそれぞれ区分するため、工事引受けの限度を定めて１９４3年7月企業局長名で『土木建築に関する総合工事業者との営業分野に関する件』を地方長官に通牒した。そして、同年9月、商工省は企業局長名で商工組合法による統制組合制度を援用した『土木建築業の統制機構整た。

備に関する件』を各地方長官宛に通牒し、ここに商工省側からの業界の再編成が実施されることになった。土木建築業の組合を工業組合から統制組合へ移行するに際して、業者は強制加入を強いられ、資格を有しない中小業者は廃業を余儀なくされ、資格を有する者は企業合弁をして営業を続けることとなった。

この9月の通牒に対して、軍建協力会と海軍施設協力会という協力組織を有していた陸海軍は強く反発し「軍関係工事に関する統制指導は陸海軍に委せること」という見解を示し、「陸海軍関係工事實施の現況を度外視した統制機構は無意味ばかりか方法いかんによっては百害あって一益なし」と決めつけた。1943年11月、商工省が軍需省（1945年8月26日廃止して商工省を再設置）に切り替わり、翌1944年12月に軍需省に建設業の主管課として初めて建設課が設置された。

1945年8月15日、太平洋戦争の終結により、同年11月5日に戦災復興院が設置され、戦災復興の事務を所掌した。当時の関係者によると、進駐軍工事が済むまでという条件付きで、商工省が担っていた建設業行政を戦災復興院に預けることにした。戦災復興院は1947年12月31日に廃止され、1948年1月1日に内務省国土局と統合されて建設院となった。1938年から1945年まで商工省・軍需省を通じて8年間行われた建設業行政はこうして引き継がれた。

また、入札契約方式については1942年に制定された『会計法戦時特例』が1943年に改正され、指名競争入札と随意契約が広範に許容された。さらに、既存の勅令を取り込んで1942年勅令第451号をもって『会計規則等戦時特例』が制定された。広範な戦時会計法規が実現したことで会計法の原則が実質的に変更され、随意契約の適用範囲は著しく拡張された。

そして、太平洋戦争が終結すると戦時特例は逐次整理され、１９４６年法律第58号『会計法戦時特例の廃止に関する法律』および１９４６年勅令第５５７号『会計規則の一部を改正する勅令』をもってこれらの戦時下の特例が全廃された。これらに代えて１９４６年勅令第５５８号をもって新たに『会計規則臨時特例』が制定された。これは後に、『予算決算及び会計令（予決令）』の附則第５条によって『予算決算及び会計令臨時特例』と名称が変更された。

8　戦後の法制度の整備

(1)　会計法と予決令改正

終戦直後は最低限の住居の確保と公益施設の復旧は急を要した。また占領軍の要求がこれに加わり建設需要は活発となった。建設工事は一時的な生業として格好な仕事とみられ急増し、業者の乱立を招いた。さらに、資材などが決定的に不足し、いわゆるヤミの流通ルートに依存することが必定であったため、外見は活況な土木建築業も内部は乱脈を極めた状態が続いた。

１９４６年3月、戦災復興院の中に進駐軍関係の業務を専門的に扱う特別建設部が設置された。特別建設部は進駐軍関係工事を全面的に指名競争入札に付すことを決めた。またダンピング入札を防ぐために落札範囲は予定価格の３分の2以上にすることなどの入札方法を翌１９４７年４月９日に定め、

1947年度工事から実施した。

建設業を取り巻く情勢がかなり深刻化する中で、1950年6月に勃発した朝鮮動乱は不況に喘いでいた日本経済に特需景気をもたらした。ドッジ・ラインによって下降をたどっていた物価は輸出価格の高騰と投機によって急上昇し、特に建設資材の高騰は激しかった。各種工事の総平均値上がり率は4月下旬に比べおよそ36%に達した。こうした中で、官公庁の発注価格と業者の見積価格との間に大きな開きが生じる。入札者がいなかったり、入札者がいても入札価格がすべて予定価格を上回るといった「入札不調」が続出し、再度入札を行ったり、あるいは指名業者を変更したり、辛うじて随意契約に持ち込むというケースが激増した。

1946年11月に日本国憲法が制定されたのに伴い、大正会計法が全面改正された。翌1947年3月31日、『会計法』（巻末参照）が改正公布、4月1日施行、次いで4月30日には従来の会計規則に相当する『予算決算及び会計令（以下、予決令）』が改正施行された。こうして、戦時中にはほとんど随意契約となっていた公共工事は、1947年頃から占領軍が発注する工事も含めて指名競争入札となった。しかし、鉄道工事については、後で述べるように公開競争入札に付するようとの1948年12月のGHQ指令に従って一般競争入札が行われ、1952年サンフランシスコ講和条約によりわが国が主権を回復するまで過当競争による大きな混乱が生じた。

会計法はその後、1961年10月に「低入札価格調査制度」を位置付けるなどの改正がなされたほかは特筆すべき改正はなく、1993年頃までは公共工事の入札方式のほとんどは指名競争入札となり、一般競争入札が行われることはほとんどなかった。

予決令は会計法の規定をさらに具体的に定めており、公共工事における予定価格の作成、決定方法などについても規定している。また、おおむね会計規則をそのままに平仮名・口語体に改め、金額の表示部分は会計規則の価格を引き上げたものとなっている。

契約関係規定は、このように基本的には大正会計法の内容を受け継いだものとなったが、「指名競争入札や随意契約を行う場合に大蔵大臣と協議せよ」との規定は実行上問題があり、１９４７年8月５日付の大蔵大臣通牒『指名競争契約及随意契約に依る場合大蔵大臣との協議について』をもって広汎に各省各庁限りで処理することができることとされた。その後、１９５２年3月5日には、会計法第29条に「各省各庁において、売買、賃借、請負その他の契約をなす場合においては、すべて公告して競争に付さなければならない。但し、各省各庁の長は、競争に付することを不利と認める場合その他政令で定める場合においては、『大蔵大臣に協議して』、指名競争に付し又は随意契約にすることができる」とされていたうちの「大蔵大臣に協議して」が「政令の定めるところにより」と改められた。これにより、特に政令で定めるものについては大蔵大臣の協議を必要としないこととされた。

⑵　地方自治法の制定

１９４７年に『地方自治法』（巻末参照）が施行されるまでは、市・町・村の地方制度が『市制及町村制』（明治21年法律第1号）に定められていた。入札契約に関する規定が定められたのは、明治31年法律第20号による市制及町村制の改正である。市制第４章（市有財産の管理）第１款（市有財産及市税）第87条では「市有財産の売却貸与又は建築工事及物品調達の請負は公けの入札に付す可し但臨時急施を要するとき及入札の価額其費用に比して得失相償わさるとき又は市会の認許を得るときは此限に在らす」、町村制第4章（町村有財産の管理）第1款（町村有財産及町村税）第87条でも同様に「町村有財産の売却貸与又は建築工事及物品調達の請負は公けの入札に付す可し但臨時急施を要するとき及入札の価額其費用に比して得失相償わさるとき又は町村会の認許を得るときは此限に在らす」と定められた。

さらに、1911（明治44）年に市制及町村制が全文改正された際には、市制（明治44年法律第68号）第6章（市の財務）第1款（財産営造物及市税）第114条に「財産の売却貸与、工事の請負及物件労力其の他の供給は競争入札に付すへし但し臨時急施を要するとき、入札の価額其の費用に比して得失相償わさるとき又は市会の同意を得たるときは此の限に在らす」、町村制（明治44年法律第69号）第5章（町村の財務）第1款（財産営造物及町村税）第94条には「財産の売却貸与、工事の請負及物件労力其の他の供給は競争入札に付すへし但し臨時急施を要するとき、入札の価額其の費用に比して得失相償わさるとき又は町村会の同意を得たるときは此の限に在らす」とそれぞれ規定された。

戦後、1947年4月17日に地方自治法が公布、同年5月、憲法の施行と併せた『地方自治法施行令』の公布・施行と同時に、施行された。これにより東京都制・道府県制・市制・町村制が統合され、知事以下の都道府県職員の身分が官吏から地方公務員へと変わった。地方公共団体の公共工事を律する地方自治法の契約条項は、会計法および予決令に準拠して作成された。

入札契約方式をみると、戦時中にはほとんど随意契約となっていた公共工事は、1947年頃から占領軍が発注する工事も含めて指名競争入札となった。1950年度の調査では、官公庁工事2万7534件中、指名競争入札55・7％、随意契約40・6％で、一般競争入札はわずか3・7％であった。

(3)　ＧＨＱ指令

１９４９年６月に『日本国有鉄道法』が施行され日本国有鉄道（以下、国鉄）が、契約制度その他会計についてはとりあえず従前と同様に国の会計法規を適用することとして発足した。しかし、ＧＨＱ（連合国軍総司令部）は１９４８年12月、政府に覚書（ＧＨＱ指令）(巻末参照)を送り、国鉄が従前の調達政策を改め、一切の契約は公開の手続きによるべきことを求めた。ＧＨＱは、当時朝鮮半島情勢が不安定であったことから鉄道を軍事上重要視しており、国鉄の経営を健全化するために高コスト体質を改善しようと目論んだと思われる。ＧＨＱ指令は、『日本鉄道請負業史、昭和（後期）篇』[7]に和文で次のように紹介されている。

> 日本政府宛連合軍最高司令部覚書（１９４８年12月30日）（抜粋）
>
> 日本国有鉄道をして適正なる調達政策を確立せしめることについて
>
> 3．日本政府は、左記各事項を確証するため、日本国有鉄道の現行調達政策及びその手続改正についての包括計画案を30日以内に提出の上、承認を求めなければならない。
>
> c．資材供給品及び役務の調達のための一切の契約は、最低価格入札者、又は競争入札者との公正な話し合いに基づいてなされなければならない。
>
> d．契約に対する一切の入札、広告、勧誘及び落札は、あらゆる場合において公開で行われなければならない。

ここで「最低価格入札者」というのは、英文では「lowest qualified bidder」という表現が使われている。また、「話し合い（交渉）」（negotiation）を認めている。原文の意味は「競争入札による最低価格入札者で履行し得る一定水準の能力を有する者を落札者とするか、または他者より優位な入札者との『話し合い（交渉）』により落札者を決定する」ということである。価格が最低であっても一定水準の履行能力を有すると認められない場合は落札者としないと解される。国鉄はこのＧＨＱ指令を受けて、１９４９年９月『国鉄施設、信号通信関係請負工事の競争入札制採用について』（巻末参照）を通知して具体的取扱要領を定め、予定価格の上限拘束のもとで最低価格の入札者が自動的に落札するという会計法および予決令と同様の一般競争入札方式を導入した。

１９４９年12月には日本国有鉄道法の一部を改正し、同法第49条に「日本国有鉄道が売買、貸借、請負その他の契約を締結する場合においては、公告して一般競争入札の方法による申込者又は申込者との価格その他の条件についての公正な協議を経て定めた者とこれをしなければならない。但し、緊急な必要のある場合、一般競争入札の方法に準じてすることが不利である場合又は政令で定める場合においては、この限りではない」と規定した。

一般競争入札を導入した国鉄においては、初期の段階でダンピング入札などに混乱が生じた。当時の調査によると、国鉄の一般競争入札1件当たりの参加数は30-50社、予定価格に対する落札価格の比率は新制度採用直後の１９４９年10月では67％、11月で62％であった。指名競争入札では平均9社で85％（最高95％、最低65％）ほどが正常な状況といわれていたから、競争入札によって落札価格は明らかに下がっていた。その中で、24％とか33％というような極端な低率が記録されるなど懸念すべき状況もみられた。しかし、12月には80％台に回復し、１９５０年６月には92％となった。

落札率はこのように回復傾向となったものの、国鉄においては、ダンピング入札その他一般競争入札に伴う弊害の発生を理由に、日本国有鉄道法第49条ただし書で定める一般競争入札の例外規定を定める政令の作成にあたって、終始ＧＨＱと交渉を重ねた。しかしなかなか同意を得るに至らず、一般競争入札は１９５２年4月、サンフランシスコ講和条約が発効するまで続けられた。同年5月には、国鉄では、鉄道改良工事の請負契約において一般競争入札は列車運行の安全確保が担保できないため不適格であるとして、１者特命とする随意契約または指名競争入札によることができるとした。

(4)　独禁法の制定

アメリカの占領政策の一環として、１９４７年4月に『私的独占の禁止及び公正取引の確保に関する法律』（以下、独禁法）が制定され、カルテル協定や不公正な取引方法への制限が設けられた。しかし、課徴金制度が導入される１９７７年12月までの約30年間は建設工事について独禁法上の法的措置がとられた事件はなかった。建設工事の談合事件について吉野洋一は著書[8]の中で次のように述べている。

――談合事件については、１９４８年の合板入札談合事件や１９７１年の睦会によるコンクリート価格決定事件のように、価格カルテルとして取り締まったことはあるが、建設業の談合のような受注予定者決定カルテルを独禁法による規制の対象とすることは、独禁法制定後相当な期間なかったのである。おそらく当初は、建設業界で行われている入札1回ごとに受注予定者を決定する談合を独禁法で規制するのは難しいと考えられたのであろう。

しかし、１９７４年の石油ヤミカルテル事件をきっかけに、独禁法の運用強化を図るべきだという意見が強まり、公正取引委員会（以下、公取）は、1979年の熊本県道路舗装協会事件および水門工事業者事件で、初めて受注予定者決定カルテルを独立したカルテル類型の一つとして取り上げた。

このように、受注予定者決定のカルテルについて次第に厳しい判断を加えるようになった公取が、総合建設業界の談合入札を初めて正面から取り上げたのが、1981年の静岡建設業協会入札談合事件であった。――

(5) GHQの労働政策

GHQは占領方針の民主化政策として、1945年の労働組合法の制定をはじめとして労働組合の結成を奨励するとともに、労働条件の大幅な改善を図ろうとした。中でも建設業は、戦前の前近代的な労働制度の象徴として考えられており、特に建設業における「口入れ屋」（労働ボス）といわれる仲介者による労働者供給が問題視されていた。この対策として1947年に制定された職業安定法の44条では労働者供給事業が禁止され、翌年の同法施行規則により建設業における労務下請の禁止が定められた（いわゆるコレット旋風）。これにより、善良な下請業者までが仕事を得られなくなるなど影響も大きかったため、業界団体の要請により、同規則は1952年に改正され、労務下請が復活することとなった。次に建設労働については、1947年に「労働基準法」「労働者災害保険法」の制定により労働形態の改革が進められた。

この時期の建設業の生産体制は、戦前と変わらず元請建設業者が親方を通じて労働者を直用し工事を行う形態が主流であり、下請業者が未熟で下請比率が15％程度であった。

(6) 建設業法の制定

わが国の建設業の形態は時代ごとの社会情勢を背景として大きく変化してきた。戦前は一般的に元請がすべての材料を自社で購入し、直用技能労働者により施工する元請直轄工事であり、この頃の下請企業の役割は労務提供が主体であった。戦後、荒廃した国土再建のための復興工事が行われる中、建設業者が急増したことに対応して、建設業法が制定、産業としての建設業が確立していった。建設業は、大手ゼネコンなど元請建設業者が企業としての形態を整えていったのに対し、建設工事現場で働く労働者はいまだに子分が親方に従属する徒弟的な職人集団の域を出ておらず、いわゆる配下制度という前近代的な生産体制、雇用関係が続いていた。

建設業法は戦災復興院時代に企画され、当時は土木建築業法といわれていた。戦災復興における住宅供給を巡って不良業者による欠陥住宅の建設や工事の途中放棄などが顕著となり、政府部内で業者を取り締まる法律をつくる必要があるとの機運が強くなっていた。立法作業は、建設院を経て１９４８年７月に建設省発足により建設省へと引き継がれた。建設省は、公聴会の開催を経て、ＧＨＱの了解を得た後、建設業法案をまとめ、翌１９４９年5月の通常国会に提出した。建設業法制定に関する議論が国会会議録に記録されている。

１９４９年5月9日の衆議院建設委員会において、参考人として古茂田甲午郎（こもだこうごろう）・全国建設業協会（以下、全建）事務局長は、「総合工事業はどうしても入れなければならない。その次に、管工事、線工事、浚渫工事、道路舗装工事という専業はぜひ入る。その他の単一な職種までいっぺんに網を広げることは事務上困難を来しはしないか」と述べた。難波元由・日本建築業協会会長は「板金工事、鳶工事、ガラス工事、塗装工事、防水工事、タイル工事、壁紙工事、機械機器設置工事、熱絶縁工事の登録を別個に除くというようなことがないようにという意見が強いので考慮を願いたい。鳶工事については、鉄筋、鉄骨という組立工事も実施しており相当な技術を要するので、工事業者とし取り扱っていただきたい」としている。土木工業協会として牧瀬幸・鹿島建設顧問も「鳶工事は、大工、左官、土工と通常称せられるものであり、重要な仕事である」と述べ分類の訂正を求めた。

また、民主自由党の瀬戸山三男議員が「単に一つの事業について経験を持っていたということで、いわゆる完全なる建設業者として一般から見られるおそれがある」として、立案者の考えを問うたところ、中田政美建設省総務局長は「総合業者といっても専門のこともやり、専門業者といいながら総合業にも手を出すということはあるので、専門職別を明らかにした種類別登録主義ということには多少の無理が生じないかというので、登録を1本にすることにした。アメリカのようにインフォメーション・ビューローのようなものが発達してくれば問題ないと思うが、日本においては登録簿の閲覧所を充実して弊害がないようにしたい」と答弁した。

1949年5月11日の参議院建設委員会においても、業界からは5月9日の衆議院建設委員会における参考人意見と同様の発言が証人としてなされた。同日の衆議院建設委員会では、民主党の村瀬宣親議員から「アメリカ、欧州などで類似の法案はどういう形で出ているか」と質問があり、中田建設省総務局長は「アメリカの19の州において、大体において免許制を取っている。一定の工事を限度としてそれ以上のものを制限するとか、あるいは全面的に業者のライセンスを発行するというような程度の差はあるが、この種の制度は相当広く行われている」と答弁した。

日本共産党の池田峯雄議員は「登録された業者は正しい業者だということになっていれば、ペテンに引っ掛かる率はかえって多くなる。不正な建設業者を排除する意図は今度の業法ではちょっと達せられないのではないか」と懸念を示した。１９４９年５月12日の衆議院建設委員会では、民主自由党、日本社会党、民主党の賛成を得て、賛成多数で可決された。

こうして、１９４９年５月に『建設業法』が公布され、８月に施行された。この年はインフレ抑制のための超緊縮財政政策が取られたドッジ・ライン旋風が吹き荒れたが、翌年には朝鮮戦争が勃発し、業界はにわかに活況を呈した。この法律によって建設業が登録制となったが、一式請負の総合建設業も部分請負の専門工事業も同じく建設業として位置付けられた。建設業を営もうとする者は、建設大臣または都道府県知事の登録を受けなければならないこととされ、建設業者の登録は１９５０年１月の時点で、大臣登録が１５６９社、知事登録が３万１５７０社の総数３万３１３９社に達した。こうして企業評価のプロセスの第１段階としての建設業登録制度が発足したのである。

その後、建設業法は１９５１年と１９５３年に中央建設業審議会（以下、中建審）の答申を受けて改正された。１９５１年の改正は、土木審議会や測量審議会の廃止を含む審議会などの整理のための関連法の改正であり、建設業法の一部を改正して、建設業審議会についてその権能および委員の任期に所要の改正が加えられた。

１９５３年の建設業法改正では、建設業法の適用範囲を拡大し、板金、鳶、ガラス、塗装、タイル、機械器具設置、熱絶縁の各工事業者についても登録させることとなった。第３条の改正に伴い、１件30万円未満の工事のみを請け負う者と、壁紙工事のみを請け負う者が本法の適用除外となったが、これら適用を除外された業者についても、一括下請負の禁止および報告検査の規定だけは適用することとした。

同年7月16日、本改正案の衆議院建設委員会での審議において、自由党の田中角榮議員は「建設業法があるにもかかわらず、各省は各個ばらばらの内規によって請負業者を指名したり選定している。どうも建設業法は業者を増やすためにだけあるようであり、国家支出が適正に使用されるためなどにはほとんど使われていない。この法律によらなければ国費支弁の工事の業者は選定できない、また、いろいろな事件の対象になるようなものはこの建設業法でもって処罰していくというところまで行かなければこの法律の存在価値はない」と述べた。

これに対し、石破二朗建設大臣官房長は「もう少し建設業法を骨のあるものとして、しっかりした工事ができるようにしたい。業者の指名の問題にしても、中建審の議を経て、入札合理化対策の一環として、各業者の点数を計算して発注者側に示して、できればこれによってやっていただきたい」と答弁した。

さらに田中議員は「これは許可制にしなければならぬ。その次に格付けするということになる。実際どこの官庁でも格付けをやっているではないか。200万以上の工事はこの業者とか、300万以上の工事はこの業者とか、これをただ法律化するだけの話だ」と主張した。

このようにして、企業評価プロセスの第1段階としての建設業登録制度を業種別許可制度に改変すべきとの問題意識が高まった。また、田中議員の発言にあるように、各企業の格付けは既に各官庁で行われていたが、これを企業評価プロセスの第2段階としてきっちりと制度化すべきとの議論が高まった。

当時の成長産業である建設業界において、極力過当な競争が生じずに受注量が配分されるよう、業種区分だけでなく、工事規模ごとに建設業者を格付けすべきとの要請があったことがわかる。

(7) 入札制度合理化対策

建設業法に基づき設置された中建審は、1950年に建設工事標準請負契約約款のほか『建設工事の入札制度の合理化対策について』を答申した。入札制度の合理化対策では、「建設工事の入札については、建設業者の信用・技術・施工能力などを特に重視するとともに、併せて公正自由な競争を図らなければならない」として、①あらかじめ建設業者に関して客観的基準に基づきその資格を審査するとともに主観的事項を勘案して調整を加えて、入札参加に対する格付け（総合建設業者については5等級、管工事または電気配線工事などの専門業者については4等級）を行うこと、②入札方法は制限付き一般競争入札と指名競争入札を採用し、予定価格の範囲内で最低価格の入札者を落札者とすること、③工事請負保証に関する保険制度を確立することなどを答申した。

具体的には、工事種類別（土木、建築、管、電気配線、その他）に各査定要素に基づき「工事施工能力審査」を行い、発注の標準となる請負工事金額に従って、総合建設業者についてはA-Eの5等級、専門業者についてはA-Dの4等級に格付けするよう求めた。

査定要素中の客観的要素については、中建審においてモデル会社を採点計算したものを発注者に通知し、発注者はこれと各会社の実数値と比較して点数を計算することとした。主観的要素としては「工事経歴および工事成績」に加えて「信用度」があった。発注者は、この客観的要素に主観的要素を考慮して格付けを行うこととした。点数計算による能力判定は既に特別調達庁などが採用していたが、業者の不正申告による弊害を拭い去ることができないなど、さまざまな問題が発生していた。

１９５０年の『建設工事の入札制度の合理化対策について』を受けて、１９５３年1月、建設省は各地方建設局に対し、各業者格付けのための点数制を定める『工事請負業者選定要領』を4月から実施するという通達を発出した。これに対し、業界からは大きな反対運動が広がった。

全建は、全国各ブロックからの代表者から構成される特別委員会を設置し、問題の研究を進めた。点数制の計算の基礎となる客観的要素の選び方や、各要素間の比重をどのようにしても点数によって業者の施工能力を正しく測定することは困難であり、出された点数には多くの矛盾が含まれざるをえなかった。建設省は、地方建設局に対し一旦通達は出したものの、新年度から実施するという措置は避け、選定要領の実施延期を改めて通達した。特別委員会での検討をもとにまとめられた全建の案は、点数制偏重をできるだけ避け、査定要素の重点を工事実績に置き、等級を4等級に区分するというものであった。全建は既往の工事実績の上限金額までの工事には参加できるように格付けすることを要望した。

１９５４年1月に明らかにされた建設省の実施要領では、全建の案は採用されず5等級となったが、金額面では業界の要望が考慮され、「A（工事金額制限なし）、B（同1億円まで）、C（同３０００万円まで）、D（同１０００万円まで）、E（同５００万円まで）」として、2月から実施されることとなった。業界が業者選定要領を中心とする入札制度合理化対策に賛成したのは、その中に「落札価格の制限に関する規定を予算決算及び会計令（予決令）の中に設ける」とうたわれていることが大きく働いたためであったといわれている。

１９５５年からわが国は高度経済成長期に入り、建設業も急速に発展していった。この時期の各建設会社は大型土木工事に対応すべく、機械工、重機オペレーターなどの技能労働者を直用して確保するようになった。一方で急増する工事量、工事の高度化、機械化は技能労働の分業化、専門化を促し、職種別の専門工事業を発展させ、さらには下請の分業化、重層構造化へとつながった。元請による直接の施工部隊である直用班といわれるグループを下請の専門工事業者として徐々に独立させたことで、元請は施工管理と安全管理に重点を移すようになっていった。１９６１年には建設業法の一部改正により総合工事業者、専門工事業者の区分がなされ、下請企業の役割が徐々に拡大し、下請施工強化の方向に向かった。元請完成工事高に対する下請完成工事高による下請比率をみても、１９５０年代後半に15％前後であったものが、１９７０年代には30-40％となった。

9　１９６１年の会計法改正

(1)　低入札価格調査制度

安値受注を規制するためのローアーリミット（最低制限価格）を定めていた１９２０（大正９）年制定の道路工事執行令の規定が、『新道路法』の１９５２年12月施行に伴い失効したため、著しい低価格の入札に対する歯止めがなくなった。このため、過当競争を防止し工事の品質を確保する観点から、低入札の防止について強い関心が寄せられるようになった。

表1－3　低入札価格調査制度などの導入の経緯

年　月	経　　緯
1950. 9	中建審、落札価格の制限を提言
1951. 5	建設省、法制化検討を国会で発言
1952.12	道路工事執行令が失効し、建設省は建設業法改正を検討するも、1953. 7 断念
1953. 8	建設業法改正の修正案が出されるも否決
1954. 5	建設業法改正の議員提案
1955. 7	建設業法改正の議員提案するも大蔵省が反対、次いで建設省も大蔵省に同調、会計検査院も反対
1956. 5	会計法改正の政府提案（国会解散で廃案に）
1958.12	間組、東宮御所を１万円で落札
1959. 9	全建、建設工事契約法案を要望
1961. 3	会計法改正の政府提案
1961.11	会計法改正公布（1962. 8 施行）
1963. 8	地方自治法施行令改正
1976. 3	建設省、低入札価格調査制度の運用基準を決定

しかし、大蔵省や会計検査院の抵抗により制度創設には結びつかなかった。大蔵省が所管する法律について建設省などのほかの省庁が改正案を提案することは困難なため、建設省が所管する建設業法の改正で最低制限価格制度を位置付けようとしたが、それでも政府内の調整が難航して実現には至らなかった。落札価格の制限に関しては、公共工事の品質確保を重視する考えに対し、財政当局や会計検査院による価格のみを重視する立場が対立し、法改正に多くの年月を要した。大蔵省は、議員立法の提案など国会からの圧力を受け、重い腰を上げて会計法改正の検討を進めた。紆余曲折を経て１９６１年にようやく会計法が改正され、「低入札価格調査制度」が位置付けられた。しかし、改正法が施行された後、調査基準価格を定めるまでには、さらに15年の年月が経過した（表１－３）。

(2) 法制化に関する論議の高まり

1951年5月25日の衆議院建設委員会において自由党の今村忠助（ちゅうすけ）議員から、長野県下の災害復旧工事における談合問題に関連して質問がなされたのに対し、中田建設事務次官は「請負制度の改善策の一番ポイントにしている点は、最低落札制の検討ということである。道路法においては、ローアーリミットという制度が古い法規にある。これは、予定価格の3分の2以下の低額の入札は落札させないという制度である。現在の会計制度においては、原則は最低の入札者をもって落札者とするということになっている。これは工事の適正を期する上において妥当かどうか疑問である」とローアーリミットの検討の必要性に言及し、「これらは大蔵省などの財政当局にも関係があるので、連絡、検討しており、これらも確かに請負制度を是正する一つの道であろうかと考えている」と述べた。

綿貫謹一会計検査院事務総長は「ローアーリミットという点は、実はわれわれとしては現行会計法上違法であるということで、検査院に持ってきた事例もある」と慎重姿勢を示した。

自由党の逢澤寛（あいざわかん）議員より、会計規則の中の「なんぼ安くても安いものに落札するという条項」を改めるべきとの発言があり、これに対し中田建設事務次官は「現行の会計制度においては、残念ながら最低の入札に落とすという仕組みになっている。この例外として唯一の例は、道路法執行令という内務省令であり、その中には3分の2以下の入札者には落とさないという規定がある。ローアーリミットが低すぎるという説がちらほら出ている」と述べ、「財政当局と相談しなければならぬことなので、実は今建設省内で具体案について検討をしているわけである。どの案がよいかは、実は建設業審議会でも随分回を重ねて検討したが、ついに結論が出ずに、政府において検討しろということで、今日に至っているので、どうしてもこれは解決したい一つである」と答弁した。

綿貫会計検査院事務総長は、ローアーリミットに対して否定的見解を示した上で、「公平な委員会とか何とかいうものにかけて決定するというように法制化する方法があるならば、それも結構である」と答弁し、低入札を調査して落札の是非を決定する「低入札価格調査制度」を推奨した。

1950年9月23日、中建審において『建設工事の入札制度の合理化対策について』(巻末参照)が決定され「入札価格が発注者の定めた予定価格について一定率未満の価格(例えば予定価格から固定費と利潤を減じた額未満)の場合はその入札は採用しないものとする。但しその入札者の提出する見積内訳書を審査して、入札価格の算出が正当な理由に基づくと認められる場合はこれを採用することができる。前記の趣旨の規定を『予算決算及び会計令臨時特例』中に設ける」とされた。これを受けて、1951年12月29日建設省令第36号により道路工事執行令が改正され「予定価格の10分の8より3分の2の範囲内に於て道路管理者の定むる制限価格を下らざる最低価格」と改められた。

ところが、新道路法が1952年12月5日に施行となり旧道路法が廃止された。これに伴い道路工事執行令の規定が失効し、新法のもとで同様の規定が設けられることはなかった。その理由・経緯は明らかではないが、先の1951年5月の衆議院建設委員会における国会質疑において、会計検査院がローアーリミットについて会計法上疑義がある旨を発言していたことからもわかるように、政府内でローアーリミットについて異論があったと思われる。このため、新道路法の政府案を作成する際に、関係省庁間でこのような規定を公物・営造物法である道路法に定めるべきでないとの整理がされたためと推測される。

(3)　建設業法に落札価格の制限を設けようとの建設省の動き

道路工事執行令が１９５２年に失効してから、国会において、低入札防止のために落札価格の制限を設けるよう法改正をすべきとの議論が高まった。国会会議録によると、１９５３年2月には衆議院建設委員会において自由党の田中委員長代理から政府が提出を予定している法案について説明を求められ、水野岑建設大臣官房文書課長は「落札価格の制限などの条項を規定して、公共工事の執行方法についての基準を設けたい」と述べた。そして、建設業法改正案の改正点の一つに落札価格の制限に関する条項があると説明した。

しかし、同年3月に国会に提出した政府案は、建設業法対象業種の拡大、登録要件の強化などを行うものであり、落札価格の制限については盛り込まれなかった。建設省が国会で落札価格の制限を立法化することに言及していたにもかかわらず、その翌月に出された法案にこれが規定されなかったということは、政府案として関係省庁間で合意されなかったためと思われる。

同年6月2日の参議院建設委員会では、自由党の石川榮一議員が、大きな業者が資金力にものをいわせてダンピング受注をし、継続工事で大きな利益を上げているのではないかと指摘すると、稲浦鹿藏建設事務次官は「会計法を変えないと抑えが利かない状態であり、ローアーリミットを設ける建設業法の一部改正について関係省と相談中である。なお、現在は、できるだけ指名競争入札の形をとり、そうして正式になってないが、各請負業者の能力その他に一つの基準があってそれによって指名競争入札をやるという形になっている」と答弁した。

(4) 政府内の調整難航による足踏み

建設業法改正案に関する質疑を行った1953年7月14日の衆議院建設委員会においては、自由党の逢澤議員が「かつての法律では、予定価格の3分の2以下のものには落札しないというようなことがある。建設業法を制定する以上はそこまで行かなければいかぬ。なんぼ安くてもいいというようなことは、建設自体を破滅に陥れるもの。その点が建設業法の一部改正に漏れている。何か構想があれば知りたい」と投げかけた。

引き続き建設業法改正案に関する質疑を行った2日後の16日に衆議院建設委員会において、自由党の田中議員は「入札価格に対して最低限制度を設けるべし。各省および直轄工事は別だが、その他の工事は大体最低線というものを適用している。やはり法律でもって基準を決めて、地方公共団体もこれにならわなければならぬという基準線を打ち出す時期だ。大蔵省当局の考えのように、安くやる人があるならそれにやらせればいいじゃないか、自分がこの価格でできるといって請け負った以上は不正工事などはやろうはずがない、やらせるためには行政監察を完全に行えばいい、そして不正工事を行えば処罰すればいい。これは官僚の考える机上の空論だ。私はこのような事務官僚の意見を続けていくところに、日本の政治の貧困があると率直に認めざるを得ない」と発言した。

建設業法改正案が衆議院を通過した後、同月23日の参議院建設委員会における建設業法改正案の質疑においても、自由党の小沢久太郎(きゅうたろう)議員より「3分の2の最低価格の限度を設けていた道路工事執行令のように、建設業法に最低制限価格を入れるべし」との意見があり、石破建設大臣官房長が「低入札工事で特に事故が多いといった弊害がないこと、会計法系統の法令に入れた方が適当ではないかといった議論も出て結論に至らなかった」と説明した。

(5) 議員による建設業法改正の動きと大蔵省・会計検査院の抵抗

１９５３年８月３日の参議院本会議での建設業法改正案に関する討論において、日本社会党の田中一（はじめ）議員から「業界の正しい発達のためにはローアーリミット制を設ける必要がある」として「公共工事の競争入札においては、注文者が定める予定価格の10分の８に満たない入札は無効とする。ただし入札価格が明らかな根拠に基づいて算出されたものである場合はこの限りでない。この規定は政令で定める軽微な公共工事については適用しない」との修正案が一時提案された。しかし、この修正案は、戸塚九一郎（くいちろう）建設大臣が次の国会には政府が提案すると発言したのを受けて否決となった。

１９５４年５月にも同様の議員提案が改めてなされたが、乱闘国会のため未消化となった。３回目の提案として、１９５５年７月21日参議院建設委員会において、自由党の小沢久太郎、日本社会党の田中一ら３名の議員が「国又は国鉄等の公共企業体もしくは地方公共団体等が公共工事の請負を競争入札に付す場合には、軽微な工事または特殊な方法によるもので政令で定めるものを除いて、予定価格の10分の８以内の最低落札価格に満たない価格による入札を無効とする」との建設業法の一部を改正する法律案を発議した。

１９５５年７月25日の参議院建設・大蔵委員会連合審査会において、田中一議員は「昭和25年９月の中建審の答申を地方に流して、地方は実行している。10分の９以下は無効であるという条例を定めているところもある。大正９年の道路執行令は10分の８または３分の２以下の入札価格は無効であると宣言している。国鉄は10分の8までローアーリミット制を採用している。補助金を受けている地方公共団体にさせておきながら、国がなぜできないのか」と主張した。

これに対し、大蔵省は強く反論した。村上孝太郎主計局法規課長は次のようにローアーリミット制に対し否定的な答弁を行った。「第1に、これまで一般競争入札の方法について、各省から最低価格の制度を改めてくれという要求を受けたことはない。第2に、地方自治法243条には明瞭に、地方公共団体が請け負わせるときには一般競争入札を原則とする。ただし、臨時急施を要するとき、入札の価格が入札に要する経費そのものをも満たさないというような非常に零細な工事案件のとき、議会が同意したときには、特例を設けてもよろしいという規定になっている。それと相反するような通牒を自治庁が出せるかどうかというのは非常に大きな疑問である。第3に、一般競争入札で出血入札のような不公正な競争が行われその結果倒産する業者もあるという場合には、やはり会計法でやるのが最もいいと考えている。適正な利潤、適正なコストで契約できないような業界がある場合には、不公正な競争を排除して公正な競争を確保するところの、例えば独禁法のような経済立法で達成されるべきと考える。もし、法案が建設業に対して正しいとするならば、ほかの調達、非常に競争が激しい出血受注のみられる業界にも、また当然同じ規定を設けるべきだという結論になる」。大蔵省は、低価格を重視する立場を鮮明にする一方、建設業法で調達ルールを定めることに反対した。

(6) 大蔵省の主張に沿った政府見解

1955年7月27日の参議院建設・大蔵委員会連合審査会では、石破建設大臣官房長は政府内で意思統一した結果として、本法案については、次の理由により反対すべきものとの政府方針が決まったと述べた。すなわち、「国の取引をこの建設業法で規制するのは法律の体系からして適当ではなかろう、というのが第1点。建設省の施行した過去の実績をみると低い値段で請け負ったものが必ずしも粗悪であるという結論が出ない実績になっている。粗悪になることを防止する方法としては、指名競争における業者指名を厳正に行うとか、工事の監督を厳正にするということで防止すべきである。自由競争の結果ダンピングで業界が混乱を起こすというが、本法案の方法も一つの方法だが、もっとほかの方法によることを検討すべきである。これらの理由からこの法律を作ることはあまり適当ではないというのが第2点。注文生産によって国が調達しているのは建設業だけではないため全体の国の調達という立場から申せば、不均衡でなかろうか、というのが第3点。ローアーリミットを作ると、ローアーリミットや予定価格を何とか知りたいという業者が出てくるので、いろんな問題を起こす可能性が多くなるのではないか、というのが第4点。最後に、諸外国においてもこういう立法例はないと承知しており、仮にこういう制度を敷くとしても、もう少し慎重にした方がよいのではないか」との旨を発言した。政府の統一見解として大蔵省寄りの立場が前面に出た形となった。

(7)　低価格至上主義に固執する大蔵省と会計検査院

引き続き同審査会で元東京都建築局長で自由党に属する石井桂(けい)議員は、建設業法にローアーリミットの規定を設けるのは必ずしも筋違いではないと述べた上で、「注文生産の中でも船や自動車はテストの方法があるが、建設工事ではその現場ごとにその都度設計して作るものでテストできない特殊性がある。

建設業のような現場生産の発注の場合の請負契約の規定の仕方は船や自動車と違っていいと信じる」と建設工事の特殊性を主張した。

これに対し、正示啓次郎(しょうじけいじろう)大蔵省主計局次長は「国家の会計制度というのは恒久制度であり、そのときの経済状態に応じて便宜的に動かしていくというのはよほど慎重に考えなければならない。また、税金によって賄われている国家の会計の根本に関する問題なので、そのときの経済の病理的な現象に対応して弾力的に適用していくということでは、納税者が安心できない」と発言した。

また、小峰保榮(やすえい)会計検査院検査第3局長は「ローアーリミット制は、古くは明治時代も行われていた。最近は終戦後昭和21年、24年、26年も相当なことが行われ、会計検査院としてその都度非難している。しかも、道路執行令の関係で3分の2くらいのローアーリミットは相当行われたが、10分の8というのは比較的高い方である。この種のものを立法するというのは賛成できない。線より上に首を出した者よりも、線の下にわずかの差で潜ってしまった者の方が履行能力は一層いいのではないか。8割はもちろんのこと、それ以下の価格でも機械的に線を引いて、その下に潜ってしまった者はことごとく無効にするというような制度は妥当性を認めがたい。会計法規とは関係のないほかの目的によって作られた建設業法の中に1条ぽんと入れて工事の請負だけにローアーリミットを設けるのはいかがなものか」と発言し、最低制限価格制度に対する会計検査院の強い反対の意向が示された。賛否両論が戦わされる中、結論が出ないまま連合審査会は終了した。

(8) 会計法改正に向けて動き出した大蔵省

１９５６年４月に建設工事紛争審査会を設置して紛争の斡旋、調停および仲裁を行わせることとする建設業法の一部を改正する法律案を内閣が提案した際にも、ダンピング防止策について議論が巻き起こった。４月24日の参議院建設委員会における建設業法改正案に関する質疑において、柴田達夫建設大臣官房長は「ダンピング防止のような意味において、会計法の立場で大蔵省が中心になって検討している」「最近大蔵省で会計法改正の議が決定し、今国会に会計法の一部改正案として提案になる見込みになっている」と答弁した。政府は、「最低制限価格制度」導入の要求に対し、「低入札価格調査制度」を導入することでこれに応えようとした。

１９５６年５月になって、ようやく会計法の一部を改正する法律案が提案され、自由民主党の山手満男(みつお)大蔵政務次官は、５月８日の衆議院および５月９日の参議院の大蔵委員会において提案理由を説明した。「契約の内容に適合した履行がなされないおそれがあると認められるときは、一定の手続きを経て、予定価格の制限の範囲内で価格の申し出をしたほかの者のうち最低価格の申し出をした者を契約の相手方とすることができることとした。契約の内容に適合した履行がなされないためかえって国に損失をもたらすこととなるような事態を防止しようとするもの」。この改正案は参議院で可決され衆議院に回付されたが、国会の混乱で審議未了となり継続審議となった。しかし、結局国会の解散で廃案となってしまった。

(9) 消極姿勢に戻った大蔵省

１９５８年12月には東宮御所の工事を間組が1万円で落札するという事件がニュースとなり、国会においてダンピング防止策が大きな議論となった。１９５９年2月10日の参議院建設委員会において、日本社会党の田中一議員が「昨年の通常国会（第26回国会）の末期に参議院で可決され、衆議院に回った法律案が衆議院で通った例の会計法の一部改正ができていれば、間組の1万円入札のようなものは防げるのではないかと考えている。あの改正案でも不十分ならば、もう少し十分なものを政府としてこの国会中に提案する意志はあるか」と質問し、自由民主党の徳安實藏建設政務次官は「法律の改正その他について検討中。会計法を改正する法律案は次の国会でないと提出できないと考えている。しかし、内容などについては、ただいま慎重に検討している」と回答した。

１９５９年8月4日の参議院建設委員会においても、田中一議員が会計法改正案の再提出を迫った。それに対し、小熊孝次大蔵省主計局法規課長は「前に国会に提出した改正点はそれとしてほかの点と合わせて改正できれば一番いいが、まだ例えば契約の公告というものが、従来から国による契約の申込みであって、相手方の入札というものは承諾である、そこで契約が成立してしまうというような根本的な法律論であり、各国の例によると日本のような法律的な考え方は比較的少ない。公告は申込みの誘因であるという例が比較的多い。そういうものを全般的にどうやっていくかという問題もある。あるいは予定価格の積算の問題をどうやっていくか、入札保証金と契約保証金も国によっては非常に厳格に取っているところもある。そういういろんな点について今資料を集めている。それを検討して、この間の改正点と合わせてできれば今度の通常国会までに出したい」と答弁した。明治会計法が「公告が国による契約の申込みであって、相手方の入札が承諾である」とするという考え方をとってしまったがために、最低価格の入札者が自動的に落札するわけではないとする法改正の考え方がなかなか受け入れにくいものとなってしまっていた。

こうした状況で１９５９年９月、全建は『建設工事契約法案（仮称）』を作成し、岸信介（のぶすけ）内閣総理大臣、村上勇（いさむ）建設大臣らにその実現を働きかけた。法案の骨子は、公共工事の重要性から考えて「指名競争入札」を原則として、「公入札」（一般競争入札と同義と思われる）、「随意契約」、「協議契約」も取り入れること、適正な価格の設定、最低価格が工事の適正施行に支障を来すと認められる場合、予定価格の範囲内で次の最低価格者を契約の相手とすること、不可抗力の損害は発注者負担とすることなどであった。当時厳しい環境に置かれた業界の姿勢が現れたものであった。

⑽　１９６１年会計法改正

その後も、度々、田中一議員らが国会で会計法改正を催促した結果、１９６１年３月にようやく会計法の一部を改正する法律案が政府から提案された。入札価格が著しく低い場合に所定の手続きのもとに次順位の入札者を契約の相手方とすることができる道を開くものである。幾多の曲折を経てようやく１９６１年10月に『会計法』一部改正案が可決・成立し、同年11月法律第２３６号をもって公布、翌１９６２年８月に施行された（巻末参照）。その施行に関連し、１９６２年７月政令第３１４号をもって会計法の施行令に相当する『予決令』が改正され（巻末参照）、さらに同年８月大蔵省令第52号をもって『契約事務取扱規則』が制定された。一般競争入札手続の流れを図１-２に示す。

この改正で会計法第29条の3第1項において「売買、貸借、請負その他の契約を締結する場合においては、第3項および第4項に規定する場合を除き、公告して申込みをさせることにより競争に付さなければならない」とし、明治会計法および大正会計法と同様に、「買」と「売」を基本的に同じ取扱いとして公告による競争を原則とすることを規定した。第3項では「契約の性質又は目的により競争に加わるべき者が少数で第1項の競争に付する必要がない場合及び同項の競争に付することが不利と認められる場合においては、政令の定めるところにより、指名競争に付するものとする」として指名競争入札、そして第4項に「契約の性質又は目的が競争を許さない場合、緊急の必要により競争に付することができない場合及び競争に付することが不利と認められる場合においては、政令の定めるところにより、随意契約によるものとする」として随意契約の規定を置いた。

さらに、第29条の6第1項に「契約担当官等は、競争に付する場合においては、政令の定めるところにより、契約の目的に応じ、予定価格の制限の範囲内で最高又は最低の価格をもつて申込みをした者を契約の相手方とするものとする」として、予定価格の制限を必ず定めることとし、「買」の場合は最低価格(「売」の場合は最高価格)の入札者が落札することとした。この原則は従来と同様であるが、今回の改正では予決令ではなく法律の条文に規定された。従来は政令レベルのものであった「予定価格の上限(『買』の場合)」に関する規定や、原則として最低価格の札を落札とする(『買』の場合)という「落札基準」に関する規定を、政令より上位の法律に引き上げたのだ。

なお、予定価格の決定方法については、予決令の第80条に「第1項 予定価格は、競争入札に付する事項の価格の総額について定めなければならない。ただし、一定期間継続してする製造、修理、加工、

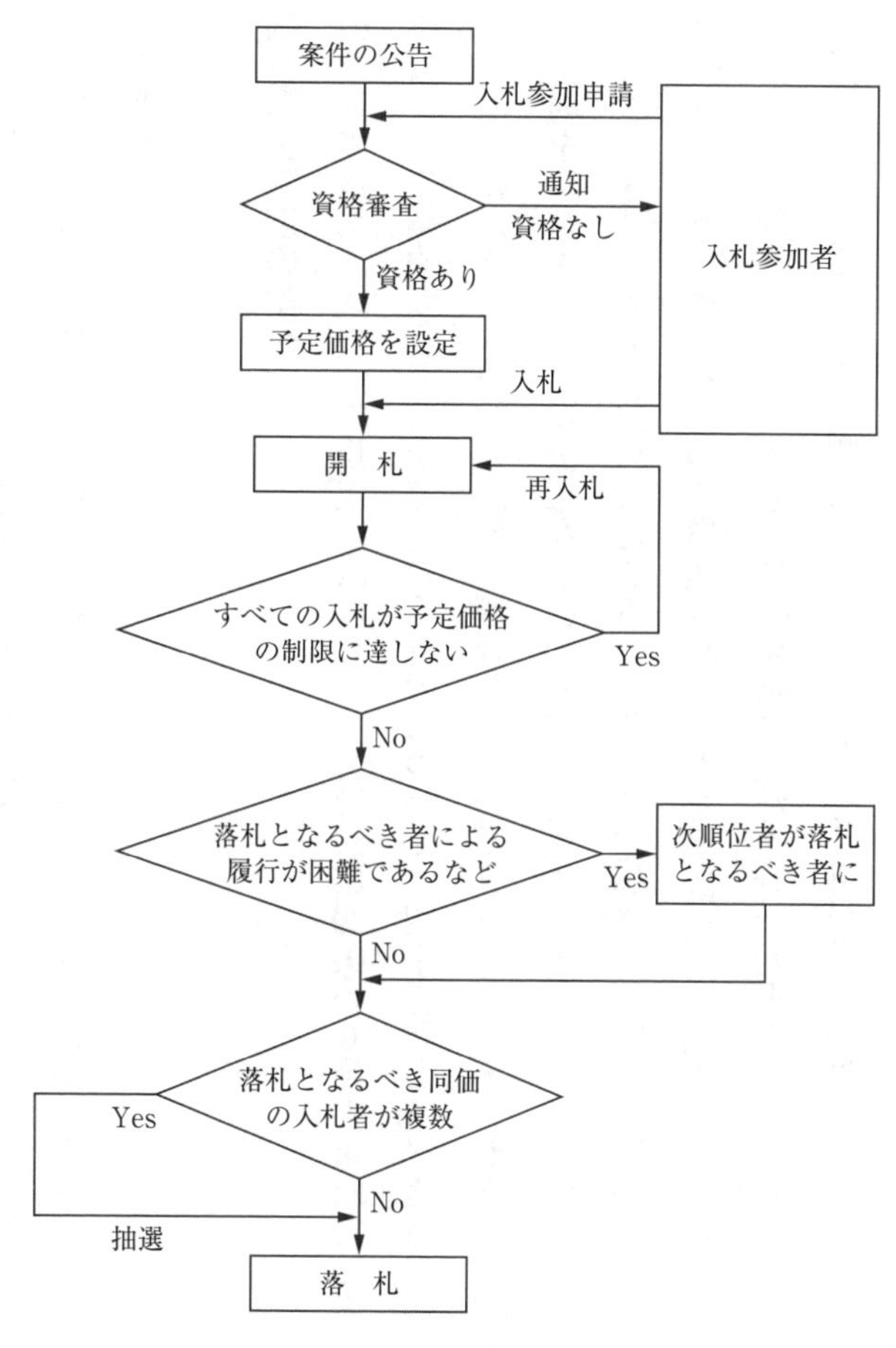

図1-2　会計法（1961年）および予決令（1962年）による入札手続の流れ

売買、供給、使用等の契約の場合においては、単価についてその予定価格を定めることができる」、「第2項　予定価格は、契約の目的となる物件又は役務について、取引の実例価格、需給の状況、履行の難易、数量の多寡、履行期間の長短等を考慮して適正に定めなければならない」と定められた。つまり、予定価格とは標準的な者が標準的な方法で契約を履行するのに必要な価格であり、市場の「実勢価格」であるということだ。

⑾　低入札価格調査制度の創設

また、この改正で落札方式の例外規定が設けられ、会計法第29条の6第1項ただし書きに「ただし、国の支払の原因となる契約のうち政令で定めるものについて、相手方となるべき者の申込みに係る価格によつては、その者により当該契約の内容に適合した履行がされないおそれがあると認められるとき、又はその者と契約を締結することが公正な取引の秩序を乱すこととなるおそれがあつて著しく不適当であると認められるときは、政令の定めるところにより、予定価格の制限の範囲内の価格をもつて申込みをした他の者のうち最低の価格をもつて申込みをした者を当該契約の相手方とすることができる」として、ローアーリミット制ではなく、著しく低い価格の入札を行った最低価格入札者について契約の内容に適合した履行がされるか否かを調査するという「低入札価格調査制度」が設けられた（図1-3）。

１９６１年の会計法改正前は、「公告して競争に付すべし」とのみ定め、その公告においては具体的に競争に付されるべき契約の内容を参加者に知悉（ちしつ）させるようになっていたことから、公告をもって「申込み」とし、予定価格の制限の範囲内の入札をもって「承諾」と解釈されていた。つまり、予定価格の制

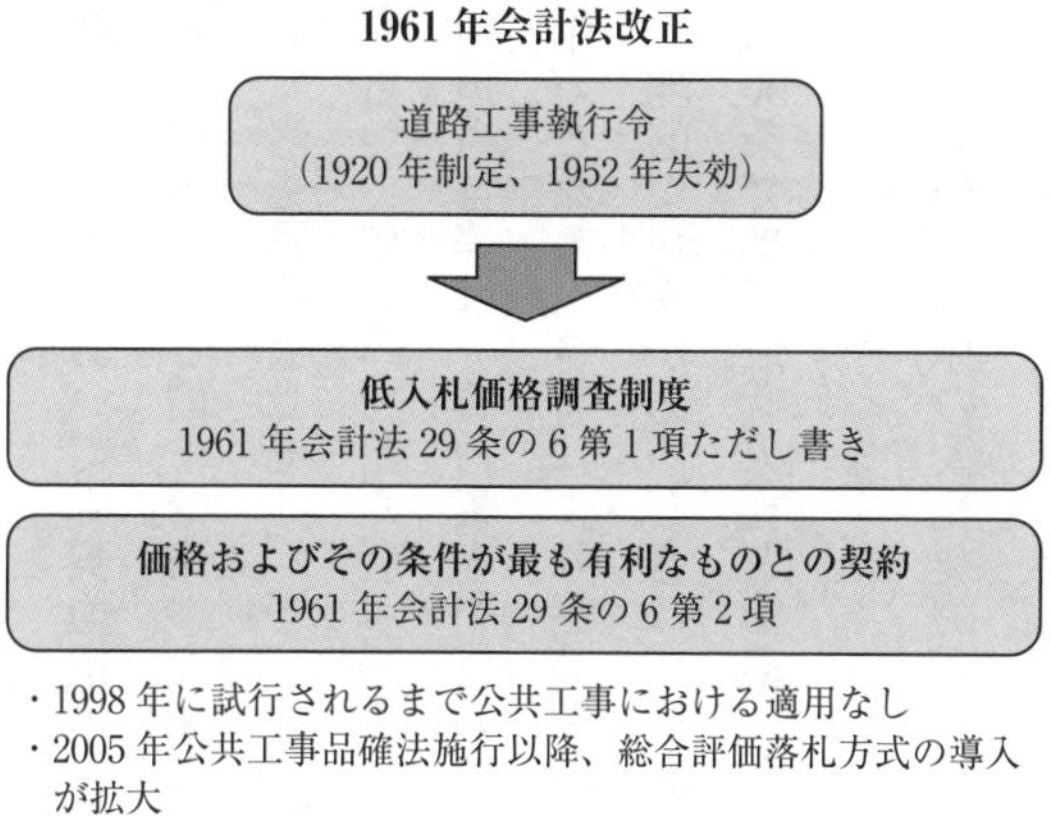

1961年会計法改正

道路工事執行令
（1920年制定、1952年失効）

低入札価格調査制度
1961年会計法29条の6第1項ただし書き

価格およびその条件が最も有利なものとの契約
1961年会計法29条の6第2項

・1998年に試行されるまで公共工事における適用なし
・2005年公共工事品確法施行以降、総合評価落札方式の導入が拡大

図1-3　低入札価格調査制度と落札方式例外規定の創設

限の範囲内で最低価格の入札が自動的に落札となる「自動落札」という考え方をとっていた。しかし、1961年の会計法の改正により、第29条の3第1項に「公告して申込みをさせることにより」と規定して公告と申込み以前の行為、すなわち「契約の申込みの誘引」であることを明らかにしたことにより、国は承諾の自由を留保し得るようになった。これによって、最低価格の入札者であっても必ずしも落札者とせず、ほかの者を落札者とすることができることとなった。

このほか、第29条の6第2項に「その性質又は目的から前項の規定により難い契約については、同項の規定にかかわらず、政令の定めるところにより、価格及びその他の条件が国にとつて最も有利なもの（同項ただし書の場合にあつては、次に有利なもの）をもつて申込みをした者を契約の相手方とすることができる」として、例外的取扱いではあるが価格以外の条件による落札基準が新たに設けられた。

予決令においては、第85条から第88条にかけて、最低価格の入札者を落札者としない場合の手続きが定められており、第86条第2項において「契約担当官等は、前項の調査の結果、その者により当該契約の内容に適合した履行がされないおそれがあると認めたときは、その調査の結果及び自己の意見を記載し、又は記録した書面を契約審査委員に提出し、その意見を求めなければならない」とされている。さらに、第87条において「契約審査委員は、前条第2項の規定により、契約担当官等から意見を求められたときは、必要な審査をし、書面によって意見を表示しなければならない」、第88条第1項において「契約担当官等は、前条の規定により表示された契約審査委員の意見のうちの多数が自己の意見と同一であった場合においては、予定価格の制限の範囲内で最低の価格をもって申込みをした者を落札者とせず、予定価格の制限の範囲内の価格をもって申込みをした他の者のうち最低の価格をもって申込みをした者（以下「次順位者」という）を落札者とするものとする」、第2項において「契約担当官等は、契約審査委員の意見のうちの多数が自己の意見と異なる場合においても、当該契約の相手方となるべき者により当該契約の内容に適合した履行がされないおそれがあると認めたことについて合理的な理由があるときは、次順位者を落札者とすることができる」と定められている。また、予決令第90条では、最低入札者を落札者としなかった場合の大蔵大臣および会計検査院への書面の提出を規定している。

地方公共団体の入札契約手続は、地方自治法および地方自治法施行令に規定されている。会計法の改正を受けて1963年8月に地方自治法施行令が改正され、会計法に規定した条文と同様の条文が加えられたほか、最低制限価格を設けることができると定められた。すなわち、地方自治体においては、「低入札価格調査制度」だけでなく「最低制限価格制度」を適用することができることとなった。

会計法改正後も実際の運用では、会計法第29条の6第1項ただし書きに基づく「低入札価格調査制度」

により最低価格の入札者以外の者の落札が認められることはほとんどなかった。「低入札価格調査制度」は低入札を排除するのに十分に機能せず、最低価格の入札者が「自動落札」するという原則は、実態としては変わらなかった。また、この会計法改正後においても、厳格な予定価格の制限が残された。また、一般競争入札、指名競争入札のいずれにおいても落札者の決定は価格によって行うことを原則としており、価格以外の落札基準を用いるのは例外的な取扱いとしたために、総合評価契約方式が試行的に導入されるまでは、価格以外の落札基準が用いられることはほとんどなかった。

なお、建設省が低入札価格調査制度を運用するための基準を定めたのは、予決令に従って、１９７６年3月、低入札価格調査を行う基準となる価格（調査基準価格）を契約ごとに予定価格の2分の1から10分の８の範囲内とすると定めたのが最初である。しかし、調査基準価格を下回る入札が排除されることは、国土交通省が２００６年12月にダンピング防止策を大幅に強化するまでは稀であった。

10　建設業登録制から許可制へ

(1)　建設業許可制へ向けての議論

建設業者の登録制から許可制へ移行するまでの20余年間、「業者数抑制」という観点で登録制改善の論議が絶えなかった。業者選定要領の問題から派生して、１９５４年1月に開かれた中建審で登録制度

総合数値の算出方法

(工事種類別年間完成工事高＋職員数＋営業年数＋自己資本)
×(1＋経営比率／180)

の改善が取り上げられた。その論議の中で、専門業者の代表が許認可制への移行に賛成したのに対し、総合業者の代表は慎重論を唱えた。1956年の建設業法改正では、請負契約の紛争処理に関して改められた。

そのほかにも「工事施工能力審査」については、1956年1月に改正され、主観的要素のうち「信用度」が削除され「主要機械」および「特殊の工事」が追加された。客観的要素の審査基準については、『中央建設業審議会の取扱要領』に定められており、従来のモデル会社の基準数値方式が廃止され、客観的要素別の段階記号を表示とするとともに、査定要素が改められた。

同年12月には、中央建設業審議会の取扱要領に定める客観的要素のうち経営規模などについての区分が細分化され、区分ごとに点数が付された。これにより総合数値を算出することとし、希望する発注機関に対しては、総合数値に関する参考資料を配布することとした。

さらに、1959年には、主観的要素に「工事の安全成績」を追加するとともに、客観的要素の審査要領を『工事施工能力審査要領』として定めた。各要素の取扱いおよび計算方法が具体的に示され、経営規模など区分の上位ランクについて改められた。

1958年8月11日の参議院建設委員会においては、日本社会党の田中一議員が、建設業法の改正に関する審議会での審議状況について報告を求め、柴田建設大臣官房長は「現在の一本建ての建設業法の登録制度を二本建てに改めて、総合建設業という範疇を法律の表に出して、総合建設業の登録制度と、それ以外の登録制度の二本建てにするというのが現在までの結論である」と答えた。

１９６０年5月の建設業法の改正では技術者の資格要件の強化がなされた。建設工事の一層適正な施行を期するため、建設業者の施行する建設工事の従業者などについて技術検定の制度を設けるほか、建設工事に関する施工技術を確保するため所要の規定が整備された。

国会審議の過程では、抜本的な改正を求める声が多くあった。１９６０年2月26日の衆議院建設委員会において、自由民主党の砂原格議員より「建設省の中にはいわゆる門外不出の階級の制度が設けられていて、例えば業者をA、B、Cに分けて、そのA、B、Cの段階の中で指名が行われる場合がある。国の公共性を帯びた事業の7割程度までは十大業者で施工をしている。残りの3割程度のものを7万近い中小、殊に小の部分に属する個人企業のものたちがアリがえさにたかるような格好で非常な争いをして仕事をしている。Aの地帯には一応底の方に線がなければならぬのに、天井はなしに底なしになると、下の方の部分までどんどん進出してきて、中小企業を圧迫している事実は否定できない。中小企業を育成していくという考えをお持ちか」と問われ、自由民主党の村上勇建設大臣は、「請負業者の登録要件の改正については、今、中建審で検討している。大企業の方に指名が多くなっていると思うが、7割は大企業で3割が中小企業だというような比率は今日では相当改善され、大体フィフティ・フィフティになっているということだ。いずれ結論が出れば、第5条の改正なども行われるものとみている」と答弁した。

総合数値の算出方法

A×{1+(B + C)/100}・・・・・・・Aの1.6～2.0倍

A：主として請け負う建設工事の種類別年間平均完成工事高（5～93点）
B：自己資本額（15～25点）+職員の数（15～25点）
　+機械器具などの数（15～25点）
C：流動比率（3～5点）+自己資本固定比率（3～5点）
　+自己資本回転率（3～5点）+完成工事高純利益率（3～5点）
　+営業年数（3～5点）

(2) 登録制の強化と経営事項審査制度

登録制度改善運動が多くの曲折をたどって許可制に改める方向へ動き始めたのは、1956年からである。しかし、1961年第40回通常国会に提出され5月に可決・成立した建設業法の改正は、許可制度への移行ではなく、登録要件の強化に留まるものであった。この改正では、総合工事業者と専門工事業者を区分する総合工事業者制度が新設されたほか、1950年に始まった「工事施工能力」が「経営に関する客観的事項の審査」として制度化された。公共工事の入札制度の合理化に伴って、建設工事の適正な施工と建設業者の能力に応じた受注を確保するために、経営に関して客観的事項を統一的かつ客観的な基準で建設大臣または都道府県知事が審査する『経営事項審査（経審）制度』が新たに設けられた。経営事項審査制度が法制化されたことに伴い、建設省は中建審の意見を聞き、審査項目などを定め、上記のとおり算出方法を定めた。これによりほぼ現行制度の形が出来上がった。

1965年には、主観的要素に「労働福祉の状況」を加えるとともに、等級別発注標準金額を改めた。

(3) 国会での議論

昭和40年代を迎え、建設業法は制定以来十数年を経て、社会情勢の変化や経済活動の発展にそぐわない面が多くなっていたので、大幅に改正すべきという機運が盛り上がってきた。中建審の法制小委員会の起草小委員会が1967年6月にまとめた改正試案は、下請保護を強く打ち出す一方、元請の管理責任を明確化し、そこに重点を置いた許可制度を盛り込んだものであった。1968年1月、中建審は元請契約関係適正化のために講ずる必要のある諸対策案と建設業法改正試案大要案、同大要案に対する付帯意見の3案をとりまとめた。

1968年3月6日に行われた衆議院建設委員会の建設行政の基本施策に関する質疑では、日本社会党の福岡義登（よしと）議員より、「建設業法改正について、審議会が答申を出して、今、建設省で検討しているようだが、今あのようなものを国会に出してほしくない。審議会の委員の構成をみると、いわゆる中小企業者の代表が入っていない。答申の中身が大企業中心になっている。零細中小業者、あるいは特に大工とか左官は非常に仕事がしにくくなる。どこかの大企業の系列に入らなければならぬ。改正するなら、中小零細企業、大工、左官というような人々の意見が十分入るような方法を講じてもらいたい」と発言があり、自由民主党の保利（ほり）茂建設大臣は「中小建設業関係の倒産は意外に多い。倒産してかえって激増している状態。どの程度の経営能力あるいは工事能力を持っているか、全くおかまいなしに、登録さえすれば建設業だという形で扱われている。福岡さんの意見はわかったので、私としても努力する」と答弁した。また、民主社会党の稲富稜人（いなとみたかと）議員より、3月13日および翌1969年2月27日の衆議院予算委員会第5分科会で、建設業法を改正する機会に、建設業法2条の別表に造園工事を挿入してほしいとの意見があった。

建設業法の一部を改正する法律案が１９６９年4月に内閣から第61回国会に提出され、5月9日の衆議院本会議で日本社会党の阿部昭吾（しょうご）議員は「登録制から許可制に切り替えるねらいは、一部の大手業者をさらに一段と優遇し、中小零細業者、地方業者、大工、左官、棟梁など、一人親方建設職人に対し大きな圧迫を加えようとする政策的意図が明瞭になっている。許可を受けた職種以外は請負工事ができなくなる。現行法も一応職種別登録制だが、営業制限はない。法適用除外の工事金額を少なくとも３００万円以上とすることは、極めて当然。発注者もしくは権力に連なる保守党政治家が意志を表明して、落札させたい特定業者を指名する天の声はいかがお考えか。業法改正は、談合、天の声、重層下請、ピンはねに焦点を向けねばならぬ」と発言した。この発言は、自由民主党から不穏当だとして非難を浴びた。

この後の5月16日の参議院本会議でも建設業を許可制に改めるための建設業法改正について審議された。しかし、この国会では、建設業法改正案は審議未了で廃案となり、改めて同年6月に衆議院建設委員会で審議が始まったが、結局成立をみることなく、翌年に持ち越された。

改めて１９７０年3月に第63回国会に提出され、4月8日の衆議院建設委員会で、自由民主党の根本龍太郎建設大臣より改めて、建設業法の一部を改正する法律案の趣旨説明が行われた。5月8日の衆議院建設委員会では、日本社会党の松浦利尚（としひさ）議員より「登録制度を許可制度に改めることによって建設業界の規律を確保できると考えているのか、許可条件などを定める政令委任事項を全部示されたい」と問われた。また、公明党の小川新一郎議員より、法適用除外金額や中小建設業者の受注機会の確保策などについて問われ、根本建設大臣は「今後特に発注標準を厳守し、中小工事にはみだりに大手企業者を指名しないようにしたい。第2に、地元の業者をできるだけ地方工事に活用したい。第３に、成績優秀な中小建設業者には2階級上位のランクの工事にも指名して、積極的に受注機会の確保を図りたい。第４に、一括下請、あるいは自ら施工管理に任じないような業者は指名しないということを指導強化したい。また、中小建設業者の施工能力の増大を図るために結成したジョイントベンチャーについては、その施工能力に相応する規模の工事の指名について特段の配慮を図りたい」と答弁した。

結局、衆議院では、日本社会党、公明党、日本共産党が反対し、自由民主党および民主社会党は、下請負人が他人に損害を加えた場合などの特定建設業者に対する勧告などを内容とする修正を加えることで賛成したことから、賛成多数により修正案が可決された。そして、自由民主党、日本社会党、公明党、民主社会党からの提案により、「許可の適用が除外される政令で定める軽微な建設工事は、工事１件の請負代金の額が、建築一式工事にあっては３００万円に満たない工事もしくは延べ面積が１００㎡未満の木造住宅工事、その他の建設工事にあっては１００万円に満たない工事とすること、優良な地元建設業者を活用するため、中小工事に対する大手業者の参加を極力抑制するなど中小建設業者の受注の確保を図ること」などの7項目の附帯決議が付され、衆議院本会議で可決された。引き続き同月、参議院建設委員会で審議されたが、閉会となり、継続審議とされた。

第65回国会では、１９７１年2月から、建設業法改正案が参議院にて審議され、許可制に改正する理由、本法の適用除外工事の範囲、中小建設業および建設コンサルタントの助成策、海外建設工事の育成、前払保証事業の現状、建設労働力の不足および技能労働者に対する職業訓練のあり方などが議論された。建設業に理解の深い日本社会党の田中一委員長のもとで、2月と3月に計8回にわたって審議された。

1971年2月23日の参議院建設委員会では、参考人として月橋清一・全国専門工事業団体連合会会長は「本改正案の趣旨には賛成だが、法の適用については従来と違った慎重な取扱いをするとともに、担当公務員の恣意によって運用がゆがめられないように措置することが必要である」と発言した。小川耕一・全建副会長は「むしろ遅きに失するくらいであり、ぜひとも今国会における成立を熱望する」と発言した。鈴木光男・全国中小建設業協会（以下、全中建）会長は「現在の建設業法が、終戦後の占領下でつくられた当時は、業界として極めて関心が薄かった。昭和30年頃から非常にこの問題に対して業界も考えるようになってきた。昭和41年に改正にとりかかって、検討に検討を重ね、許可制度を採用して国会に提出された。許可制にすることは極めて望ましいといえる。この機会に中小業者に受注機会を確保するような法律、中小業者の伸びられるような方法をさらに織り込んでいただきたい」と要望した。今洋・全国建設労働組合総連合技術対策部長は、「本改正案は、大工、左官などの職人、労働者に大きな影響を及ぼす。業種別許可制は非常に不合理だと思う。小零細業者に対しては極めて過酷で厳しく、その他の業者に甘い改正案だと考えざるを得ない。したがって、基本的にこの改正案には反対したい」と発言した。前田又兵衛（またべえ）・日本建設業団体連合会（以下、旧日建連）副会長は「本改正はかねてから陳情を重ねてきた。1日も速やかに改正をみますよう心からお願いをいたします」と要望した。

内山尚三（しょうぞう）・法政大学教授からは「ハワイ州は許可制を敷いていて、ペーパー試験を受けなければならない。試験に合格しても、信頼できる、過去において悪いことをしていないというようなことをライセンス委員会が決める。わが国の場合はいろんな圧力で許可せざるを得なくなるのではないか」との発言があった。

また、公明党の二宮文造（ぶんぞう）議員からは外国で許可制を敷いている国を問われ、高橋弘篤建設省計画局長は「調べた範囲では、アメリカにおいては約半分の州が建設業の許可制度を採用している。西ドイツでも免許制度を採用している。アメリカの許可制度は、州によって違っているが、カリフォルニア州の許可制度は、業種を総合土木業、総合建築業、管工事業、電気事業その他の大体33の専門業に区分している。建設業許可委員会の許可を受けなければならない。まず、許可庁に、申請の業種について一定の経験があることを証明し、そしてさらに許可庁の実施する筆記試験に合格して、合格した場合に、申請者の名前が20日間掲示され、なお調査するとか追加の試験をするとかが必要なければ、手数料を払って許可される」と説明した。

１９７１年3月23日の建設業法改正案を審議する参議院建設委員会では、質疑応答を経た後、各党は討論の中で建設業法改正案について意向を述べた。日本社会党は、登録制を許可制に変えることは単に弱小業者の切捨てになるなどの理由、公明党は、建設業界に対する官僚統制を強化するものであるなどと指摘、共産党は、一部の不良業者の排除を口実に多くの善意な零細業者を業者としての認定から閉め出す可能性があるなどとして、いずれも反対を表明した。日本社会党の田中一議員が委員長として採決した結果、自由民主党の賛成多数で可決した。日本社会党の松本英一議員より、各派共同による決議案が提出され、「許可の適用が除外される政令で定める軽微な建設工事は、工事1件の請負代金の額が、建築一式工事にあっては３００万円に満たない工事もしくは延べ面積が１５０㎡未満の木造住宅工事、その他の建設工事にあっては１００万円に満たない工事とすること、優良な地元建設業者を活用するため、中小工事に対する大手業者の参加を極力抑制するなど中小建設業者の受注の確保を図ること」などの10項目の附帯決議が全会一致で決定された。続く同月の参議院本会議では、建設委員長報告のとおり可決された。同月、衆議院でも通過し、建設業法の一部を改正する法律がようやく成立した。

(4)　建設労働事情

高度経済成長期のオリンピック景気やいざなぎ景気を追い風に、わが国の建設投資は順調に拡大した。反面、この時期は同時に建設労働を巡るさまざまな問題が噴出し、建設業者に対する法規制を強化する必要が強く認識されるようになった。前述のとおり1971年に建設業法が改正され、建設業の登録制から許可制への移行、特定建設業と一般建設業の区分、下請保護のための規定の整備が行われたのはこのような社会的背景による。

建設労働対策の一つとして、1970年、旧日建連は「労働力対策基本計画」（いわゆる労働力プール化構想）を発表した。この構想は建設労働力の確保と労働条件の改善、労働力の質的向上を図ることを目的としたもので、その特徴は次の3点に集約される。

①　一人親方や労働者を自由意志により職種別、地域別にプールする

②　請負契約、賃金、雇用条件などの基準を定め、これを保証し、福利厚生の安定、技能訓練の拡充を行う

③　そのための事業資金を元請事業者が拠出する

この受け皿となる「建設労働力センター」設置に向けた準備を含め、当時としては画期的な構想であったが、建設業界で意見の一致を見ず、1973年に起きた第1次オイルショックの影響もあり実現には

至らなかった。

他方、建設業の生産体制については、１９６１年に国民皆保険・皆年金が始まったのをきっかけに、急速に直用から下請中心へと変化した。また、相次ぐ社会保険料の引き上げや所得税の源泉徴収の強化に伴い、元請や１次下請の建設企業は直用の世話役とその配下の労働者を外注するようになり、下請比率が上昇した。さらにオイルショックとこれに伴う建設工事の減少によってその傾向が強まり、建設労働者は元請や１次下請企業から２次以下の下請に移行していった。

(5) 建設業許可制の施行

１９７２年4月より『改正建設業法』が施行され、業者登録が許可制に移行した。改正された建設業法は、許可制度の採用（一般建設業および特定建設業）、請負契約の適正化、下請負人の保護に関する規定の新設などが中心となっていたが、特に建設業者の許可制度の採用は業界、中でも中小企業に動揺を与えた。建設業法改正に伴い駆込み登録が殺到し、業者数は翌年3月には大臣・知事登録合わせて29万４８４４社となり、対前年比で53％増となったことにみられるように、１９７１、１９７２年の建設業者（特に知事登録業者）の激増ぶりが、この間の事情を物語っている。

従来の登録制度では、一定要件さえ満たせば建設業を営むことができたため、業者数が増加し、結果として過当競争を招いた。また、技術力、信用力に乏しい者でも新規参入を許すことになったことから、適正な建設工事を維持することが難しくなってきた。そこで、建設業を営むための要件を厳しくすることによって、こうした問題を解決することとした。

このため、建設業法の建設工事の種類を改めて、許可にあたって建設工事の種類に対応する建設業の業種ごとに行う「業種別許可制度」を採用し、また許可基準を定め、欠格要件を強化した。具体的には、建設業の許可を一般建設業許可と特定建設業許可に区分した上で、土木一式および建築一式など28業種に分類した。その上でそれぞれの業種別に許可することとし、許可を受けた業種に属する工種の工事以外は、原則として施工できないこととした。なお、2014年6月の建設業法改正により、建設業の許可に関わる業種区分が約40年ぶりに見直され、解体工事業が追加された。

建設業法改正に伴い、1973年、等級別発注標準金額については発注者が中小業者の保護・助長に留意するとともに、地方的特殊性その他の事情を勘案して発注者において独自にこれを決定するものとし、その例示は廃止となった。

また、「工事施工能力審査基準」を「経営事項審査基準」に改めるとともに客観的事項について項目の整理が行われ、さらに経営比率中「自己資本負債比率」「自己資本回転率」「完成工事高純利益率」が「総資本純利益率」に改められた。また、主観的事項については、「主要機械」および「特殊の工事」が「建設機械」に改められた。

11　オイルショック後の入札契約

(1)　オイルショックを経て

建設業を許可制に改めるための建設業法改正が審議された１９６９年5月16日の参議院本会議で、低入札対策に関する問題が話題に上った。日本社会党の田中一議員が「今回の建設業法の改正を機に、ローアーリミット制度の強化を検討する意思はないか。昨年秋、大津地裁が、滋賀上水道工事談合事件に対する判決で、『企業は自らを守る権利がある。官庁単価の低さから身を守る談合は正当である。むしろ責められるべきは積算単価の低さにある』と述べている。会計検査院、大蔵当局は、不当に低い発注者の積算内容についても指摘を行い、厳重に監視すべき」との発言があった。国会において低入札の問題が論じられるのは１９６１年に会計法を改正して以降初めてであり、また、社会党議員から談合を擁護する発言があったのは興味深い。

１９７１年3月23日の建設業法改正案を審議する参議院建設委員会でも、委員長である日本社会党の田中一議員自らが低入札や談合の問題を熱心に取り上げた。「東京都は大体建築工事は10分の8、道路は4分の3というリミットをもっている。建設省はどう決めているか」と問い、大津留温（おおつるおん）建設大臣官房長は「建設省においては、ローアーリミット制は採用していない。原則として価格が最も低いものが落札者と決定されるが、その最低の札を入れた者と契約をすることが、公正な取引の秩序を乱すことになるおそれがあって著しく不適当と認められる場合には、各省庁の長、つまり建設大臣の承認を得てこれを排除できることになっている。ただ、現実にそういうことで最低落札者を契約の相手から排除した実例はない」と答弁した。さらに、田中一議員は、大津の談合事件の判決を例に挙げて談合に関する建設大臣の見解を問い、根本建設大臣は「ダンピングを起こすことを防いだり、あるいは手抜きを防ぐというような意図のもとにお互いに情報交換し合うというようなことは、必ずしもやっちゃいけないというほど厳密に規定すべきものでもないと思う」と答弁した。

政府は、1973年の第1次オイルショックによって消費者物価指数が急上昇したことを受け、緊縮予算とインフレ防止のための総需要抑制策をとった。これにより戦後初めてのマイナス成長となり、高度経済成長が終焉を迎えた。不況対策として公共事業が拡大されたが、1979年には第2次オイルショックが起きた。重厚長大型だった従来の鉄鋼、造船、化学から自動車、家電、半導体などに産業の主役が変わり、また、都市化の進展に伴い金融、情報処理、サービス産業の比重が高まるなど、エネルギー危機により産業の構造が変化した。建設業については、現場作業者の労働条件や環境が変わらない中、業者数、就業者数は増加した。

大手建設企業は質的な成長を目指すようになり、1972年に旧日建連の長期構想委員会は「建設システムの高度化について」をまとめ、「建設業は建設システムに含まれる知識的、技術的要素の比重を高める必要がある」と発表、翌1973年同委員会の「10年後のわが国経済社会と建設業」では、「総合建設業がシステム産業へ転換し、エンジニアリング産業へと発展していく」とした。さらに1979

年、旧日建連は「建設業の中期展望–新たな発展を目指して」を発表し、建設業の経営改善のために次の対策を取り上げた。

① 効率化とコスト低減

② 知識を集約化し、エンジニアリング産業の担い手に

③ アセンブラーとしての管理監督機能の向上と知識集約化のため、下請業者の育成強化による責任施工体制の確立

大手建設企業がこれらに取り組んだ結果、１９８０年頃には下請比率はほぼ5割に達し、建設の元下生産体制への移行がほぼ完成した。

中建審は、第1次オイルショックとその後の総需要抑制策の下で経営が不安定となっていた建設業に対し建設業振興の一定の方向性を示すため、１９７7年7月、「建設業振興の基本方策」を答申した。この答申では改善すべきものとして、経営事項審査項目などの企業評価制度のあり方が指摘された。これを受けて改善を図るため、１９７８年10月から中建審において同制度の検討が開始された。

中建審における審議にあたって、建設省が打ち出した基本的な改善方向は、①現行の格付けが全建設業者を同一基準によって評価している点を改め、建設業の機能を総合と専門の２つに分けて、それぞれの機能に必要な条件を設定し、点数を付与する、②批判の多い完成工事高（完工高）中心の評価方式を時代に合った方法、例えば労働福祉面を客観的事項に組み入れるなど、現行の点数配分を変える、③低成長時代に即応して、過剰設備・人員の整理などの経営施策を取ると点数が下がってしまうといった企業努力と矛盾する点を改めるなどであった。

約1年にわたる審議の結果、1979年11月に中建審から新たな経営事項審査制度に関する実施勧告が出されたが、その内容は、①工事種類別の年間完工高は600億円以上（旧300億円）を最高位に、1000万円未満（旧100万円）を最低位に40区分（旧26区分）とする、②職員の数は技術職員とそれ以外の職員に分け、2対1の割合で評価する、③経営規模および経営比率などの評価区分は5段階（旧3段階）とする、④営業年数（旧営業開始時点）は建設業許可および登録を受けた年から起算する、⑤主観的事項は現行どおりとするというものであり、完工高区分および評価区分が細分化された。

中建審は、今回の改正については、あくまでも暫定的なものであるとした上で、①業種による特性を考慮して別個の基準の審査を検討すべき、②工事種類別年間完工高の審査対象を建設物としてまとまった工事あるいは分離発注分の工事とし、職別工事は除くこととする、③総合数値を求める算式は完工高と経営規模、経営比率を一本化しているが、これらは区分して算定すべきであり、下限開放には問題がある、④建設業の特性を踏まえた経営状況の評価方法が必要、⑤兼業と専業を同一評価するのは問題、⑥主観的事項の取扱いが恣意的なので、何らかの運用指針を検討すべき、⑦経営事項審査制度は現状を評価するものとなっているが、これに政策的・指導的要素を加味することはできないかなど多くの問題点を指摘、抜本的な見直しを将来に求める異例の勧告となった。これら中建審の指摘は、その後の改正で徐々に組み込まれていくことになる。

1981年の静岡建設業協会入札談合事件以降、建設省は中建審の1982年3月の建議「公共工事に係る入札結果の公表について」および1983年3月の建議「建設工事の入札制度の合理化対策等について」を受け、指名基準の公表、指名停止の合理化などの改革に取り組んだ。

(2)　１９８７年建設業法改正

建設業法は、１９８７年にも改正された。昭和50年代半ば以降、公共工事の抑制や企業の設備投資に占める建設投資の比率の低下などから、建設業は競争の激化により経営環境が悪化し、労働条件が低下、倒産が多発するなど、極めて厳しい局面を迎えていた。さらに施工能力や資力・借用などに問題のある不良業者の市場への不当参入が目に余るものとなっていた。こうした中で、建設業の長期的な発展を確保するため、企業および業界全体の合理化、近代化および労働生産性の向上が強く求められ、そのための条件整備を行うことを目的に、１９８６年2月、建設大臣は中建審に対して4項目の諮問（建設業の許可要件等の在り方、経営事項審査制度の在り方、共同企業体等の在り方、産業構造の改善を進めるための諸方策）を行った。これらのうち、建設業の許可要件等の在り方および経営事項審査制度の在り方のうち審査体制などに関わる事項について、同審議会における審議の結果、１９８７年1月、『今後の建設産業政策の在り方について（第1次答申）』が建設大臣宛てに提出された。この答申に基づいて立法作業が進められ、建設業法改正案が第１０８回国会に提出され、１９８７年5月、参議院本会議で可決・成立し、同年6月公布された。

これにより、経営事項審査制度の整備が行われた。整備とは書面による申請、添付書類、報告または資料の提出に関する規定の整備や経営状況分析に関する指定機関制度の導入を行うものだった。審査内容については、完成工事高のウェイトが必要以上に高く、企業の技術力や経営の健全性などが十分に反映されていないとの答申の指摘を受け、財務力評価を体系付けて12財務指標による経営状況分析の手法が採用されたほか、技術職員点と営業年数点からなる技術力評価が明確にされた。

(3) 談合の表面化

１９６１年に低入札価格調査制度が会計法に定められてからは、低入札の問題が国会で度々論じられることもなくなり、建設省が低入札価格調査を行う基準となる価格（調査基準価格）を規定したのは１９７６年3月であった。契約ごとに予定価格の2分の1から10分の8の範囲内とすると定めたのである。その後、１９７７年3月22日の参議院建設委員会において、日本社会党の栗原俊夫議員よりローアーリミットなどについて質疑があった。「一番安いのはどうも、非常識とはいえぬけれども、これはできぬかもしれぬというような判断は、これはどこでやり、どんな基準でやろうとするんですか」と質問し、栗屋（あわや）敏信建設大臣官房長は「その基準につきましては、建設省は官房長通達をもちまして各地建（地方建設局）にその基準を示している。案件ごとに、その落札価格が本当に契約の内容に適合した履行がされ得るかどうかということを判断をして、その案件ごとに十分調査した上で、否とする場合は落札をさせず次順位者を上げる、可とする場合はその者に落札をさせるという制度である」と答弁した。栗原議員はさらに、「水公団（水資源開発公団）の方では恐らくローアーリミットが引かれてあるから、これから下だからだめだったんだと、これは世間ですぐわかります。しかし、そういうものがなくて安値が排除されるという論理というものが、一般国民からみるとなかなかこれはわかりにくい」と発言した。これに対し、栗屋建設大臣官房長は「昭和51年度からこの制度を実施いたしておりますが、いまだ適用した事例はございません。使い方によって国民から疑惑を招くことのないように十分注意をしてまいりたい」と答弁した。

低入札価格調査制度は、１９７６年に低入札価格調査を行う基準となる「調査基準価格」を定めて以降も、この制度を適用することによって次順位の者が落札した事例はほとんどなかった。特に、大蔵省および会計検査院への書面の提出が義務付けられていたため、契約担当省庁がこの低入札価格調査制度を適用して最低価格の入札を排除することは現実には困難であったと思われる。

なお、昭和50年代に過当競争により業界が疲弊する状況もみられたことから、１９８７年2月には、調査基準価格を契約ごとに予定価格の３分の２から10分の８・５の範囲内で運用する内容に改正された。これ以降も、実際に低入札価格調査制度を適用した事例はほとんどなかった。毎年の記録は公表されていないが、２００３年11月25日に民主党の長妻昭（ながつまあきら）議員が提出した質問主意書に対する２００４年2月10日の答弁書において、２００２年度における国の入札案件で、最低の価格をもって入札した者により契約の内容に適合した履行がされないおそれがあると認められたため、その者を契約の相手方としないこととしたものは7件（うち工事に関わるものは5件）のみとされている。低入札価格調査制度があまり活用されなかったのは、ほとんどの工事の発注が一般競争入札でなく指名競争入札によっていたので、過当競争が起きることが多くなかったことも一つの要因と考えられる。低入札価格調査制度を適用することは現実には困難であったものの、競争が激化したときの入札の下限の目安としてダンピングを抑止する効果はあったものと思われる。また、違算などにより著しい低入札が発生した場合でも、低入札価格調査の煩雑な手続きを避けて、入札者に辞退を促すことによって処置することもあった。

このように、現実には制度があまり運用されず、国の直轄工事において調査基準価格を下回る低入札が排除されるようなことは、２００６年のダンピング防止策の強化まではほとんどなかった。１９６１年の会計法改正以降、入札契約制度としての会計法および予決令に大きな変更は加えられていない。一般競争入札の適用を原則とするという法律の規定に対して、実態としては引き続き長らく指名競争入札が主に用いられた。

刑法の談合罪については、長きにわたり判例が必ずしも一定せず、そのため「良い談合」は許されるとして、入札談合が公然と行われた。滋賀県草津市などの上水道工事に係る入札談合事件に対する1968年8月27日の大津地裁の刑事判決は、先行の最高裁判例に整合するものではなかったが、第1審で確定したこともあって、その後の建設業界や検察実務にも大きな影響を与えた。この判決は、談合金を伴わない談合については「公の入札制度に対処し、通常の利潤の確保と業者の共存を図ると同時に完全な工事という入札の最終目的をも満足させようとする経済人的合理主義の所産である」と肯定的に評価している。一方、談合金を伴う談合については「特に利潤を削減してその捻出を図る意図であったことが認められるべき格別な事情のない限りは、原則として同条（談合罪の規定）に該当する」として違法との見解を示した。建設業界では、大津地裁判決の影響から「談合金を伴わない談合は合法である」との空気が蔓延した。業界内では、談合金を伴う入札談合が下火になる反面、業者間の利害を調整して工事の受注を配分するための入札談合のルール化は進んだといわれている。

その後、1977年の独禁法の改正でいわゆる「課徴金制度」が導入されたことに伴い、従来摘発されることが少なかった建設工事の入札談合が対象となるようになった。ゼネコンに関わる入札談合について独禁法違反の審決が最初に出されたのは、1981年に摘発された静岡建設業協会入札談合事件である。これが建設業界に衝撃をもたらしたのは、独禁法上のカルテル行為によって総合建設業者が初めて摘発の対象となったためである。

それまでも、刑法第96条の３第２項の規定「公正なる価格を害し又は不正の利益を得る目的で、談合したる者」（１９９５年改正で表記平易化）により刑法上の談合罪として罰せられることになっていた。会計法上の取締り規制にも同様の規定がある。しかし、これらによって談合が摘発されたことはあっても判例上の蓄積があり、建設業界では既に経験してきたことであった。独禁法上のカルテル行為としての摘発は、総合建設業者としては初めてのことであり、建設業界は大混乱に陥った。

この事件を契機に公共工事の入札制度のあり方や建設業者の営業活動のあり方が問題となった。まず、公共工事の入札制度のあり方については、１９８１年11月に当時の建設大臣が中建審に入札制度の合理化対策などについての調査・審議を依頼。翌１９８２年３月に公共工事に関わる入札結果などの公表に関する第１次建議が、さらに１年後の１９８３年３月に残された課題について第２次建議が出された。特に後者の内容は、①一般競争契約を一般的に採用することは困難であり、指名競争契約を公共工事に関する契約方式の運用上の基本とする、②指名業者数の増大に伴って発生している不良業者の参入やダンピング入札の多発などの問題を解消するため、適切な数となるよう指名業者数の見直しを図る、③積算の基本的な考え方や標準歩掛などの積算基準を公表する、④随意契約の適用範囲に関する具体的なガイドラインの設定とその公表を行う、⑤予定価格の的確な設定と歩切りを厳禁とする、⑥合理的な指名基準の整備とその公表を行う、⑦合議制の機関による指名審査の拡充を図る、⑧指名停止基準などの合理化とこれに基づく適切な運用を確保するというように広汎に及ぶものだった。

他方、建設業者の営業活動のあり方を巡っては、１９８２年８月、自由民主党が政策調査会建設部会建設業等の契約問題に関する小委員会（玉置委員会）で検討した結果を踏まえ、「建設業等の契約問題について」の見解とし、次のような内容を発表した。

「建設業は単品生産を行う受注産業であるため、計画的な受注が企業の存立、発展にとって最も重要な要素であり、したがって建設業者が営業活動を行う際には、受注を目標とする工事を逐次決めていくのが通常である。そのため業者は幅広い情報収集などを行いながら、発注予定工事の内容、規模、発注時期に対し、自社の技術力、手持工事量、経費面あるいは地元事情の精通度などにおける優位性、さらには他社の受注意欲などを広く検討して、目標工事を定め営業活動を行う。そして指名を受けた各建設業者は、このような検討結果に基づいて競合する他業者との間で、技術力、現場条件、経済性などを巡る営業上の競争を情報交換を通じて行うのが普通であり、その結果適当と認められる業者が絞り込まれてくる」。

つまり、建設業者の営業上の情報交換を「調整行為」と明確に位置付け、建設業者の実態と特殊事情を十分考慮し、独禁法の適切な運用を求めるとともに、発注官公庁と密接な連携を図りつつ、建設業者への指導を行うべきであると公取に要請している。これを受け、公取は1983年2月、建設業者を対象とする独禁法ガイドラインを作成したいと表明した。

こうして1984年2月に策定されたのが「公共工事に係る建設業における事業者団体の諸活動に関する独占禁止法上の指針（いわゆる建設業の独禁法ガイドライン）」である。この作成に際し、公取は、建設業界はもとより、発注官公庁などにヒアリングを行い建設省の意見や自由民主党の意見も踏まえて検討を行った。「指名制度や予定価格制度をその内容とする競争入札制度の下では、公共工事に係る建設業における事業者団体が行う一定の情報提供活動、経営指導活動など」という内容を含むこのガイドラインは、独禁法運用上の指針として一定の情報交換を認めたものである。
公取は１９８１年の静岡建設業協会入札談合事件以降、しばらく建設入札談合の摘発を行うことはなかったが、１９８８年にアメリカからの強い働きかけによって、米軍横須賀基地工事を巡る入札談合を摘発した。１９９０年6月の日米構造協議最終報告書には独禁法の運用強化が盛り込まれ、独禁法およびその運用が大幅に強化されることにつながった。

建設省においては、１９８１年の静岡建設業協会入札談合事件以降、指名業者数の増大、指名基準や積算基準の公表、指名業者の早期公表、指名競争の入札結果の公表などの情報公開や資格審査・指名審査の厳格化、指名停止の合理化などの改革を進めた。この頃の背景は、１９８５年のプラザ合意後の円高と１９８６年以降の円高不況対策、その上地価急騰による民間の設備投資や住宅建設の拡大などにより、再び実質経済成長率が2桁台に達した。そのため建設業界では、工事の急激な増加により下請企業による労働者確保が困難になっていた。

１９９１年4月には課徴金の引き上げなどを内容とする『改正独禁法』が公布、7月から施行された。さらに、事業者などに対する罰金の最高限度額の引き上げを内容とする改正独禁法が１９９２年12月に公布、翌年1月に施行された。そのような状況において、大手ゼネコンを中心とした談合組織である埼玉土曜会の入札談合が発覚し、１９９１年5月に摘発された（埼玉土曜会事件）。アメリカ企業によるわが国の建設市場への参入について日米建設協議が行われている最中であったこともあり、世間の大きな注目を集め、激しい批判にさらされた。

その後バブル崩壊によって、１９９２年頃から縮小した建設市場を補う目的で公共事業が拡大した。

この結果、地方を中心に中小建設業者が大幅に増加、市場参入し、1995年には建設業就業者数が663万1000人と過去最高に達した。工事量が伸びない中で、建設業の就業者数が増加し買い手市場となったため、建設労働者の処遇改善対策は見送られた。また、多くの1次下請が受注減少、売上減少に対応するため、労働者を独立させたために重層下請構造が拡大した。この時期の下請比率は60%から70%近くにまで増加していった。

12 指名競争入札から一般競争入札へ

(1) 入札方式転換の始まり

建設業界と政界の癒着に対する批判が高まる中で、1993年6月から1994年にかけて、公共工事の発注を巡る大型の贈収賄事件(ゼネコン汚職事件)が摘発され、中央政界や地方政界に多額の賄賂が贈られている事実が判明し、公共事業における一大スキャンダルとなった。仙台市長、茨城県知事、宮城県知事などの首長や大手ゼネコンの最高幹部らが続々と逮捕された。指名競争入札方式が談合の温床になっているとされ、指名競争入札方式を一般競争入札方式に転換するようにとの議論が高まった。

折しもこの頃、アメリカからの国内建設市場開放の圧力が急速に高まっていた。1986年5月、関西国際空港プロジェクトを国際公開入札とするよう要求がなされ、1988年5月、関西国際空港などを含む17のプロジェクトを対象として「大型公共事業への参入機会等に関する我が国政府の措置について」が閣議了解された。ＭＰＡ（Major Projects Arrangements）と呼ばれるこの特例措置はその後、対象プロジェクトや関係国などが拡大された。これを通じて外国企業に日本市場を習熟してもらうことを期待したが、米国企業の評価は日本では芳しくなかった。しかし、アメリカはスーパー３０１条をかざして日米合意をレビューする会合などを通じ、日本市場への参入実績をさらに拡大するよう圧力をかけ続けた。

一方、多国間の貿易ルールを交渉するＧＡＴＴウルグアイ・ラウンド（多角的貿易交渉）が、１９８６年９月に開始宣言された。政府調達協定については、物品を対象に１９８１年１月から発効（１９８８年２月に協定一部改正）していたが、対象に建設を含むサービス分野まで拡大する交渉も１９８３年から開始していた。１９９３年12月、ウルグアイ・ラウンドの実質上の妥結と同時にサービス分野へ拡大する政府調達協定も妥結され、翌１９９４年４月に参加各国による署名が行われた。そして、１９９５年１月１日には「世界貿易機関を設立するマラケシュ協定」（ＷＴＯ協定）が発効し、ＧＡＴＴを改組して世界貿易機関（ＷＴＯ）が設立。一定規模以上の工事について企業の相互参入が可能となる新たな政府調達協定が、１９９６年１月１日に発効する運びとなった。

前述の１９９３年６月からの公共工事を巡る不祥事件を契機として、同年12月に中建審により『公共工事に関する入札・契約制度の改革について』（巻末参照）の建議がとりまとめられ、一般競争入札の導入など入札契約制度の抜本的改革が打ち出された。すなわち、大型工事に「一般競争入札」を導入すること、中小工事には「公募型指名競争入札」を導入することなどの提言がなされた。続いて１９９４年１

月、政府は『公共事業の入札・契約手続の改善に関する行動計画』を閣議了解し、わが国の公共事業に関し国際的にも通用する手続きの整備を行った。建設省直轄工事においては、1994年度より大規模な工事（当時、一般には7億5000万円以上の工事）について一般競争入札を本格的に採用するなど、1900（明治33）年の指名競争入札の導入以来約90年ぶりの入札契約制度の大改革とされた。工事ごとの競争参加資格の要件としては、経営事項審査に基づく客観点数、過去の同種工事の実績、十分な資格・経験を有する技術者の配置、不適格要件などが定められた。従来、指名競争入札に用いられていた格付けのための評価要素の一部である経営事項審査制度を、一般競争入札の参加資格要件に活用したのである。また、過去の同種工事の実績を審査するためには、各企業の工事実績情報のデータベースが必須であった。建設省の要請を受けて、1994年1月より㈶日本建設情報総合センターによるデータベースであるコリンズ[9]が開始され、競争参加資格の確認に用いられるようになった。コリンズとは、国、独立行政法人など、都道府県、政令市、市区町村などの公共機関や鉄道、電気、ガスなどの公益民間企業が発注した工事の内容を受注した企業が登録し、それをデータベース化して、発注機関および受注企業へ情報提供するものである。入札参加資格として、コリンズに登録していることを条件にする発注機関が増えており、現在では、それら発注機関の多くが工事契約の際、受注した建設会社に対して、工事実績データをコリンズへ登録することを仕様書などの契約図書に記載して義務付けている。また、建設コンサルタント業務向けには、地質調査、測量および補償コンサルタント業務を含む業務実績情報のデータベースであるテクリス[10]が1995年4月から開始された。

WTOの新たな『政府調達に関する協定』は、国会の承認を得て1996年1月に発効し、国、政府関係機関、都道府県・政令指定都市は基準額（当時、国７・５億円、政府関係機関および都道府県・政令指定都市25億円）以上の工事については、一般競争入札方式を導入することとなった。一般競争入札対象の大規模な工事については、入札参加の要件を経営事項審査に基づく客観点数が当時は一般に１５００点以上の企業とした。

１９９４年にわが国が「公共事業の入札・契約手続の改善に関する行動計画」を閣議了解した際に日米間で交わした交換書簡（栗山・ブラウン書簡）に基づき、以後５年にわたり日米建設行動計画レビュー会合が開催された。筆者は１９９６年度から１９９８年度までの３カ年にわたり、この会合に参加した。アメリカ側の会合参加者の代表は女性で商務省のシアリング日本担当副次官補（１９９８年７月からアジア太平洋担当次官補代理）であった。筆者の記憶では、論点は大きく４点であった。

第１に、アメリカ企業の参入実績の拡大である。会合のたびにアメリカ企業の参入実績がアメリカ側の思うように拡大しないことから、その原因は日本側の努力が足りないからとの主張で、とにかく日本側にアメリカ側受注件数の数字の拡大を求めた。これについては、日本側は「さまざまな努力をする」と回答するほかなかった。

第２に、アメリカ側がＰＭ／ＣＭの実施を求めた。アメリカ側のベクテル社などの大手建設会社は施工そのものよりもＰＭ／ＣＭによって市場に参画しようと考えていたからだ。これについては毎年同じ回答、研究中である旨の繰返しであった。しかし、アメリカ側は同じ回答に対して苛立ちを隠さないので、日本側の回答は少しずつ前向きのニュアンスを醸し出していたような気がする。

第３は、特定ＪＶ（建設工事共同企業体）構成員の３社ルールの撤廃である。建設省はＪＶ運用準則の中で特定ＪＶの構成員の数を2ないし3社と定めていたが、これを緩和してアメリカ企業が入りやすいように4社などとするよう求めた。特定ＪＶとは、大規模かつ技術難度の高い工事の施工に際し、技術力などを結集することにより工事の安定的施工を確保する場合など、工事の規模・性格などに照らし、共同企業体による施工が必要と認められる場合に工事ごとに結成する組織のことである。いたずらに構成員の数を増やすと単なる受注配分になりかねないので日本側はアメリカ側の強硬な要求に対して折れなかった。

第4は、建設コンサルタント業務の調達におけるＪＶ導入である。建設コンサルタント分野にはＪＶ制度が存在しなかったので、ＪＶ制度を導入してアメリカ企業が入りやすいようにせよとのねらいであった。これについても日本側は頑なな態度を取っていたが、ほかに折れ代がないので、何とかならないかという空気が徐々に建設省内に生まれた。当時ＪＶ制度がないのに運輸省第五港湾建設局発注の中部国際空港関連の設計業務を受注したＪＶ構成員の1社にアメリカ建設コンサルタントが入った。ルールがないまま海外企業がＪＶで参画してくるのは混乱が生じるので筆者らは何らかのＪＶ制度の創設が必要と考えた。しかし、発注者が単体かＪＶかを指定して入札公告をする建設工事のＪＶ制度と同様のルールを建設コンサルタント業務に導入するのは適切でないと考えた。設計などの業務は最強チームで実施すべきものであり、複数社が共同で実施する場合は、役割分担が明確でその共同体の構成が最強の組合せであることを発注者に認められる場合でなければならない。したがって、単体で受注するのか複数社で役割分担して受注するのかは、公募によるプロポーザル方式で技術競争の結果として決まるべきものと考えた。制度の検討途中、建設省内で工事と同様のＪＶ制度とすべきとの意見もあったが、先の主張を貫き「建設コンサルタント業務等における共同設計方式」を創設し、１９９８年12月に各地方建設局に通知した。

その他、日米交渉で話題になったことで筆者の記憶に残っているのは、技術者資格の問題である。アメリカの建設コンサルタント業務の発注において、プロフェッショナル・エンジニア（ＰＥ）を日本の技術士と同等に扱うようにとのことであった。わが国が毎年「検討する」と同じ答弁を繰り返していたら、アメリカ側は年々語気を強めて要求してきた。そこで、当方も開き直って「アメリカの技術者と日本の技術者双方が互いに認め合うことが大事なので、日米の相互承認の検討を進めるべきではないか」と回答してみたところ、意外にあっさりシアリング代表は同意した。日本側において想定問答を用意していた段階では、このような回答はアメリカ側を刺激するとして問答に書いていなかったが、理屈が通っていればアメリカ側も反論しないことがわかった。また、営繕工事においてＳＲＣ（鉄骨鉄筋コンクリート）造の実績を求めるのは参入の障壁であるとのアメリカ側の主張があった。これに対しては、日本が地震国であることから必要との主張を日本側は貫いた。

１９９９年度末までレビュー会合を開催し、アメリカ側はレビュー会合の継続実施が必要との立場であったが、日本側はレビュー会合を継続する必要はないと考えている旨を申し入れ、その後は両国の企業が参加して対話を行う「日米建設協力フォーラム」の実施に切り替わっていった。そのうち日本の建設市場が縮小し、徐々にアメリカ側の関心が薄れ、アメリカからの圧力は弱まっていった。

(2) 技術士、APECエンジニア等の技術者資格制度

APEC(アジア太平洋経済協力)エンジニア相互承認プロジェクトの具体的検討が始まったのは、オーストラリアの熱心な働きかけにより、1995年11月に大阪で開催されたAPEC首脳会議においてであった。APECの発展のため、参加エコノミー間での技術者資格に関する相互承認に基づく有資格技術者の流動化を促進することが決議されたことがきっかけとなった。

わが国は、時期尚早として後ろ向きの立場をとっていたが、ややもするとオーストラリア主導で制度が構築される可能性があった。筆者が1996年4月に建設省大臣官房で入札契約制度の担当となってから、わが国も前向きな立場で制度創設に対して発言力を持とうということに転じた。わが国が相互承認する対象は技術士資格しかないだろうと考え、技術士法所管の科学技術庁国際課を巻き込み、建設コンサルタンツ協会(建コン協)と連携して、学識経験者として政策研究大学院大学・西野文雄教授(1936-2007年)、大阪大学・大中逸雄教授(1941-2016年)の指導を得て、オーストラリアとの頻繁な意見交換を行い、相互承認の枠組みを構築した。

2000年11月、APECエンジニアの要件を「APECエンジニア・マニュアル」としてとりまとめ、APECエンジニアの枠組みが創設された。これに基づいて7エコノミー(日本、オーストラリア、カナダ、中国香港、韓国、マレーシア、ニュージーランド)が、APECエンジニアの登録を開始し、その後インドネシア、フィリピン、アメリカ、タイ、シンガポール、チャイニーズ・タイペイ、ロシアが正式加盟し、現在は14のエコノミーが参加している。

2012年にシドニーで開かれたIEA(International Engineering Alliance・国際エンジニアリン

グ連合）の総会において、ＡＰＥＣエンジニア、エンジニア・モビリティ・フォーラム（ＥＭＦ）およびエンジニアリング・テクノロジスト・モビリティ・フォーラム（ＥＴＭＦ）の３つの枠組みは、その基本文書について統合化を図るための改定を行った。その結果、各枠組みの名称を「協定（Agreement）」と改めるとともに、３つの枠組みをコンピテンス協定（Competence Agreements）と総称することになった。ＡＰＥＣエンジニアの枠組みはＡＰＥＣエンジニア協定（APECEA：APEC Engineer Agreement）とされ、これまでのＡＰＥＣエンジニアの枠組みを引き継いだ。そして、従来の「実質的同等性担保のための手続き」という性格から、「国際技術者に求められる資質のベンチマーク」という性格に変更された[11]。

ＡＰＥＣエンジニアの枠組み創設に伴い、わが国の技術士法改正が必要と考えられた。科学技術庁は文部省との統合前の最後の仕事として重い腰を上げ、技術士法改正に取り組んだ。技術士資格をオーストラリアやアメリカと同様に28歳から取得することを可能にするよう改められ、２０００年４月交付、２００１年４月施行された。従前の技術士（建設部門）は40代でないと取得は難しい状況で、相当のベテラン技術者が取得していたが、標準的な取得年齢を30歳前後に若返らせたいと考えていた。この法改正の際に新設された総合技術監理部門は、従前の技術士資格取得者の移行先のような意味付けがあった。このため技術士法改正により、総合技術監理部門を受験する場合、２００３年度以降は技術士第１次試験に合格していることが必要となるが、経過措置規定により２００１年度および２００２年度に限り、第１次試験に合格していることを要しないとされた。

(3) 建設業法と経営事項審査制度の改正

入札契約制度の改革に併せて1994年に建設業法が改正された。1993年12月の中建審の建議に基づいて立法作業が進められ、建設業法改正案が第129回国会に提出、1994年6月に参議院本会議で可決・成立し、同月公布された。これにより、経営事項審査制度が改正された。公共性のある施設または工作物に関する建設工事を発注者から直接請け負おうとする業者は、経営事項審査を受けることを義務付け、発注者から請求があれば、建設大臣または都道府県知事は経営事項審査の結果を通知することとなった。また、申請書に虚偽の記載をした場合などに罰則が設けられた。

この1994年の経営事項審査制度改正においては、従来の資格審査において主観的事項として扱われてきた事項のうち「工事の安全成績」と「労働福祉の状況」については、客観的事項として経営事項審査に移行した。また、建設業経理事務士などの数について新たに審査項目として導入した。技術職員数については、建設業法の28の建設業の種類別に審査するとともに、「その他の評価項目」から独立した「技術力」の審査項目とした。総合評点の算出式は、評価要素に重みを付けて合計することで評価項目のウェイトを明確化したほか、完成工事高のウェイトを大きく下げることとした。

この時、既に経営状況分析についても、Y評点の高い企業で倒産するものがみられ、経営状況を的確に評価できているかどうかという点については改めて検討することとなり、1999年の改正につながった。

1994年6月6日の衆議院建設委員会において建設業法改正案に関する質疑が行われ、日本社会党・護憲民主連合の川島實（みのる）議員より「経営事項審査によって工事の請負のランク付けの資料となるが、県、市、

総合評点（P）＝ $0.35X_1 + 0.10X_2 + 0.20Y + 0.20Z + 0.15W$

X_1 ：工事種類別年間平均完成工事高の評点
X_2 ：自己資本額および職員数評点
Y　：経営状況分析の評点
Z　：技術力の評点
W　：その他の審査項目（社会性など）の評点

町村などに対する統一的な資料として生かされるのか」と問われた。これに小野邦久(くにひさ)建設省建設経済局長は「経営事項審査は現在でも実質義務付けのような形に近いが、法律の規定では、あくまでも経営事項審査を希望する企業が許可行政庁に行って審査をしてもらうという建前になっている。今回法律による義務付けとした趣旨は、客観的に的確な経営事項審査をぜひやりたいということだ。指名競争の場合は、審査結果と発注者ごとの審査項目である主観的事項を合わせて、全体として格付けするわけだが、今回はなるべく主観的な事項を客観化して、客観的事項によって厳正な審査をなるべくやっていきたいと考えている。ランク付けの、ある意味では統一的な資料ということで多くの発注者が活用するように、いろいろな角度から努めていきたい」と答弁した。また、中川浩明自治省行政局行政課長は「発注標準および格付けについては、それぞれ地方公共団体が実情に応じて定めているものであり、統一してはどうか、あるいは統一について具体的なモデルを示して指導してはどうかというご意見かと思うが、財政規模あるいは工事規模、種別、件数などがかなり多様なので、これを統一するのはなかなか難しい問題があると考えているが、なお研究してまいりたい」と答えた。

(4) 独禁法との関わりの転換

90年ぶりといわれた1993年の入札契約制度の大改革に伴い、独禁法との関わり合いに関する見方も転換した。公取は翌1994年7月に、1984年に策定した建設業の独禁法ガイドラインを廃止し、「公共的な入札に係る事業者及び事業者団体の活動に関する独占禁止法上の指針」を示した。これによれば、指針の対象となるのは、事業者団体だけでなく、個別の事業者の行為も含まれる。公取はさらに、この指針を次の3項に分類し、方向性を定めた。すなわち、①「原則として違反となるもの」、②「違反となるおそれがあるもの」、③「原則として違反とならないもの」である。このうち①②について付記すると、①は事業者が共同したり、または事業者団体が入札に参加する受注予定者の選定方法を決定する場合などを例示している。②は入札に参加する事業者がこの入札について持つべき受注意欲や対象物件に関わる過去の受注実績などを事業者間で情報交換したり、あるいは事業者団体が、情報の収集や提供、もしくはそれらの動きを促進することなどが例として挙げられている。旧ガイドラインが公共工事や建設業者の特殊性を汲み取ったものであったのに対し、新たな指針では独禁法の一般的解釈を基本とし、厳格な姿勢を示している。

談合事件は1993年のスキャンダル以降もやまなかった。1995年3月および6月に公取が刑事告発した日本下水道事業団談合事件は、いわゆる「官製談合」の摘発第1号であり、それ以降の独禁法の運用にとって大きな先例となった。その後、「官製談合」の摘発・発覚が相次ぎ、納税者の意識の向上に刺激を与える結果になり、談合情報の提供や談合事件に関わる損害賠償訴訟の提起を活発化させた。

(5) 品質確保の議論の始まり

一般競争入札の導入を柱とする一連の入札契約制度の改革や、ＷＴＯ政府調達協定に基づく外国企業のわが国の公共工事市場への本格的参入の可能性が高まったことなどを背景に、それまで指名競争入札により担保していた公共工事の「品質」をいかに確保するかが重要な課題として認識されるようになった。このような状況を背景に、１９９４年12月、公共工事を所管する建設省、運輸省、農林水産省の３省が共同事務局となって「公共工事の品質に関する委員会」（委員長：近藤次郎（１９１３-２０１５年）東京大学名誉教授）が設置され、１９９６年１月に最終報告を発表し「発注者・設計者・施工者が一体となった総合的品質管理（ＴＱＭ）の推進」を基本方針とし、32の具体的施策をとりまとめた。

筆者が建設省大臣官房技術調査室に勤務していた当時、１９９６年７月に着任した大石久和技術審議官により「公共工事発注者には工事の品質を確保する責任があるはずだが、法律上はどこにもそんなことが書いていないのはおかしいではないか」と問題提起された。筆者は当時大臣官房において入札契約制度を担当しており、「発注者責任」をきっちり議論して定義すべきという命を受けた。建設省内に大臣官房技術審議官を長とする勉強会として「発注者責任研究会」を設置することとなり、１９９７年12月に「発注者責任研究会報告書」をとりまとめた。並行して建設省内で公式に公共工事の品質確保などのためにとるべき施策を検討するため、１９９６年９月に技監を委員長とする「公共工事の品質確保等のための行動指針検討委員会」を設置し、発注官庁としての建設省の行動指針作成に取り組んだ。

１９９８年２月の中建審の建議により、民間の技術力を活用する多様な入札・契約方式の導入を含む入札・契約制度のさらなる改善が求められたのを受けた形で、その１週間後に『公共工事の品質確保等のための行動指針』をとりまとめた。同指針の大きな特徴は、公共工事の「発注者責任」を「発注者には公正さを確保しつつ、良質なモノを低廉な価格でタイムリーに調達する責任（発注者責任）がある」として、初めて公式に定義したことである。こうして一般競争入札の導入とともに、公共工事の品質確保が重要視されるようになり、民間の技術力を活用する多様な入札契約方式の導入が求められた。当時、発注者の責任の観点から品質確保に関する問題意識を大石技術審議官が議員筋に対して提起したことが、1999年7月の自由民主党議員による「公共工事の品質確保と向上に関する研究会」設置につながった。さらに、2003年6月には「公共工事品質確保に関する議員連盟（古賀誠会長）」に発展し、2005年公共工事品確法の議員立法に結びついた。

(6) 公共事業削減の始まり、建設投資の大幅減少

バブル崩壊後、公共事業により日本経済を支えてきたが、1990年代後半からは地方公共団体の財政状況が急速に悪化し、さらに国も1998年度の緊急経済対策を最後に2000年度以降は財政悪化を理由に抑制に転じた。特に2001年に発足した2002年の小泉内閣（2001-2006年）による構造改革路線により一貫して公共事業の削減が続いた。

こうした公共事業の削減と民間投資も合わせた建設投資の急速かつ大幅な縮小は、建設労働条件を決定的に悪化させ、賃金水準の大幅な低下と大量の離職を招いた。特に若年層の技能労働者数が大幅に減少したために、建設労働者の高齢化と生産効率の低下を招いた。また、専門工事業者は直用の技能労働者を下請企業に移したり、一人親方として独立させるなどの対策をとらざるを得なくなり、労働条件が

一層不安定になっていった。また、この頃、公共工事のコスト縮減を求める世論が高まり、建設省が中心となって政府は、１９９７年4月、『公共工事コスト縮減対策に関する行動指針』をとりまとめた。これを契機に政府全体として取り組むこととなった公共工事のコスト縮減を実現していくための有効な施策との観点からも、発注者ごとにＶＥ方式などの多様な入札契約方式が試行されるようになった。

筆者が建設省大臣官房に在勤していた当時、１９９７年度から、入札時ＶＥ、設計・施工一括発注方式などの試行を行った。また、手続きの透明性の一層の向上の観点から、建設省などは、１９９８年4月より予定価格の事後公表を開始するなど公共調達に関わる情報の公表を進めた。１９９８年11月には、公共工事として初めて建設省関東地方建設局の橋梁撤去工事について、総合評価落札方式の試行工事を公告することにより、１９９９年度から総合評価落札方式の試行を始めた。１９９９年2月には地方自治法施行令が改正され、地方公共団体において総合評価落札方式を導入することが可能となった。また、等級制について、技術力を重視することと等級区分の壁を減らして競争性を向上させようとの観点から、建設省は、１９９９、２０００年度の等級格付けから主観的事項のウェイトを増大させるとともに、一般土木工事の等級数をＡ−Ｅの5段階からＡ−Ｄの4段階へと削減するなどの見直しを行った。45年ぶりの一般土木の等級数変更はさまざまなケースを想定した試算などの検討作業を要する力仕事であったが、折しも整備されていた建設省土木研究所の建設マネジメント研究室（現在は国土交通省国土技術政策総合研究所）が大いに機能した。

一方、経営事項審査制度については、１９９８年に改正され、完成工事高（X_1）の評点幅を圧縮してウェイトの実質的な引き下げを行い、また、経営状況（Ｙ）の評点幅を拡大し、技術力（Ｚ）の評点幅を圧縮してX_1、Y、Zの評点分布のバランスを調整した。この改正と同時に経営事項審査の企業別評価結果を公表することとなった。

１９９９年には経営事項審査における経営状況分析が大幅に改正された。１９８８年に経営状況分析を導入した際には、12指標を4因子（収益性、流動性、生産性、健全性）に集約して経営状況を評価していたが、不良資産の反映などの観点も含めて指標の見直しを行い、新たな4因子（収益性、流動性、安定性、健全性）、12指標による経営状況分析体系を採用することとした。一般競争入札対象のＷＴＯ政府調達協定の基準額以上の工事の入札参加要件としての客観点数については、企業の入札参加機会を拡大する観点から一般土木については原則１５００点のところを難易度の低い工事について１４００点、１３００点へと引き下げる緩和措置が行われるようになっていたが、１９９９年度より１５００点が１２５０点に引き下げられ、それに伴って緩和措置も１２００点、１１５０点へと引き下げられた。さらに、２００１年度には客観点数が全体的に低下している傾向を踏まえそれまでの１２５０点を１２００点に引き下げた。

２００１年においては、連結財務諸表を作成するグループ企業に対する経営事項審査を実施することとなり、２００４年3月には、経営事項審査における経営規模等評価と総合評価の区分を制度上はっきりさせた。

１９９０年代後半に始まった建設投資の大幅かつ急速な縮小は、業界の過当競争やダンピング競争を招き、建設生産体制に大きな変化を与えた。建設企業は経営の危機を乗り越えるため、技術者を短期雇用や下請からの派遣で賄ったり、現場の仕事をほぼ下請に任せる体制になった。また協力会社に安定し

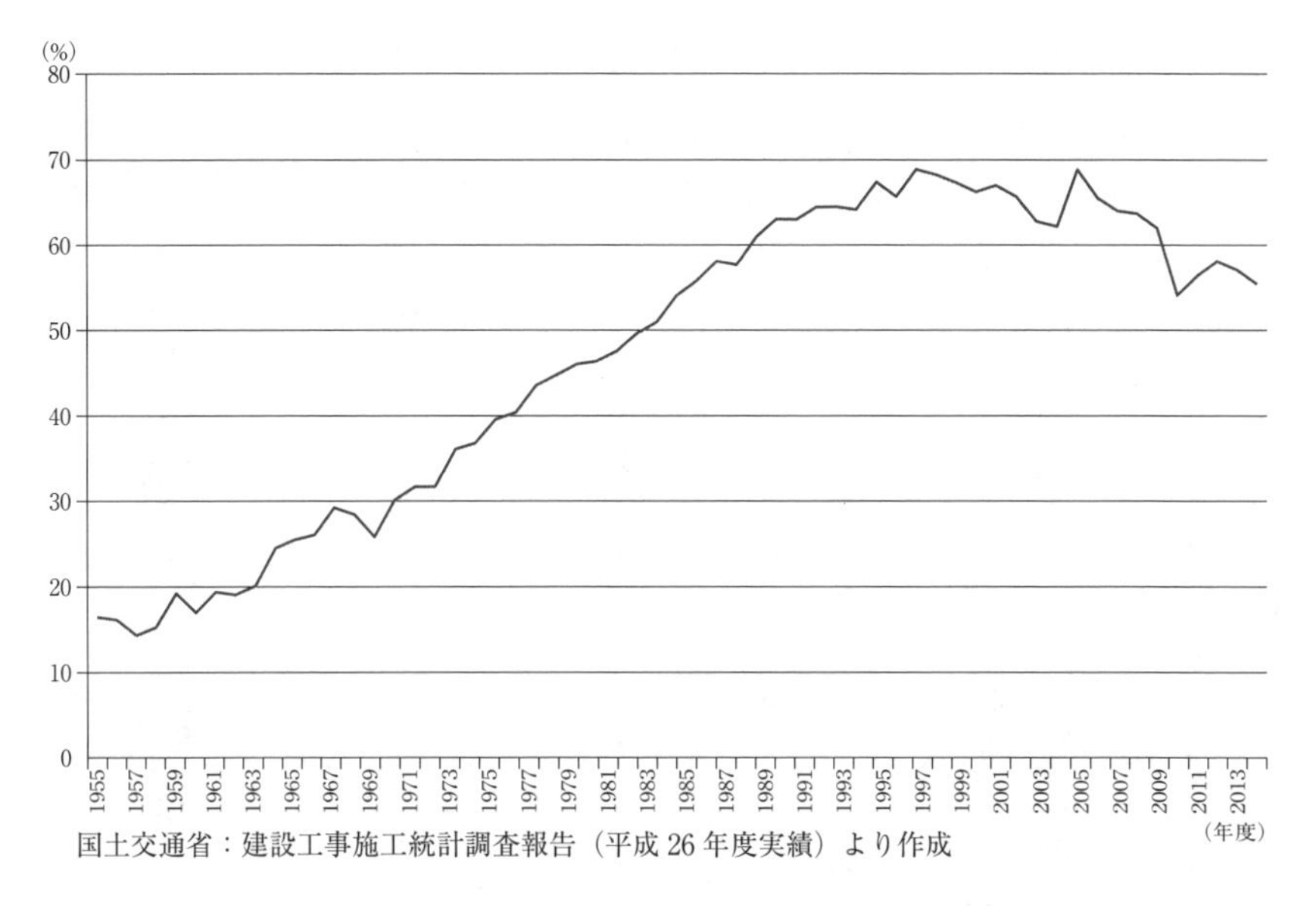

図1-4　下請比率の推移（1955年度-2014年度）

た発注をする余裕もなく、コストダウンの要求が強くなり、優秀な技能労働者を抱えた下請企業の倒産が相次いだ。このため、30代を中心とした技能労働者が大量に離職していくことになった。図1-4に下請比率の推移を示す。

13 公共工事の品質確保

(1) 公共工事品確法の制定

2000年代に入っても不正行為はとどまらず、2000年6月には中尾栄一元建設大臣（在任1996年1月-11月）が大臣在任中に建設業者から受託収賄したとの容疑で逮捕された。ここに至って2000年12月、公共工事の入札・契約の適正化を促進し、公共工事に対する国民の信頼の確保と建設業の健全な発達を図ることを目的に『公共工事の入札及び契約の適正化の促進に関する法律』（公共工事入札契約適正化法）が公布、翌年2月から施行された。これにより、国だけでなく特殊法人、地方公共団体などの発注者全体を通じて、入札金額、落札金額をはじめ入札契約に関する情報の公表が促進された。

また、2002年には官製談合を防止するため、『入札談合等関与行為の排除及び防止に関する法律』（官製談合防止法）が制定された。さらに後を絶たない独禁法違反行為を防止するため、2005年4月、独禁法の改正を行った。課徴金の大幅な引き上げ、違反事実の申告をした業者に対する課徴金の減免（リーニエンシー制度）、さらには犯則調査権限の導入といった内容で、2006年1月4日より施行された。こうして、受注調整が困難な状況となり、2005年12月には大手ゼネコン4社による談合決別宣言が報道されるに至った。

このような背景のもと、競争の激化に伴う公共工事の品質確保に対する意識が高まり、独禁法改正施行に先立って、議員立法により『公共工事の品質確保の促進に関する法律』（以下、公共工事品確法）が、自由民主党の議員連盟における議論の後、公明党を加えた与党において議員立法に向け検討が進められ、２００４年11月、自由民主党古賀誠議員ほか７名により同法案が衆議院に提出された。

そして、公共工事品確法は共産党を除く全党賛成で可決・成立し、２００５年３月公布、４月に施行された。この法律により、価格と品質を総合的に評価して受注者を決定するという基本理念が明確になった。この法律制定を受けて、従来は価格競争だけで落札者を決めていた公共工事は、競争参加者に技術提案を求め、価格と品質を総合的に考慮して落札者を決定する「総合評価落札方式」へと転換することとなった。

ただし、この公共工事品確法制定後も会計法および予決令は有効であり、依然として、「予定価格の上限（『買』の場合）」に関する規定が生きており、相変わらず「交渉」は位置付けられておらず、入札契約制度の枠組みを根本的に変更するには至らなかった。

国土交通省直轄工事においては、２００５年度下半期より、ＷＴＯ政府調達協定基準額に満たない工事についても一般競争入札の適用を拡大することに併せて、一般競争入札には総合評価落札方式を用いることを基本とした。ここで、ＷＴＯ政府調達協定基準額に満たない工事については、競争参加資格として従来の等級区分を引き続き活用した。ただし、規模が大きくても難易度の低い工事に下位等級業者の参加（くい上がり）を認めたり、逆に規模が小さくても難易度の高い工事に上位等級業者の参加（くい下がり）を認めるなど、等級制の運用を弾力化した。また、ＷＴＯ政府調達協定対象工事についても、参加資格要件である客観点数を引き下げることにより、施工能力を有している企業の入札参加機会の拡大を進めた。

２００５年には、鋼鉄製橋梁の建設工事の受注に絡んで橋梁メーカーが談合を行っていたとされる事件が発覚した。２００３、２００４年の国発注の鋼鉄製橋梁工事において47社が入札談合（受注調整）を行い、実績などをもとに受注業者、入札価格をあらかじめ決め、競争を実質的に制限した独禁法違反の容疑で談合組織の幹事会社の関係者が逮捕された。これらの事件が背景となって一般競争入札の適用が拡大された。

(2) 発注者支援制度の構築

公共工事品確法は、基本理念として、公共工事の品質は、「経済性に配慮しつつ価格以外の多様な要素をも考慮し、価格及び品質が総合的に優れた内容の契約がなされることにより、確保されなければならない」と第3条第2項に規定、発注者責任の概念を初めて法定化し、従来の価格競争から総合評価落札方式へと転換したことであった。もう一つの大きなポイントは、第15条に「発注者は、その発注に係る公共工事が専門的な知識又は技術を必要とすることその他の理由により自ら発注関係事務を適切に実施することが困難であると認めるときは、国、地方公共団体その他法令又は契約により発注関係事務の全部又は一部を行うことができる者の能力を活用するよう努めなければならない」と規定し、従来「発注者万能主義」といわれていた会計法令・地方自治法令の前提を転換して、技術力が不十分な発注者に対しては支援が必要であることを明記したことである。

この法律が制定された当時、筆者は建設省中部地方整備局企画部長の任にあり、２００５年度下半期からの総合評価落札方式の本格導入に関わると同時に、中部地方発の発注者支援技術者制度の創設に携わった。２００５年10月から土木分野の公共工事発注者支援業務技術者認定制度を運用開始し、引き続いて建築分野へも拡大した。同様の仕組みを全国のほかの地方ブロックでも導入することとなり、２００６年には各地方整備局が次々と同様の制度を導入した。そして、全国レベルの資格制度に発展させるべく、全日本建設技術協会が引き継いで２００８年度より「公共工事品質確保技術者資格」として運用を始めた。

(3)　談合決別と競争激化

相次ぐ談合事件の発生や、課徴金の引き上げを盛り込んだ改正独禁法の２００６年１月施行を間近に、２００５年12月、ゼネコン大手４社による「談合決別宣言」が報道されるなど、脱談合の流れが生まれた。しかし、その後も２００６年１月に名古屋市発注の市営地下鉄工事における大手ゼネコン３社による談合事件が明るみになり、さらに、２００６年１月30日には、防衛施設庁発注工事を巡る官製談合事件が発覚した。なお、日本土木工業協会は２００６年４月、「透明性ある入札・契約制度に向けて―改革姿勢と低減―」をとりまとめ、談合など旧来のしきたりとの決別を内外に表明した。

会計法を建前どおりに運用して一般競争入札の適用を拡大するようになってから、さまざまな問題が顕在化した。その一つは、価格競争が激化し、工事の品質低下の懸念だけでなく、優良な企業が生き残

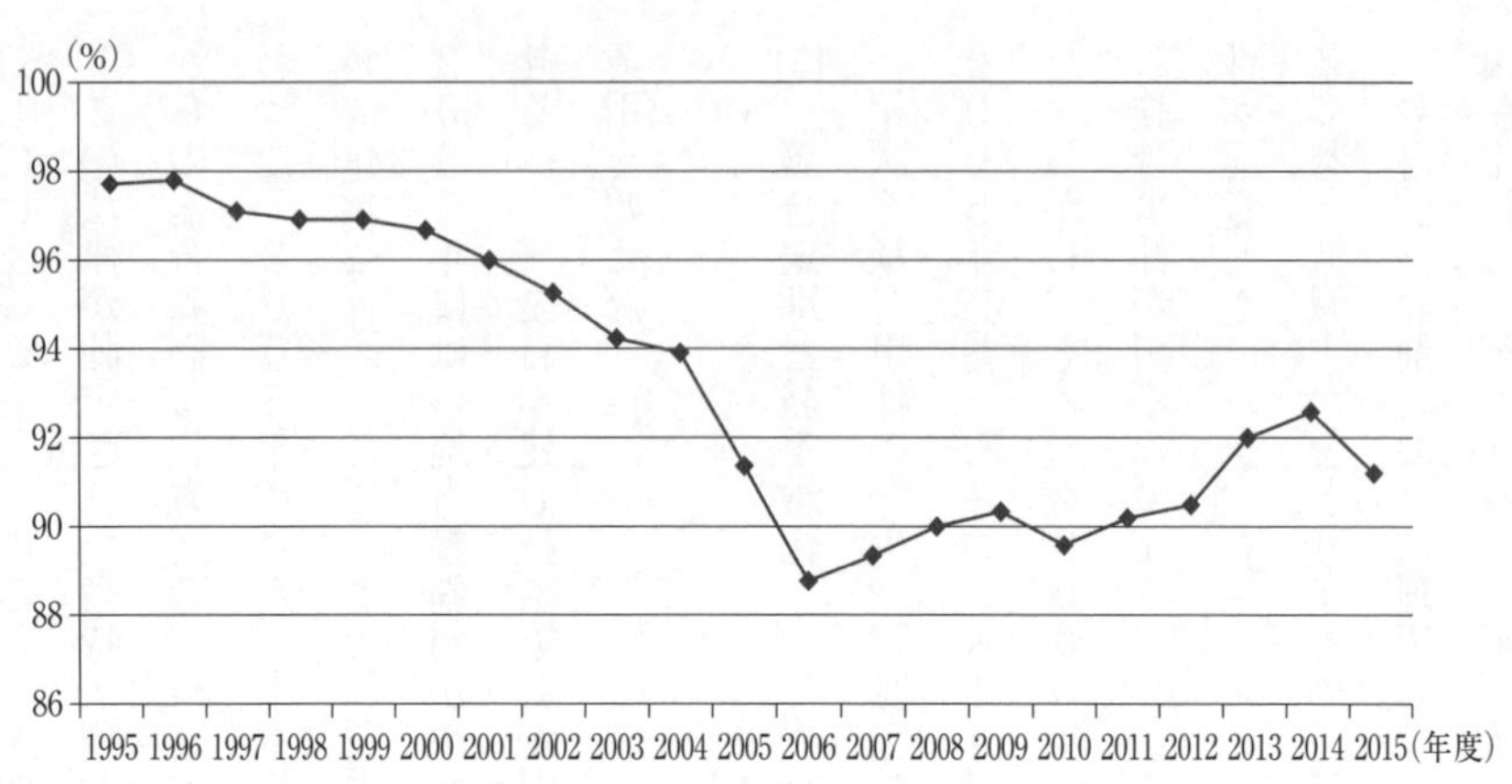

（注）対象は、地方整備局（港湾空港関係を除く）、官庁営繕部、国土技術政策総合研究所

図1-5　国土交通省直轄工事における落札率の推移 [12]

りにくくなったことだ。特に、大手ゼネコンが「談合決別宣言」を行った頃から、受注競争が激化し著しい低入札が増大した。２００６年２月には国土交通省北海道開発局発注の夕張シューパロダムの骨材製造第１期工事を、大手ゼネコンからなるＪＶが予定価格31億１７２０万円に対し54・5％の17億円で落札した。同じ年の３月にはやはり大手ゼネコンからなるＪＶが堤体建設第１期工事を、予定価格50億８２５９万円に対し46・6％の23億７０００万円で落札した。また、同じく３月に国土交通省関東地方整備局発注の国道１号原宿交差点立体工事を、大手ゼネコンが予定価格33億４３３１万円に対し58・0％の19億４０００万円で落札した。

国土交通省直轄工事における落札率の平均値の推移を図1-5に示す。97-98％を維持していた落札率は、２０００年度を過ぎてから低下傾向を示し、２００６年度には88・8％の最低を記録した。その後は徐々に上昇傾向を示し、２０１３年度以降は92％前後となっている。

低入札価格調査制度における調査対象となる基準価格（調査基準価格）を下回る入札が発生する低入札発生状況を図1–6に示す。国土交通省直轄工事において、２０００年度の１・７％からそれ以降徐々に発生率が高まり、２００５年度に8・4％、２００６年度にピークの10・5％と急増した。

図1–7に示すように、建設業の営業利益率は従来ほかの産業に比べて総じて高くないが、１９９０年代初頭のバブル崩壊以降低下が著しく、１９９４年度に製造業を下回って以来、一度も上回っていない。特に１９９７年度以降、1–2％と極めて低い水準が15年続いたが、２０１２年度以降は改善傾向を示している。

２００５年度後半から国においては大幅に総合評価落札方式を取り入れて技術力重視の落札基準としたが、厳しい競争環境の中では、過当な価格競争を抑制することは困難だった。わが国の会計法令などは交渉手続を規定していないため、入札参加者の技術審査において対話や交渉を導入することは困難であった。特に、設計段階で企業の技術提案を求めるようなデザインビルドなどの調達においては、交渉手続を用いずに技術力重視で受注者を選定することは困難であった。

競争激化による低入札の問題が生じた一方で、工事の需要が増大する局面では別の問題が顕在化した。入札する者がいない「不調」や、入札する者がいてもすべての入札価格が予定価格を上回るような「不落」が発生するという問題である。このようなことは、戦後の建設資材の著しい高騰期や昭和30年代初めのオリンピック景気による労務賃金と資材の高騰期、あるいはインフレが加速した第１次オイルショック前後などで、発注者側の積算が市場の実勢価格に追随できないような状況が発生する特別の時

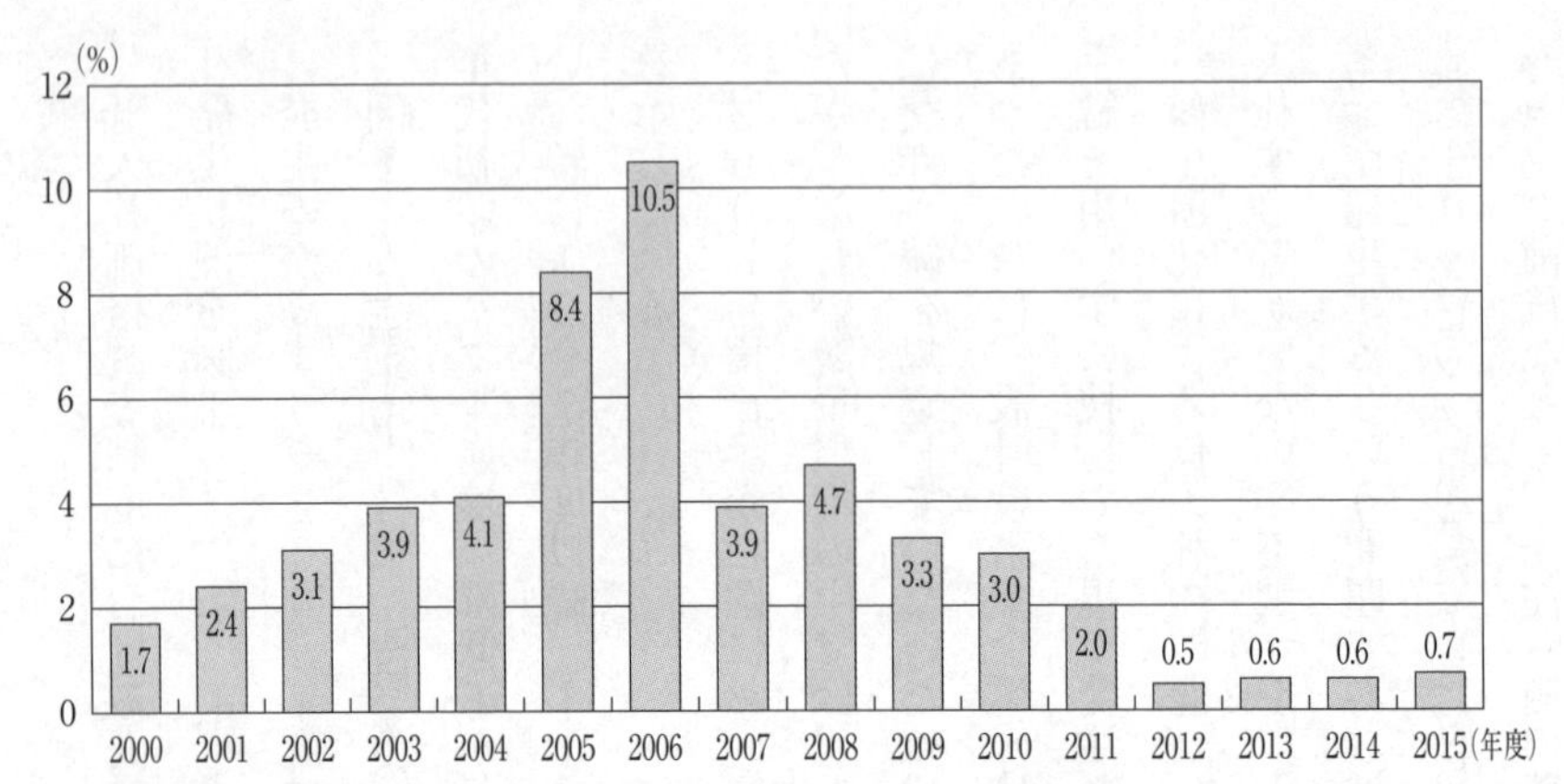

(注) 対象は、地方整備局(港湾空港関係を除く)、官庁営繕部、国土技術政策総合研究所。「低入札価格調査発生率」は（低入札価格調査該当件数）/（競争入札件数）を表す。ここに、「低入札価格調査該当件数」は、入札において調査基準価格を下回る応札があり、当該年度中に契約を締結（次順位者含む）した件数を表す。また、同一入札において2者以上が調査基準価格を下回る入札を行った場合、「低入札価格調査該当件数」は「1」と数える。

図1-6 国土交通省直轄工事における低入札価格調査発生率の推移 [13]

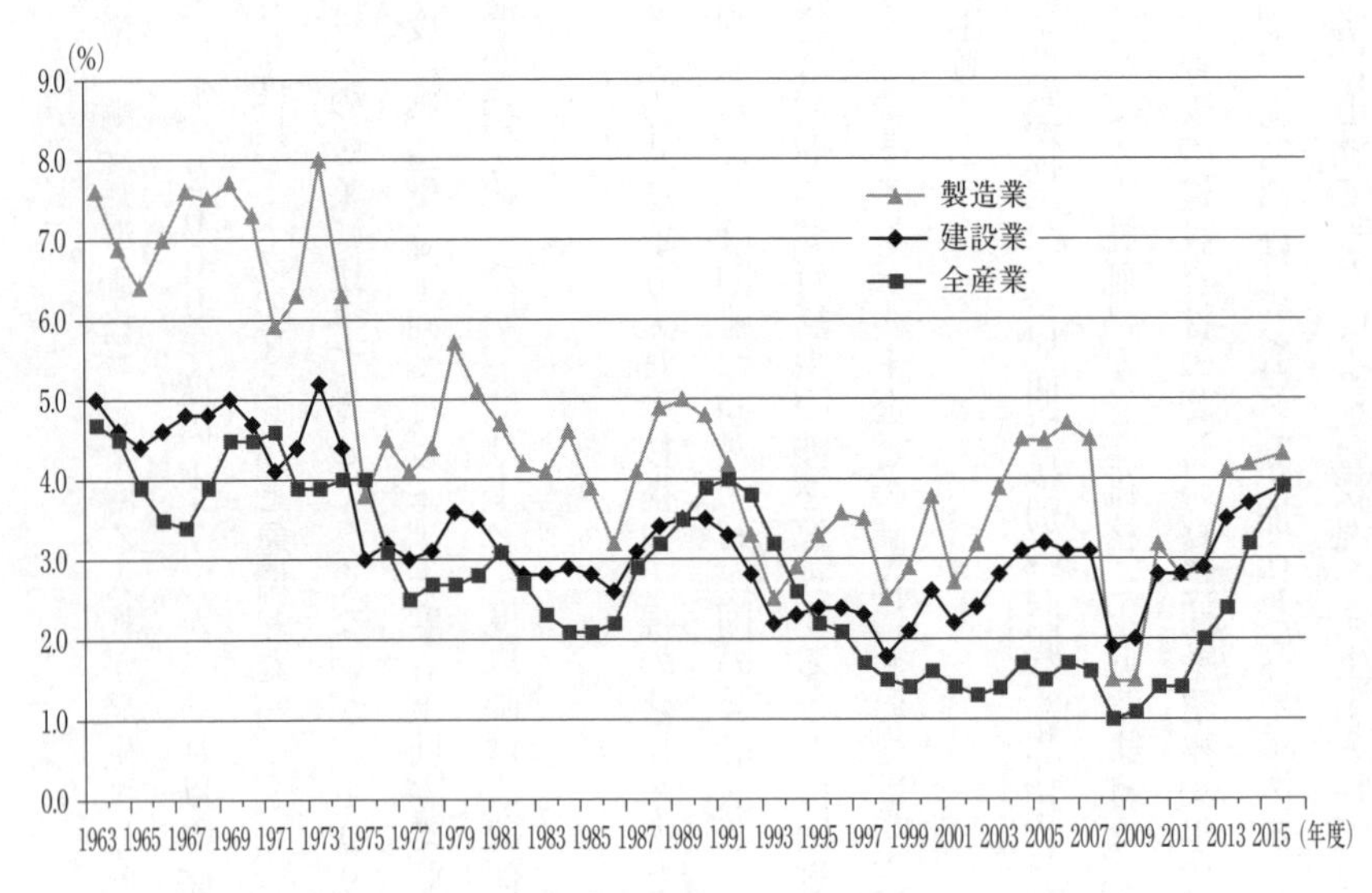

図1-7 建設業、製造業および全産業の売上高営業利益率の推移 [14]

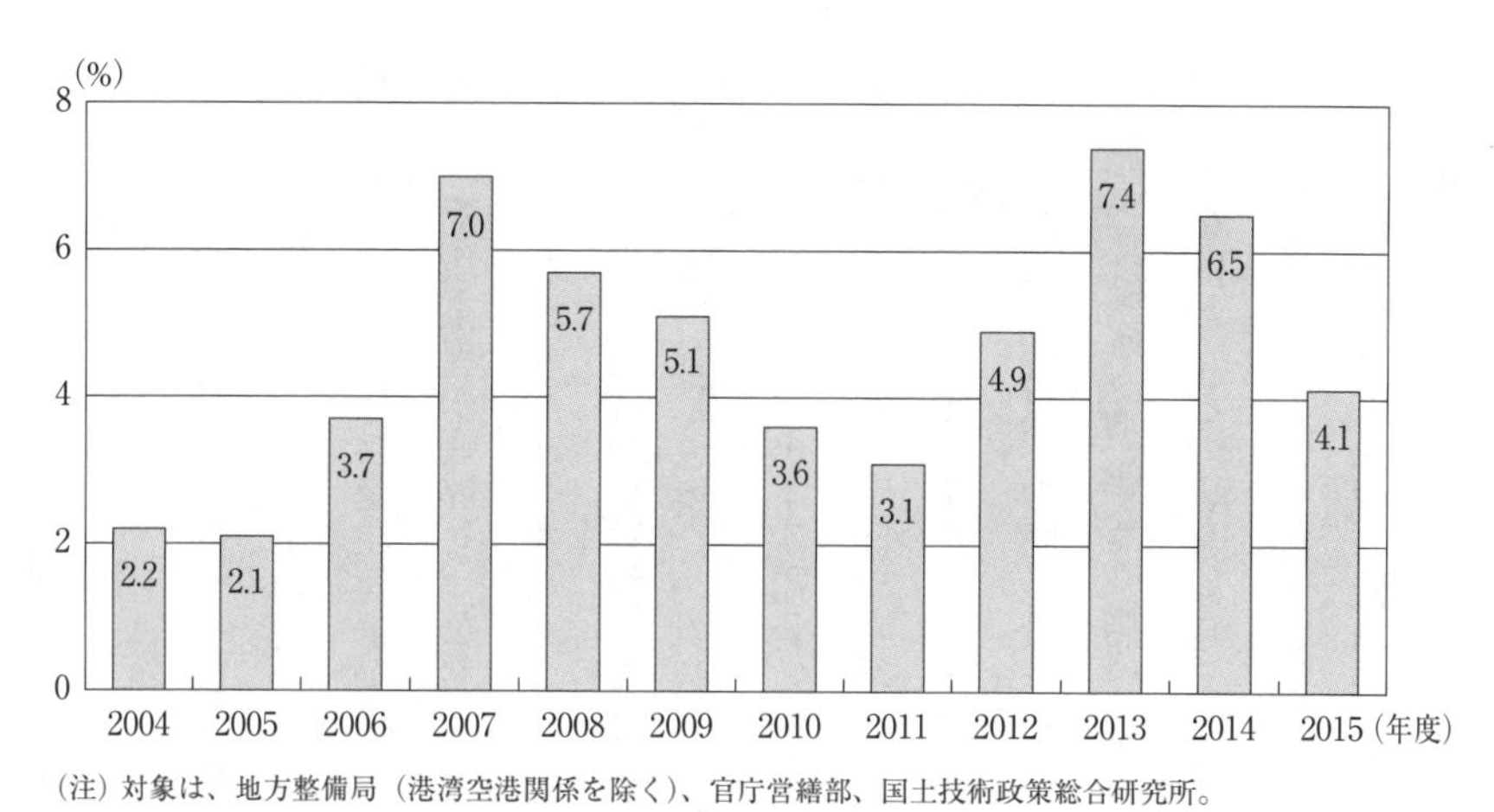

（注）対象は、地方整備局（港湾空港関係を除く）、官庁営繕部、国土技術政策総合研究所。

図1-8　国土交通省直轄工事における不調・不落の発生率の推移[15]

期を除いては稀であった。

近年は、バブル経済といわれた１９８８年から１９９１年にかけて特に建築工事において発注者の積算が市場の変化に追随できずに不調・不落が急増したが、発注者の積算改善の取組みなどにより、それ以降しばらくは沈静化した。国土交通省直轄工事については、図１-８に示すように、不調・不落の発生率が２００６年度に３％を超え、２００７年度に７％に達したものの、２００８年度以降は、積算上の対策を講じたことなどにより漸減していた。

しかし、２０１１年3月の東日本大震災発生後、復旧・復興需要が拡大した東北地方を中心に、不調・不落の発生が全国に及んだ。技術者・技能者の不足や労務賃金の上昇を背景に、企業が採算性の低い小規模工事を敬遠する傾向を強めたのが一因だ。国土交通省は、被災地内外の建設会社同士で結成する「復興ＪＶ」制度を創設したり、契約後の労務賃金の上昇に応じて請負代金を変更する「インフレスライド」を適用するなど相次いで対応策を打ち出した。２０１４年度以降は全国的に沈静化に向かっており、

2015年度の国土交通省直轄工事の不調・不落発生率は4・1%である。

(4) ダンピング防止の強化、施工体制確認型総合評価方式

総合評価落札方式を用いた一般競争入札への転換が業界の談合決別の時期と重なり、公共事業予算が減少する中で熾烈な受注競争が繰り広げられた。図1-5と図1-6をもう一度みてほしい。低入札が多発し、建設業界が疲弊し、公共工事の品質確保が懸念される事態となった。国土交通省の各地方整備局などがそれぞれさまざまなダンピング防止策を講じたが、なかなかダンピングの解消に至らなかったため、国土交通省は地方整備局などに対し、2006年に4月と12月の2度にわたり、ダンピング防止策の強化を促す通達を発した。2006年4月のダンピング防止策までは、低入札工事に対する施工段階でのしわ寄せを防止する監督・検査の強化などの対策に重点が置かれていたが、12月の対策は、入札価格が調査基準価格を下回った場合に総合評価落札方式適用の中で施工体制を確認する方式（施工体制確認型総合評価落札方式）や、極端な低入札者について特別に重点的な調査（特別重点調査）を実施するといった入札時点での防止策を強化するものであった。

「施工体制確認型総合評価落札方式」は、総合評価の中で調査基準価格を下回る入札に対し施工体制評価点をほとんどの場合に与えないことで排除されるものであり、ダンピング防止策として大きな効果を発揮した。また、「特別重点調査」は、調査基準価格よりさらに低い価格で特別重点調査の対象となった入札に対し、入札者の積算の内訳が合理的かつ現実的なものであることを徹底して調査し、入札者から提出される積算内訳書が、契約対象工事に関わる実際の収入および支出を表したものであるかを確認

するものであり、ほとんどの場合に書類不備として排除されるものである。これらの対策は、比較的簡便な手続きで低入札を排除することが可能なため、ダンピング防止策として機能し、その後国土交通省直轄工事では著しい低入札は減少した。

国土交通省においては、総合評価落札方式を２００５年度下半期には原則として3億円以上のすべての工事に、２００６年度からは原則として2億円以上のすべての工事に適用し、年々適用率が増加した。２０１５年度の適用率は件数ベース99・1％、金額ベース99・6％である。

低入札価格調査のための調査基準価格は、１９８７年2月以来長らく変更がなされなかったが、２００８年4月より計算式が見直され引き上げられた。そして、翌２００９年4月より範囲が予定価格の10分の7から10分の9と改められ、計算式も一部修正された。さらに、２０１１年4月には現場管理費に対する算入率の引き上げ、２０１３年4月には一般管理費などに対する算入率の引き上げといった計算式の一部見直しが行われた。

(5) 随意契約に対する批判

急いで契約をする必要がある場合や、一定の技術力を必要とする案件で履行可能な業者が限られている場合などには、「随意契約」という手法によって、少数の企業のみの見積りの中から相手を絞って契約したり、1者だけを相手として「特命随意契約」を行うというのは発注者として極めて便利で、合理的な方式である。しかし、手続きが不透明になりやすく競争性や公平性が担保されない可能性があるといった問題があった。

２００５年頃までは、国土交通省などにおいては、民間企業に委託するのが馴染まない業務を専門分野に特化した公益法人に対して特命随意契約方式で委託を行っていた。ところが、このような随意契約の活用に対する批判が急速に高まり、受注者選定は一般競争入札方式などにより競争性を導入すべきとの声が高まった。筆者は中部地方整備局企画部長在任当時、ほかに履行可能な者がいない場合は特命随意契約を用いるのは何ら問題ないと考えた。しかし、特命随意契約に対する批判が高まったので、透明性を確保すればよいと考え、「唯一性確認型」の随意契約という方式を中部地方整備局で試行を始めた。これは、発注者がこの業務を履行できるのはこの者しか存在しないと考えるが、万が一発注者が知らないところに履行可能な者がいれば申し出てほしいという方式だ。もし申し出た者が履行可能と発注者が認める場合は、公募型プロポーザル方式に切り替えて技術競争により受注者を選定することになる。中部地方整備局における試行に続いて、２００６年度後半から全国で同様の方式を用いることになったが、全国レベルで適用する際には、「意向確認型」とか「確認公募型」という名称に変更されてしまった。これは、競争参加を希望する者がいるかどうか意向を確認して、参加希望者がもしいれば公募型プロポーザル方式に切り替えて技術競争により受注者を選定するというものである。２００７年度にはこの方式が本格的に導入された。

もともと履行可能な者がほかにいないはずなので当然であるが、この確認公募方式で民間からの参加がほとんどなく、相変わらず競争性のない随意契約ではないかと再び批判を受けた。希望者がいれば公募型プロポーザル方式にするというのであれば、最初から公募型プロポーザル方式にすればいいではないかということになり、２００７年度後半から試行的に技術提案によって受託者を決定する公募型プロポーザル方式や役務提供などを対象に提案競争を行う「企画競争」が取り入れられ、２００８年度から本格的に導入された[16]。履行可能な者は唯一であろうとの発注者の考えが示されなくなったことが誤解を生む原因になったと思われる。

「意向確認型」随意契約が廃止されてから1-2年後、明らかに履行可能な者が1者しかいない場合でも企画競争の手続きを踏むというのはいかにも不合理なので再検討しようということになり、今度は名称を変更し「参加者有無確認型公募契約方式」として復活する運びとなった。

(6) 経営事項審査制度の改正

２００６年5月、経営事項審査の改正では、完成工事高（X_1）の平均点を維持するための評価テーブルの改訂が行われたほか、企業の社会的責任という視点が重視されるようになってきたことから、社会性評価（W）に「防災協定」を加点対象として追加する改正がなされた。

そして、２００６年10月に福島県、11月に和歌山県、12月に宮崎県の各知事がそれぞれ公共事業に絡む官製談合事件で相次いで逮捕された。これを受けて、同年12月に全国知事会のプロジェクトチームが「都道府県の公共調達改革に関する指針（緊急報告）」をとりまとめた。同報告では、一般競争入札の拡大と指名競争入札の原則廃止、総合評価落札方式の拡充をうたっており、「当面、１０００万円以上の工事について原則一般競争入札を実施」としている。

総合評価落札方式の適用拡大は年々進み、２０１５年度には国の機関の89・5％が導入している。地方公共団体については、２０１５年度には、すべての都道府県・政令指定都市で総合評価落札方式を導

総合評定値（P）$= 0.25X_1 + 0.15X_2 + 0.20Y + 0.25Z + 0.15W$

X_1：工事種類別年間平均完成工事高の評点
X_2：自己資本額および平均利益額の評点
Y：経営状況の評点
Z：技術力の評点
W：その他の審査項目（社会性など）の評点

入済みだが、市区町村では74・8％が導入している状況である。

経営事項審査制度については、その後も見直しが重ねられ、2008年4月には大幅な改正が行われた。量的な側面よりも質的な側面を重視する観点から完成工事高（X_1）による規模評価を見直したほか、自己資本を完成工事高で除したり、職員数を完成工事高で除した値を評価する項目を廃止し、新たに利益額および自己資本額を評点化し、併せて総合評点値算定の際に乗じる係数も引き上げた。経営状況評価（Y）は、企業実態を的確に反映するため、評点分布と評点項目を全面的に見直し、実力に見合わない高得点などが得られないように見直した。また、固定資産などの特定の指標に偏らないように、従来の12指標を見直し、新たに8指標による評価体系とした。技術力評価（Z）は、技術職員の人数だけでなく、技術職員の能力、資格、継続的学習への取組みなどを反映したきめ細かな評価を行う観点から、新たに登録基幹技能者講習を修了した基幹技能者を加点評価し、専門工事業における人材育成の取組みを評価するとともに、監理技術者講習の受講者について加点することとした。さらに、専門工事業などの業種ごとの得意分野を適切に評価するため、技術者のカウントを1人当たり2業種までに制限し、併せて技術職員の評価に関して、2期平均を採用する激変緩和措置を廃止した。そのほか、元請完成工事高を評価し、総合評定値算定の際に乗じる係数を引き上げた。社会性評価（W）は、労働福祉の状況、建設業の営業年数、防災活動への貢献の状況について、加点幅と減点幅を拡大した。また、会計監査または会計参与の設置の状況や社内における経理のチェック体制を加点評価し、さらに、研究開発費の額を評点化して評価したほか、W評点の上限を引き上げることで、社会性をこれまで以上に評価することとした。

２０１１年４月の経営事項審査制度改正では、完成工事高・元請完成工事高評点の上方修正が行われたほか、ISO9001・ISO14001を加点対象に追加するなどが行われた。さらに翌２０１２年７月の改正では、社会保険未加入企業への減点幅の拡大、外国子会社の経営実績の評価対象への追加などが行われている。

14　公共工事品確法の改正

⑴　改正を巡る動き

２００５年の公共工事品確法では、厳しい財政状況、ダンピング受注の増加、不良不適格業者の参入などの社会背景の中で公共工事の品質を高めるために価格だけではなく、技術力評価を含む入札である総合評価落札方式が導入された。この法律の附則において、法律の施行後3年を経過した時点で必要に応じて見直しを行うこととされていたことから、筆者は、公共事業執行システムの改革に向けてさらなる改正を期待していた。しかし、改正の機運が盛り上がらないうちに、２００９年９月に政権交代となり法改正に向けた大きな動きは起きなかった。それでも２０１０年12月、公共調達を適正化する法案の制定を目指して、参議院超党派（民主・自由民主・公明・みんな）の勉強会として「第１回公共調達適正化研究会」（自由民主党・脇雅史参議院議員ほか）が開催された。２０１１年10月に第７回が開催され、政府に対し法案作成を要請した。議員立法の公共工事品確法とその改正だけでは、公共調達の問題は解決しないと判断し、内閣立法による公共調達改革の実現を目指すことにしたのである。

政府内で検討が進まない状況が続き、２０１２年４月には自由民主党の公共工事品質確保に関する議員連盟総会（以下、品確議連・古賀誠会長）が開催され、会計法における予定価格の上限拘束性の改善に向けた議論を進めること、必要なら議員立法で法案をつくることなどが議論された。

２０１２年12月に自由民主党・公明党連立政権が復帰し、翌２０１３年１月には自由民主党の品確議連を開催、「公共工事契約適正化委員会」（野田毅委員長）の設置を決め初会合を開いた。地域の建設産業の存続という目的も加味した公共工事契約の適正化を図るための特例的な位置付けの新法を、政府提出の内閣立法で制定することを目指すとした。以下、本委員会での主な動きを見ていく。

２０１３年２月に第２回会合を開き、関係省庁の検討状況についてヒアリングを行った。国土交通省や財務省など関係省庁によるワーキンググループ（ＷＧ）を設置し、行政側での検討を進めることが報告された。

２カ月後の４月に建設産業界へのヒアリングを行った際には、日本建設業連合会（以下、日建連）から、予定価格の上限拘束性の撤廃や多様な入札契約制度の導入、国や自治体、独立行政法人、高速道路会社などの発注者のルール共通化などが求められた。全建は、予定価格の上限拘束性の撤廃を視野に入れた公共調達の基本を定める法制度を求めた。全中建は、会計法の改正などの実現を強く求め、指名競争入札の採用や予定価格の上限拘束性の撤廃も要望した。建設産業専門団体連合会（建専連）は、予定価格の上限拘束性の撤廃と併せ、ダンピング防止、地域社会の維持に必要な建設会社の再生などを要望した。建設コンサルタンツ協会は、技術重視の選定方式の強化を求めた。これらの意見について財務省は、予算を執行する上でメルクマール（指標）としての予定価格の必要性を主張し、予定価格は取引の実例価格だけではなく、需給状況や履行難易度を勘案して適正に定めるよう徹底したいとの考えを示した。

5月の委員会では、国土交通省は、発注者責務としてきた品質確保とともに、担い手確保など産業政策を新たな視点に加え、発注者責任を明確にするため、検討結果によっては公共工事品確法改正も必要との考えを示した。財務省は、予定価格は、個々の予算の執行にあたり契約金額の見積りの上限を示すとともに、契約金額の適正性の判断の基準となるものであり、予算に盛り込まれた施策の確実な実現を確保し、財政資金の効率的な使用を確保するために必要との立場を示した。

その後9月には、脇事務局長と佐藤信秋次長が会合後、公共工事品確法の改正について議員立法でもよいと考え、通常国会に提出できるよう検討したいと発言した。また、国土交通省は、技術力を競った上で価格などの交渉を行い事業者を決める「技術提案競争・交渉方式（仮称）」などの多様な入札契約方式を公共工事品確法に位置付けたい旨の説明をし、公共工事品確法改正と併せて入札契約適正化法（入契法）と建設業法も次期通常国会に改正法案を提出する予定で調整を進める考えを示した。

11月7日になると、同委員会は公共工事品確法改正検討プロジェクトチーム（以下、ＰＴ）準備会を開き、ＰＴ座長として佐藤参議院議員を選出し、年内に改正法案の骨子は固める方針で動き出した。12月12日には、ＰＴは改正法の素案をまとめ、法律の目的に中長期的な担い手確保を明記、ダンピング受注の防止や不調・不落への対応も条文に追加するとした。また、多様な入札契約方式として「技術提案・交渉方式」の導入などの規定も設けるとした。予定価格の上限拘束については、業界から撤廃の声が上がっておらず、この時点ではまだはっきり示されていなかった。業界としては最低制限価格や調査基準価格といった下限まで撤廃されては困るので、上限のみを撤廃してほしいというのは難しいと考え始めたのではないかと思われる。ＰＴとしては、予定価格の上限拘束を緩和して、応札がすべて予定価格を上回るような不落の場合は、最低価格入札者と交渉により契約を行えるようにしたいと考えたようだが、そのためには予決令の改正が必要になる。財務省としては、予定価格は決して安さを追求しようというものではないので、発注機関がきめ細かな考慮を払って適切な価格を設定すればよいとの考えであった。結局、経済・社会情勢の変化に対応してきめ細かく適正な予定価格を設定することで上限拘束の弊害を緩和する方向となった。

翌2014年2月に法制化ＰＴは、関係する業界団体にヒアリングを行った。建設業団体の各幹部は口をそろえて、国と自治体などの公共工事発注者が共通したルールで公共調達できる仕組みを強く求めた。また、建設コンサルタンツ協会等からは点検・診断を含め調査・設計などの品質確保を図る資格制度の整備が求められた。これらの業界ヒアリングなどを踏まえて、経済・社会情勢の変化を勘案して予定価格を定めることや、自治体や学識者、民間事業者の意見を聞いて運用指針を策定することなどを盛り込んで素案が修正され、同月20日、公共工事契約適正化委員会は公共工事品確法改正案を了承した。その後、与野党ともに法案を事前了承し、4月3日に参議院国土交通委員会で採決され全会一致で可決、4月4日には参議院本会議にて全会一致で可決された。そして、衆議院に送付され、5月29日の衆議院本会議で全会一致で可決・成立し、6月4日に公布・施行された。同改正法と一体で審議された「公共工事の入札及び契約の適正化の促進に関する法律」（入札契約適正化法）と「建設業法」の改正法も5月29日に成立となった。

(2) 公共工事品確法改正の内容

２００５年に公共工事品確法が制定され、さらに２０１４年6月にこれが改正されたことにより、入札契約制度改革が大きく前進した。２０１４年の公共工事品確法改正でも、公共工事の品質確保が基本理念の中心であることに変わりはないが、行き過ぎた価格競争、現場の担い手不足、若年入職者減少、発注者のマンパワー不足、地域の維持管理体制への懸念、受発注者の負担増大などの背景から「インフラの品質確保とその担い手の中長期的な育成・確保」を目指して改正が行われた。

図1‐9に示すように改正の1つ目のポイントは「目的と基本理念の追加」である。目的について、改正前は「公共工事の品質確保に関し、基本理念を定め、国等の責務を明らかにする」としていたが、改正後は「現在及び将来の公共工事の品質確保」「公共工事の品質確保の担い手の中長期的な育成・確保の促進」とされた。また、基本理念については「施工技術の維持向上とそれを有する者の中長期的な育成・確保」「適切な点検・診断・維持・修繕等の維持管理の実施」「災害対応を含む地域維持の担い手

確保へ配慮」などが追加された。「災害対応」という言葉は２０１３年12月12日の自由民主党ＰＴ素案にはなかったが、災害に備えて地域の建設業などの存在が重要なので加えるようにしたものだ。

２つ目のポイントは「発注者責務の明確化」である。そこでは「担い手の中長期的な育成・確保のための適正な利潤を確保することができるよう、適切に作成された仕様書及び設計書に基づき、経済社会情勢の変化を勘案し、市場における労務及び資材等の取引価格、施工の実態等を的確に反映した積算を行うことにより、予定価格を適正に定めること」と定められた。さらに、「不調、不落の場合等における見積り徴収」「計画的な発注、適切な工期設定」「発注者間の連携の推進」など、品質確保において発注者が果たすべき責任が明記されており、最新単価や実態を反映した予定価格の設定、歩切りの根絶、ダンピング受注の防止などが効果として想定されている。また、第7条「公共工事を施工する者が適正な利潤を確保することができるよう、…、経済社会情勢の変化を勘案し、…」の規定は、予定価格の上限拘束の弊害を緩和するために必要と考え、２０１３年12月12日の自由民主党ＰＴ素案の後に加えることになった。

３つ目のポイントは「多様な入札契約制度の導入・活用」である。多様な入札契約方法として段階的選抜方式、技術提案・交渉方式、地域社会資本の維持管理に資する方式が規定された。技術提案・交渉方式は、技術提案を募集し、最も優れた提案を行った者と価格や施工方法などを交渉し、契約相手を決定する方式であり、その入札契約手続の流れは図1−10に示すとおりである。この方式の適用対象は仕様の確定が困難な工事とされているが、これまでどの法令にも定めのなかった「交渉」が規定されたことは大きな前進である。しかし、会計法や地方自治法に交渉手続が位置付けられたわけではない。交渉

公共工事の品質確保の促進に関する法律の一部を改正する法律

➤H26.4.4 参議院本会議可決（全会一致）
➤H26.5.29 衆議院本会議可決（全会一致）
➤H26.6.4 公布・施行

<背景>　○ダンピング受注、行き過ぎた価格競争　○現場の担い手不足、若年入職者減少
○発注者のマンパワー不足　○地域の維持管理体制への懸念　○受発注者の負担増大

<目的>インフラの品質確保とその担い手の中長期的な育成・確保

☆ 改正のポイントⅠ：目的と基本理念の追加

○目的に、以下を追加
・現在及び将来の公共工事の品質確保　・公共工事の品質確保の担い手の中長期的な育成・確保の促進
○基本理念として、以下を追加
・施工技術の維持向上とそれを有する者の中長期的な育成・確保　・適切な点検・診断・維持・修繕等の維持管理の実施
・災害対応を含む地域維持の担い手確保へ配慮　・ダンピング受注の防止
・下請契約を含む請負契約の適正化と公共工事に従事する者の賃金、安全衛生等の労働環境改善
・技術者能力の資格による評価等による調査設計(点検・診断を含む)の品質確保　等

☆ 改正のポイントⅡ：発注者責務の明確化

各発注者が基本理念にのっとり発注を実施

○担い手の中長期的な育成・確保のための適正な利潤が確保できるよう、市場における労務、資材等の取引価格、施工の実態等を的確に反映した予定価格の適正な設定
○不調、不落の場合等における見積り徴収
○低入札価格調査基準や最低制限価格の設定
○計画的な発注、適切な工期設定、適切な設計変更　○発注者間の連携の推進　等

効果
・最新単価や実態を反映した予定価格
・歩切りの根絶
・ダンピング受注の防止　等

☆ 改正のポイントⅢ：多様な入札契約制度の導入・活用

○技術提案交渉方式　→民間のノウハウを活用、実際に必要とされる価格での契約
○段階的選抜方式（新規参加が不当に阻害されないように配慮しつつ行う）　→受発注者の事務負担軽減
○地域社会資本の維持管理に資する方式（複数年契約、一括発注、共同受注）→地元に明るい中小業者等による安定受注
○若手技術者・技能者の育成・確保や機械保有、災害時の体制等を審査・評価

法改正の理念を現場で実現するために、　○国と地方公共団体が相互に緊密な連携を図りながら協力
○国が地方公共団体、事業者等の意見を聴いて発注者共通の運用指針を策定

図1-9　公共工事品確法改正の内容[17]

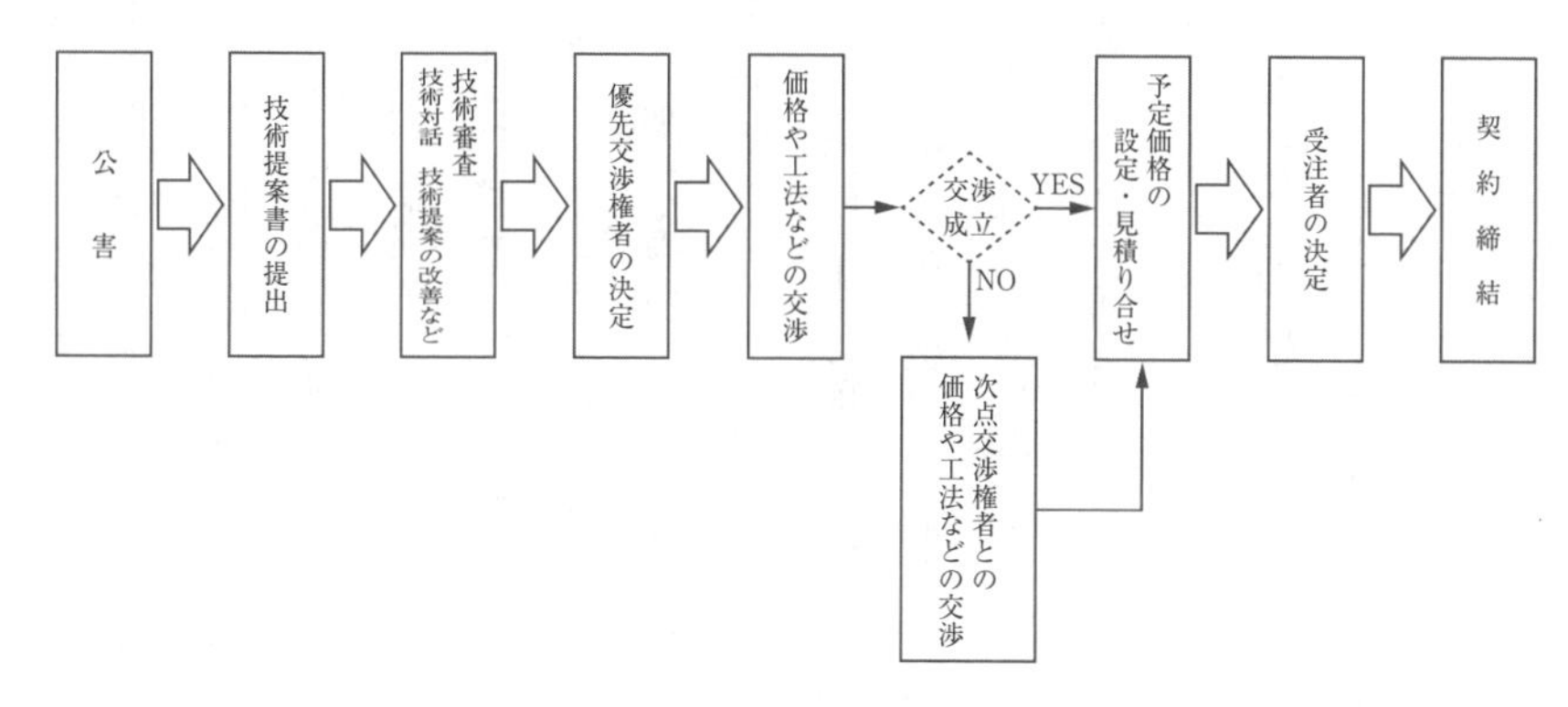

図1-10　技術提案・交渉方式における入札契約手続の流れ（イメージ）

手続を経て契約相手が特定された後に会計法や地方自治法上の随意契約を適用することになる。また、地域社会資本の維持管理に資する方式として、既存施設の維持管理などにおいて、同一地域内での複数の種類の業務・工事を1つの契約により発注する包括発注方式や、継続的に実施する業務・工事を複数の年度にわたり1つの契約により発注する複数年契約方式、さらには複数の建設業者により構成される組合その他の事業体が競争に参加することができる方式が位置付けられた。これは、ヨーロッパで最近幅広く用いられるようになった「フレームワーク合意方式（Framework Agreement）」やアメリカの「多重契約方式（Multiple Award Contract）」に類似するものであり、工事の品質確保・生産性向上、業務の効率性向上に資する弾力的な調達方式が、維持管理に限らず幅広く適用されることが望まれる。

国土交通省は2015年1月30日、「発注関係事務の運用に関する指針」を公表した。その関係資料は①指針本文、②解説資料、③その他要領より構成されている。指針本文の前半には「発注関係事務の適切な実施」について調査・設計から完成後までの各段階で考慮すべき事項が、後半には「工事の性格などに応じた入札契約方式の選択・活用」について多様な入札契約方式の選択の考え方などが体系的に記述されている。本指針に基づき、国土交通省は発注関係事務の適切な実施について各発注者に定期的に調査を行い、とりまとめた結果を公表することとしている。

会計法令などは改正されていないため、予定価格の上限拘束廃止などの抜本改革には至らなかったが、公共工事品確法改正により、予定価格の上限拘束による支障が生じにくいような措置がとられた。民間側の見積りをベースに予定価格を設定するなどの方式を逐次拡大していくことによって、民間主体の市場による価格決定へと徐々に習熟させ、官主導で価格を定め、上流から下流へと価格が決まる現在の価格決定構造を下流から上流へと転換させることにつながると考えられる。また、「適切に設計図書の変更及びこれに伴い必要となる請負代金の額又は工期の変更を行うこと」とされ、契約変更が締結できない事態を避けるように促す規定が設けられた。

日本型の支払方式などの契約慣行や価格決定構造が変わらぬまま法制度を転換しても、全体として仕組みが上手く機能しない可能性がある。入札方式と併せて積算や監督・検査、支払方式を含むコスト管理の仕組みを改革するとともに、わが国特有の価格決定構造を民間主体の価格決定構造へと習熟させながら転換していく必要がある。すなわち、賃金決定の仕組み、元下関係など、価格に関する商慣習や制度が国内外で大きく異なるが、予定価格制度の見直しと併せてさまざまな社会システムの改変にも取り組む必要がある。

改正法第18条には、技術提案の審査および価格などの交渉による方式が位置付けられ、高度な技術を要する工事などの仕様の確定が困難な場合としているものの、交渉方式が初めて法定化された。さらに、第20条に地域における社会資本の維持管理に資する方式が規定され、維持管理において多様な入札契約方式を導入することが定められた。発注者の体制については、改正法第22条に「国は、…発注者を支援するため、…発注関係事務の適切な実施に係る制度の運用に関する指針を定めるものとする」とし、第24条3項に「国は、…資格等の評価の在り方等について検討を加え、その結果に基づいて必要な措置を講ずるものとする」として、発注者の体制確保の方策が規定された。

公共工事品確法改正を受けて、若年の技術者、技能労働者などの育成および確保の状況、建設機械の保有の状況などに関して、経営事項審査の項目および基準が見直されることとなった。２０１５年4月の経営事項審査制度改正では、若年技術者（35歳未満）雇用加点や保有建機3機種追加などが行われた。さらに、翌2016年6月には、業種区分「解体工事」を新設した改正建設業法が施行されたのを受けて、解体工事業追加に伴う評点算出・様式変更や有資格区分の追加・変更などの経営事項審査制度改正がなされた。

(3) 維持・更新の調達

地域の建設企業は、災害対応、除雪、インフラの維持管理など（以下、地域維持事業）、地域社会の維持に不可欠な役割を担っているが、近年は企業体力の低下や企業の小規模化などが進んできているため、特に地方圏において採算性が低く、かつ一定の労働者や機械の確保が必要となる地域維持事業の担い手が減少しつつある。

維持管理などの業務は、発注規模が小さく労力に見合わない（採算性が低い）、技術者を長期間拘束する、待機時間が長いなど、その非効率性のために受注者側からみると魅力あるものとは言い難く、不調・不落が発生する事例もみられる。また、実施にあたっても実施時期の偏り、同じ場所での別作業の実施、事務作業の増加、技術者の拘束など、発注者・受注者双方にとって非効率であることも少なくない。将来にわたって地域の維持を図るためには、その担い手の確保と管理者側の業務の効率化が不可欠であり、入札契約制度において地域の建設業の経営リスクを抑え、経営の安定化と人員・機械の効率的運用が可能となるような工夫を行い、サービス水準の向上を図りつつ、維持管理業務の効率化を図る仕組みが必要となっている。規模の経済性を通して維持管理などの業務の効率性を改善するためには、発注規模の拡大が有効であり、また、民間事業者による経験の蓄積を通して技術力を生かすためには複数年契約が有効と考えられる。

土木学会建設マネジメント委員会維持管理に関する入札・契約制度検討小委員会における研究[18]では、維持管理事業の包括化のパターンとして、

(a) 対象範囲（数量）の包括化：個別発注だと規模が小さく、業務時期の偏りや技術者の拘束など受注者にとって魅力のない場合は、対象範囲（数量）を包括化することで、受注者の意欲・工夫を引き出し維持管理業務の効率化を図る

(b) 対象業務の包括化：業務ごとに別契約となっていた同種構造物の業務を包括化することで他業務の成果を別業務に反映させる連続性のある維持管理を行い、効率化を図る

(c) 対象施設の包括化：同一エリア（区間）に複数種の構造物が点在する場合に対象施設を包括化することで維持管理業務の効率化を図る

(d) 複数発注者による共同処理：個々の発注者単位だと、例えば構造物点検などの数量が少なく効率化が図れない場合は、近隣発注者が共同処理することで量を確保し、効率化を図る

を列挙した。

地域維持型契約方式には、契約の相手方を事業協同組合とする「共同受注方式」と、共同企業体を相手方とする「地域維持型ＪＶ」があり、地域の実情に合わせて適正な事業方式を選定する必要がある。このような地域維持型契約は、福島県、栃木県、長野県、島根県などの複数の地方公共団体で先行的に運用されている。地域の実情に十分留意した上で導入することが望ましい。

維持管理に関する入札・契約方式を活用する上では、発注者による適切な調達管理が不可欠であるため、十分な調達管理体制の確保が困難な発注者においては、CM方式などの発注者を支援する方式を活用して体制を構築することが有効である。

(4) さまざまな発注方式 [19]

公共事業の発注においては通常、設計と施工を分離して発注する設計・施工分離方式がとられるが、近年、施工者固有の技術を活用する設計・施工一括発注方式（デザインビルド）やファイナンス面で民間資金を活用するPFI方式、東日本大震災の復興工事で採用されたCM方式、2014年の公共工事品確法改正で位置付けられた技術提案・交渉方式など、さまざまな方式が用いられるようになっている。

(i) 設計・施工一括発注方式

構造物の構造形式や主要諸元も含めた設計を、施工と一括して発注する方式である。この方式は、事業プロセスのうち、構造物の構造形式や主要諸元の検討・決定を行う設計段階（予備設計段階など）における適用となる。対象とする構造物に関して、発注者が求める機能・性能および施工上の制約などを契約の条件として提示した上で発注することとなる。構造物の構造形式や主要諸元を含めて、当該工事の受注者による提案・設計が可能となり、例えば、橋梁工事においては、コンクリート橋とするか鋼橋とするかも含め当該工事の受注者が提案し、発注者が決定することも可能となる。

設計と施工（製作も含む）を一元化することにより、施工者のノウハウを反映した現場条件に適した設計、施工者の固有技術を活用した合理的な設計が可能となる。設計時より施工を見据えた品質管理が可能となるとともに、施工者の得意とする技術の活用により、より優れた品質の確保につながる技術導入の促進が期待される。設計の全部または一部と施工を同一の者が実施するため、当該設計と施工に関する責任の所在を一元化できる。設計と施工を分離して発注した場合に比べて発注業務が軽減される可能性がある。

発注にあたり、対象とする構造物に関して発注者が求める機能・性能および施工上の制約などを契約の条件として提示する。①設計と施工を分離して発注した場合と比べて、設計者の視点や発注者におけるチェック機能が働きにくく、施工者の視点に偏った設計となる可能性がある点、②契約時に受発注者間で具体的な設計・施工条件の共有および明確な責任分担がない場合、受発注者間で必要な契約変更ができないおそれがある点、③発注者にコストに対する負担意識がなくなり、受注者側に過度な負担が生じることがある点、④発注者が設計施工を「丸投げ」してしまうと、本来発注者が負うべきコストや工事完成物の品質に対する責任が果たせなくなる点に留意する。提案された技術を対象構造物に適用することについて、発注者が審査・評価を行い、確実性や成立性などを判断する必要がある。

(ii)　設計段階から施工者が関与する方式（ＥＣＩ方式）

別途契約している設計業務に対して施工者が行う技術協力を通じて、当該工事の施工法や仕様などを明確にし、確定した仕様で技術協力を実施した者と施工に関する契約を締結する方式である。この方式は事業プロセスのうち、予備設計または詳細設計の段階における適用が考えられる。施工者が行う技術協力については、設計段階の技術協力の開始に先立って技術協力業務の契約を締結し、技術協力の実施期間中に施工の数量・仕様を確定した上で工事契約をする。また、事業の初期段階から施工者の関与を必要とする場合には、概略設計段階における適用も考えられる。設計段階で、発注者と設計者に加えて施工者も参画することから、種々の代替案の検討が可能となる。別途発注された設計業務の実施者（設計者）による設計に対して、施工性などの観点から施工者の提案が行われるため、施工段階における施工性などの面からの設計変更の発生リスクを減少させることが期待できる。施工者によって、設計段階から施工計画を検討することができる。

設計者と施工者の提案が相反する場合には、発注者が双方の責任の範囲を明確にしながら、提案の内容の調整と採否の最終的な判断を行う必要がある。施工者の技術提案を取り入れながら設計者が設計を行うことから、施工者と設計者の責任分担などを明確化する必要がある。わが国における適用事例が限られており、適用を通じて把握される知見などの蓄積が少ないことから、適用にあたっては有識者の助言などを得ながら進めることが望ましい。

(iii) 技術提案・交渉方式

仕様の確定が困難な工事に対し、技術提案の審査の結果を踏まえて選定した者と工法、価格などの交渉により仕様を確定し、予定価格を定めるものである。具体的に適用される工事としては、①「発注者が最適な仕様を設定できない工事」、②「仕様の前提となる条件の確定が困難な工事」が想定される。技術提案で求める「発注者の要求」としては、①「発注者にとって最適な仕様」、②「仕様の前提となる条件の不確実性に対する最適な対応方針」が想定される。技術提案・交渉方式は、施工者独自の高度で専門的なノウハウや工法などを活用することを目的としており、「設計・施工一括発注方式」または「設計段階から施工者が関与する方式（ＥＣＩ方式）」における適用が想定される。

技術提案・交渉方式は契約の相手方の候補とした者から、契約の相手方とする者を特定するものである。「設計・施工一括発注方式」または「設計段階から施工者が関与する方式（ＥＣＩ方式）」を適用する場合は、それぞれにおける発注者の役割と同様となる。

ⅳ　ＣＭ（Construction Management）方式

対象事業のうち工事監督業務などに関わる発注関係事務の一部または全部を民間に委託する方式である。複数工事が輻輳あるいは関係機関などとの頻繁な調整が必要な工事に対応する。発注者が実施する発注関係事務のうち、どの事務の支援を行うかにより種々の形態が存在する。短期的に発注者の人員が不足し、現場状況の確認や迅速な対応が難しい場合に、適宜それらの確認・対応が可能となる。複数工事の工区間調整や関係機関などとの協議において、発注者の職員の代わりに、ＣＭＲ（Construction Manager の略で、監督職員・請負者以外の第三者として、監督業務の一部を補完する技術者チーム）が助言・提案・資料作成などを実施することで業務を支援する。また、監督職員が監督経験の少ない工事において、高度な技術力を要する判断・意思決定を行う必要がある場合に、ＣＭＲが適切な助言・提案・資料作成などを実施することで発注者の義務を補完できる。また、監督経験の少ない工事において、監督職員が、高度な専門技術力を持つＣＭＲとともに工事監督を実施することで、監督職員の技術力の向上を図ることができる。さらに、ＣＭＲからの地元業者に対する書類作成や施工上の助言を通じて、地元業者の技術力の向上や最終的な判断・意思決定までのプロセスにＣＭＲが参画することで、透明性・説明性の向上が期待できる。

なお、ピュアＣＭの委託における標準的な契約図書として、「監理業務標準委託契約約款」および「監理業務共通仕様書」が2016年7月に土木学会により制定・公表され、それらを使用するにあたり、監理業務およびその契約図書に関する基本的な事項や留意点などをとりまとめた「利用の手引き」が同時に公表されている。これらの主な特徴は次のとおりである。

① 民法の典型契約としては準委任契約に相当し、監理業務の受託者（CMR）に債務履行責任と善管注意義務は課せられるが、通常の請負契約とは異なり、無過失責任は発生しない。

② 契約監理として、受託者の職員が、測量・調査・設計等業務における調査職員、検査職員および工事における監督職員、調査職員の権限を全部または一部を行使することができる。

③ 契約監理の対象である測量・調査・設計等業務および工事に関連して行政機関が実施する事業計画・入札契約事務・他機関調整などの支援を行う業務も含めている。監理業務共通仕様書では、委託できる範囲をできるだけ幅広く規定し、行政機関が必要な条項を取捨選択できることとしている。

④ 監理業務の具体的な内容および委任される権限や指示パターンについては特記仕様書に定めることとし、「利用の手引き」に記載例が示されている。

設計業務・工事の監督に関して、その一部または全部を民間に委託する方式であり、その程度によって発注者の役割も異なる。最終的な判断・意思決定を発注者が行い、CMRは助言・提案・資料作成により発注者の業務を補完するものであることから、CMRからの助言が結果的に不適切であった場合、その責任の多くは発注者側が負うことになる。発注者とCMRそれぞれの権限範囲について明確化し、その内容を設計業務・工事の受注者に対して明示・周知しておかないと、判断・意思決定の手続きなど業務実施上混乱が生じるおそれがある。

⑸　ＰＦＩ方式

ＰＦＩ（Private Finance Initiative）事業は公共性のある事業を、民間の資金、経営能力および技術的能力を活用して、民間事業者の自主性と創意工夫を尊重することにより、効率的かつ効果的に実施するものである。

事業の分野、形態、規模などに鑑み、ＰＦＩ事業としての適合性が高く、かつ国民のニーズに照らして早期に着手すべきものと判断される事業について、民間事業者に委ねることにより、事業期間全体を通じた公的財政負担の縮減を期待できること、または公的財政負担が同一の水準にある場合においても公共サービスの水準の向上を期待できることなどを基準として事業者を選定する。民間事業者の募集および選定にあたっては、「公平性原則」に従い競争性を担保しつつ、「透明性原則」に基づき手続きの透明性を確保した上で実施するよう留意する必要がある。

⑹　事業促進ＰＰＰ方式

事業促進ＰＰＰ（Public Private Partnership）は、官主体で進められてきた従来の事業執行に対し、調査設計、用地事務、工事施工の専門家から構成される民間のチームが発注者と連携し、さまざまな事業遅延リスクを回避し事業を推進する方式であり、従来の発注者支援とは大きく異なる。

東日本大震災の復興道路である「三陸沿岸道路」に適用した事業促進ＰＰＰについてみると、従来の道路事業の期間は、概略設計、環境アセスメント、都市計画決定、調査・設計、用地買収・補償、工事で供用開始まで平均14・4年という長期間を要していた。特に調査設計は6・4年である。三陸沿岸道路の復興に際しては、事業促進ＰＰＰにより、予算成立後1年以内に測量・調査設計・用地買収を完了させ、工事着手したものである。官民連携において、民間技術者チームは「事業管理」「調査設計」「用地」「施工」のエキスパート（専門家）で編成され、それぞれが連携しつつ、全体で最適な事業の進め方を検討の上、発注者の要請に対し対応する。三陸沿岸道路の事業促進PPPについては、導入時および導入後においても、受発注者双方に従来の業務執行における役割分担を踏襲する傾向がみられたが、以下に挙げることが後の事業促進に効果を発揮した。

①　事業促進PPPを発注者支援の延長としては捉えず、大括りの業務として位置付けたこと
②　発注者の要請に対し、業務の成果報告という形で対応するようにしたこと
③　設計、用地、工事それぞれの専門家の混成チームであったこと
④　用地、工事の専門家の意見を設計に反映できたこと
⑤　発注者も設計、用地、工事を一体として対応したこと
⑥　工事費縮減、工期短縮など多くの提案が実現したこと

事業促進PPPは、事業促進の主体をあくまでも発注者に置き、その結果事業促進という最大の眼目を達成したのみでなく、発注者の意識改革ならびに技術力の維持・向上に大きく貢献した。一方で、発注者と民間技術者チームとの役割・責任の分担が十分明確になっていないことや、民間技術者チームへの対価が業務実態に対して不十分であるといった問題が指摘されているほか、民間技術者チームに参画した企業が関連の業務・工事を受注できないのでは受注インセンティブが働かないといわれている。事業促進PPPは、今後の事業執行モデルを検討する上で大いに参考となる手法である。

【注釈】（出典、原語表記など）

［1］阪谷芳郎：日本會計法要論，博聞館，1890
［2］岩下秀男：日本のゼネコン その歴史といま，日刊建設工業新聞社販売局，1997
［3］北島兼弘，石渡傳藏，徳山銓一郎：會計法釋義，博聞社，1890
［4］圖師庄一郎：會計論綱 手續參照，法政學會，1899
［5］牧野良三：競争入札と談合，解説社，1953
［6］大蔵省編纂：明治大正財政史 第二巻，経済往来社，1959
［7］日本鉄道建設業協会編：日本鉄道請負業史　昭和（後期）篇，日本鉄道建設業協会，1990
［8］吉野洋一：公共工事入札における競争の限界と今後の課題，日刊建設通信新聞社，2014
［9］工事実績情報システム（CORINS：Construction Records Information System）
［10］業務実績情報システム（TECRIS：Technical Consulting Records Information System）
［11］日本技術士会 HP：APEC エンジニアとは
http://www.engineer.or.jp/c_topics/000/000150.html
［12］国土交通省低入札価格調査制度対象工事に係る重点調査（平成7年度-平成11年度），国土交通省直轄工事契約関係資料 平成13年度版-平成15年度版，国土交通省直轄工事等契約関係資料 平成16年度版-平成28年度版
［13］国土交通省直轄工事契約関係資料 平成13年度版-平成15年度版，国土交通省直轄工事等契約関係資料 平成16年度版-平成28年度版
［14］財務省法人企業統計より作成
［15］国土交通省直轄工事等契約関係資料　平成17年度版-平成28年度版
［16］国土技術研究センターHP：公益法人をめぐる状況～受託業務に係る契約方式の変遷と現状～　http://www.jice.or.jp/tech/columns/detail/7
［17］国土交通省 HP：品確法・建設業法・入契法等の改正について
http://www.mlit.go.jp/totikensangyo/const/totikensangyo_const_tk1_000089.html
［18］土木学会建設マネジメント委員会維持管理に関する入札・契約制度検討小委員会：維持管理等の入札契約方式ガイドライン（案）～包括的な契約の考え方～参考資料編，2015
［19］土木学会建設マネジメント委員会公共工事の発注者のあり方研究小委員会報告書，2016

第2章

海外の公共調達制度

現在のわが国の入札契約制度の枠組みを定めた明治会計法は、当時の最先端である西洋、特にフランスとイタリアの会計法令にならったものだ。では、現在の欧米諸国ではどのような制度が整備されているのか。わが国が参考としたフランス、イタリアなどの入札契約制度が、その後それぞれの国においてどのように改変され、現在、わが国の入札契約制度がフランス、イタリアなどと比べてどのように異なっているのだろうか。ここでは、ヨーロッパやアメリカ、さらにわが国に近い韓国、台湾における調達方式など、世界の調達方式の実情を探る。

また、わが国の建設産業が制度や慣習の異なる海外へ展開するにあたって、どのような点に留意する必要があるのか、特にリスク管理の観点から検討を加える。

1 ヨーロッパの公共調達

(1) わが国との比較

わが国が明治会計法制定にあたって参考とした『仏国会計法』『伊多利国会計法』(イタリア)および『白耳義国会計法典』(ベルギー)のいずれにおいても公告による競争入札を原則とし、随意契約の例外規定を設けていた。仏国会計法は限定的に指名競争入札を認めていた。また、仏国会計法と伊多利国会計法においては、買い入れ(「買」)と売り払い(「売」)を同じ取扱いとしていた。

表2-1　明治会計法制定当時のフランス、イタリアなどの入札契約制度との比較

	日本 (1889年)	フランス (1862年)	イタリア (1884年)	ベルギー (1871年)
入札契約方式	・競争入札 ・随意契約 (交渉方式なし) (1900勅令・1921法改正により指名競争入札)	・競争入札 ・指名競争入札 ・随意契約 (1882通達により交渉方式)	・競争入札 ・随意契約	・競争入札 ・随意契約
「買」と「売」の扱い	同じ取扱い	同じ取扱い	同じ取扱い	「買」のみ対象
予定価格	予定価格を必ず定め上限とする	必要があれば最高価格を定め、定める場合は上限とする	予定価格を定め上限とする（必ずかどうかは定かではない）	なし
予定価格の事前の守秘性	非公表	定める場合は非公表	非公表（推定）	―
落札基準	最低価格	最低価格	最低価格	最低価格
備考			別に1865年公共事業法が存在	

わが国の会計法に定めている予定価格に対応するものとして、仏国会計法においては、必要があれば「買」の場合は最高価格（「売」の場合は最低価格）を定めることとし、事前に非公表としていた。伊多利国会計法においては、これを必ず定めることとしていたか否かは定かではないが、「買」の場合は最高価格（「売」の場合は最低価格）を定めることを前提とした規定があり、この価格を非公表にしていたと思われる。

明治会計法制定当時、わが国が翻訳したフランス、イタリア、ベルギーのそれぞれの国の会計法などによる入札契約制度と明治会計法の類似点がわかるよう表2-1に整理した。そして、わが国が特に参考としたフランスとイタリアの入札契約制度がその後どのように変遷したか

表2-2　1970年前後のフランス、イタリアなどの入札契約制度との比較

	日本 (1961年)	フランス (1964年)	イタリア (1972年)	EC (1971年)
入札契約方式	・一般競争入札 ・指名競争入札 ・随意契約 (交渉方式なし)	・公開式または制限式 競争入札 提案募集 (設計協議含む) ・競争的対話 ・交渉方式 ・調査研究の特例	・公開方式 ・交渉方式	例外を除いて ・公開方式 ・制限方式
「買」と「売」の扱い	基本的に同じ取扱い	別の取扱い	別の取扱い	別の取扱い
予定価格	予定価格を必ず定め上限とする	競争入札の場合は予定価格を定め上限とする	予定価格を用いる場合は上限とする(競争方法の一つとして規定)	なし
予定価格の事前の守秘性	非公表	定める場合非公表	非公表・公表のいずれも可	—
落札基準	原則は最低価格(例外として価格およびその他の条件が最も有利)	競争入札は最低価格 提案募集は最も経済的に有利	予定価格を用いる場合は最低価格	最低価格または最も経済的に有利
備考			別に1865年公共事業法が存在	

がわかるように、表2-2に1970年頃の対比を、表2-3に現在（2016年時点）の対比を示した。参考までにEU公共調達指令との対比も示している。

フランス、イタリアに限らず多くの先進国においては、主として第2次世界大戦後、「最低価格の入札」を自動的に落札とする方法が緩和され、裁量的な手続きの下で「最も経済的に有利な入札」を落札とする方法、すなわち価格以外の要素を含めて総合評価する方式がより頻繁に使われるようになった。最近では、「費

表２-３　現在（2016年時点）のフランス、イタリアなどの入札契約制度との比較

	日本 (2014年)	フランス (2016年)	イタリア (2016年)	ＥＵ (2014年)
入札契約方式	・一般競争入札 ・指名競争入札 ・随意契約	・公開式または制限式提案募集 ・競争的対話方式 ・交渉方式 ・設計競技ほか	・公開方式 ・制限方式 ・交渉方式（公開または非公開） ・競争的対話方式ほか	・公開方式 ・制限方式 ・交渉付き競争方式 ・競争的対話 ・技術革新連携方式 ・非公開交渉方式
「買」と「売」の扱い	基本的に同じ取扱い	別の取扱い	別の取扱い	別の取扱い
予定価格	予定価格を必ず定め上限とする	2001年９月に廃止	なし	なし
予定価格の事前の守秘性	非公表	―	―	―
落札基準	原則は最低価格（例外として価格およびその他の条件が最も有利） （公共工事品確法により工事は原則総合評価）	最も経済的に有利	最低価格または最も経済的に有利	最低価格または最も経済的に有利
備考	公共工事品確法（2005年制定、2014年改正）			

用に対する価値」すなわち「バリューフォーマネー（Value for Money）」の最大化を実現するという考えのもとに公共調達制度の見直しが進んでおり、調達の目的物に照らして最も適切な調達方式を選択できるよう多様な方式を用意している。

ＥＵ加盟国はそれぞれの国内法によってＥＵ指令を実行することが求められていることから、まずはＥＵ指令における公共調達の枠組みをみてみよう。

(2) EU公共調達指令

最初のEC公共調達指令[1]は、1971年7月に公共工事に関して制定された。この調達指令においては、例外を除いて公開入札または制限入札を用いることとし、落札基準は「最低価格入札」または「最も経済的に有利な札」とした。

物品とサービスの調達についてはそれぞれ1976年[2]、1992年[3]に別々に定められ、1990年には水、エネルギー、運輸分野の公益事業を対象とする指令[4]が制定された。そして、1993年に統合した形で、物品[5]、工事[6]、公益事業[7]に関する指令が改めて採択された。1997年[8]には物品、サービス、工事に対し、1998年[9]には公益事業に対してWTO関連の改正がなされた。

調達制度

入札契約方式の原則は、当初より公開方式(わが国の一般競争入札に相当)または制限方式(わが国の指名競争入札に類似)を用いることとしており、発注者の裁量が大きい交渉方式が認められるのは非常時や、仕様が確定できないような例外的なケースであった。

これらはさらに簡素化と近代化の観点から見直され、2004年4月には公益事業に関する指令は別立ての指令2004/17/EC[10]として、その他の物品、サービス、工事の3つを公共調達の指令として統合し、EU公共調達指令2004/18/EC[11]を制定した。これらにより、2006年1月末までにEU加盟国に対し国内法の整備を求めた。EU指令は、EU加盟国の国内法の上位に位置付けられ、指令に則って整備される国内法を通じて政府機関などを拘束するものだ。

２００４年のＥＵ公共調達指令２００４／18／ＥＣには、高度な技術を要する工事などにおいては資格審査を経て選定された業者が発注者と対話を行った上で入札するという「競争的対話方式（Competitive Dialogue Procedure）」が新たに導入された。また、1ないし複数の契約当局と1ないし複数の企業の間で、一定期間（4年以内）に契約を行う工事などの価格や、必要な場合は予想数量などの基本事項に関する合意を行うフレームワーク合意方式（Framework Agreement）などの多様な調達方式が定められた。

また、ＥＵ公共調達指令２００４／18／ＥＣでは第2巻第5章第28条において「契約当局が公共契約を行うには、公開または制限方式によらなければならない。ただし、特に第29条に定めた特定の場合には、契約当局は競争的対話により公共契約を締結することができる。第30条および第31条に定めた特定の場合には、契約当局は交渉方式を用いることができる」と規定され、競争的対話方式は極めて難易度の高い事業に用いられるものであり、この方式が適用されるケースは限られていた。

その後10年ほどの議論を経て、ＥＵ指令は大幅に改正され、交渉や対話の導入が拡大されることとなった。新たなＥＵ指令については、２０１４年1月15日に成案が欧州議会で採択され、3月28日にＥＵ官報に公告、20日後の4月17日に発効した。２００４／18／ＥＣに代わる２０１４／24／ＥＵ公共調達指令、２００４／17／ＥＣに代わる２０１４／25／ＥＵ公益事業指令、そしてコンセッション契約に関して新たに２０１４／23／ＥＵコンセッション指令が制定された。ＥＵ加盟国は、2年後の２０１６年4月18日までにそれぞれの国内法によってこれらを施行することが求められた。

新たな２０１４年公共調達指令では、調達手続が第2款公共契約制度[12]に規定された。公共調達における交渉や対話を拡大すべく、新たに交渉付き競争方式や技術革新連携方式が定められ、発注者は次の6つの方式から入札契約方式を選択することとなった。

① 公開方式（Open Procedure）
② 制限方式（Restricted Procedure）
③ 交渉付き競争方式（Competitive Procedure with Negotiation）
④ 競争的対話（Competitive Dialogue）
⑤ 技術革新連携方式（Innovation Partnership）
⑥ 非公開交渉方式（Negotiated Procedure without Prior Publication）

2004年EU公共調達指令と同様に、「公開方式」とは関心を有する者が誰でも入札することができる方式であり、「制限方式」とは関心を有する者が誰でも参加意思を表明し、そのうち契約当局により招請された者だけが入札することができる。

「交渉付き競争方式」においては、1回目の入札の後に発注者は応札者と交渉を行う権利を有し、交渉を行った場合に交渉終了後残った入札者が再度入札を行い、発注者は最終の入札結果に基づいて契約相手を決定する。発注者の裁量を大幅に増やすことによって、発注者が有用と考える場合に交渉を導入することを容易にしたものである。ヨーロッパでは、交渉を導入することが発注者側と企業側の双方に実質的な利益をもたらすと考えられ、この方式を広く利用されることが期待されている。

また、「競争的対話」とは、前述したように関心を有する者なら誰でも参加意思を表明でき、契約当局が、所要の要件に合致する代替案を検討する目的で認めた者と対話を行い、それに基づいて選ばれた者が入札に招請される手続きである。

「技術革新連携方式」は、発注者が公告により、企業側に対して技術開発などの先進的取組みを発注者と連携して行い、サービスまたは工事の提供を提案することを求めるものである。受注者は前述の交渉付き競争方式により選定する。

「非公開交渉方式」は、特許技術を活用するなどの限られた場合に、事前に公開することなく契約当局が選定した者との交渉により契約を行う方式である。

このほか、２０１４年ＥＵ公共調達指令では、フレームワーク合意方式の活用や電子調達技術のさらなる導入、そして入札契約手続に要する期間の短縮などが盛り込まれている。

落札基準は、従来同様、最低価格または発注者にとって最も経済的に有利な札としている。後者は「費用に対する価値」、「バリューフォーマネー」を求めようとする方式である。また、公開方式または制限方式において、不当な入札、または参加要件を満たさない入札が行われた場合などに、交渉付き競争方式を用いることができると規定しているほか、公開方式または制限方式において、(a)入札者がいない場合、適切な入札がない場合、(b)技術的理由などによりほかに履行可能な者がいない場合、(c)緊急を要する場合、(d)同様の工事などを繰り返し行う場合などにおいて、非公開で交渉手続を用いることができることを規定している。

ＥＵ指令の適用対象の下限となる基準額は2年ごとに見直されており、２０１６年1月から２０１７年12月までは表2-4のように定められている。

表2-4　EU指令の適用対象基準額（2016年1月-2017年12月）

(€)

発注機関	物品など(Supply)	役務(Services)	工事（Works）
WTO政府調達協定対象の公共機関	135,000	135,000	5,225,000
ほかの公共機関	209,000	209,000	5,225,000
公益事業体	418,000	418,000	5,225,000

安値受注対策

安値受注については、ヨーロッパにおいて、建設投資の伸び悩みが顕著となった1990年代に大きな問題となり、フランスなど単独での対応策を検討した国もあったが、EU全体の問題としてこれへの対応策が検討された。EU公共調達指令2004/18/ECでは、第55条に低入札対策が規定され、これと同様の規定が、EU公共調達指令2014/24/EUの第Ⅱ巻第Ⅲ章第3節第3小節第69条[13]に定められている。すなわち、低入札に対し契約当局は、

・施工法などの経済性
・当該入札者に可能な技術や施工などに有利な条件
・提案された工事などの独自性
・環境、社会および労働に関する法令の遵守
・国の援助の可能性

について説明を求めることとし、入札者がこれらの要素を加味して低価格となる説明が十分になされない場合は、契約当局は入札を却下してよいとしている。また、環境、社会および労働に関する法令を遵守しないために低価格となっている場合、契約当局は入札を却下しなければならないとしている。

企業評価方式

ヨーロッパにおいては、企業評価の統合化についてさまざまな取組みがなされたが、いまだヨーロッパ共通の仕組みを確立するには至っていない。ヨーロッパ標準化委員会（ＣＥＮ）[14]が建設業のための専門委員会を創設して１９９５年に検討を開始したが、７年間にわたる議論の末にヨーロッパの企業の評価の共通基盤を見出すのは本質的に難しいとの結論に達した[15]。

ＥＵにおける公共工事の調達規則であるＥＵ公共調達指令２０１４／24／ＥＵでは、第Ⅱ巻第Ⅲ章第３節第１小節第64条[16]において「加盟国は、有資格企業名簿を整備保全、またはヨーロッパ認証基準に適合した認証機関による認証制度を導入することができる」と規定している。

(3) フランスの公共調達

フランスでは、既に１３５０年には最低価格の入札者が公共工事を落札する競争入札方式がみられた。17世紀には公共工事の調達でほとんどの場合に競争入札が利用されるようになり、フランス革命（１７８９-１７９９年）の時代には、工事以外を含む公共調達全般に拡大した。

政府会計の法制度として１８２２年に初めて王令[17]が定められ、これによりすべての省庁の支出を大蔵省が掌握するものとなった。１８３６年には王令第１条[18]により、中央政府の調達は「競争および公告を以てする」と義務付け、翌１８３７年の王令[19]では対象を地方政府にも拡大した。そして、１８３８年王令『政府会計全般規則』[20]が制定され、それが１８６２年王令『政府会計全般規則』[21]へと発展した。

わが国が会計法案作成の際に参考とするために1887（明治20）年に大蔵省が翻訳した1864年時点の仏国会計法とは、これのことである。この1862年王令においては、「買」と「売」を同じ取扱いとして公告による競争を原則とし、必要があれば「買」の場合は最高価格（「売」の場合は最低価格）を予定することができることとしていた。1862年王令は1962年『政府会計全般規則』[22]に引き継がれている。この王令とは別に、実は1882年には契約締結に関する通達第18条[23]により、特別な場合に「交渉方式」が認められた。しかし、これはわが国の参考にはされていない。

また、包括的なものとしては初めて「買」（調達）を対象とした『1964年公共調達法典』が制定された。競争入札方式が最も好ましい方式とされ、公開式または制限式の競争入札と提案募集を規定し、提案募集には設計競技付きなどの方式を設けた。また、交渉方式のほか、調査研究の特別規定を定めた。公開式と制限式の競争入札は価格競争方式である。公開式の場合は一定条件を満たす者は自由に入札に参加できるのに対し、制限式の場合は入札参加できるのは発注者が選定した者に限られる。提案募集とは、価格以外の要素を含めて総合評価をした上で落札者を決める方式で、現在わが国で行われている「総合評価落札方式」と同様のものだ。

1964年公共調達法典は、公開式または制限式の競争入札（価格競争）において「それを超えると落札できない最大価格を設けなければならない」とした上で「非公表の最大価格を封印した封書を開封するものとする」と定めた。価格競争の場合に限って厳格な予定価格の上限拘束を規定したのである。

1990年代には、入札を巡る不祥事や取引の国際化、EUの創設に対応して、公共調達法規の総点検が行われた。これにより公共調達制度が大幅に改正され2001年3月に『2001年公共調達法典』

が制定された。条文の数が大幅に削減され、さまざまな手続きの適用基準額が引き上げられた。この時、従来の公共調達法典の中で分けて規定していた国と地方公共団体の公共調達ルールを一本化した。また、１９６４年公共調達法典の最大価格（日本でいう「予定価格」）に関する規定（84、88、92条など）はすべて２００１年９月に廃止された。この改正により、価格競争型入札の規定が削除され、落札基準の原則が「最も経済的に有利」という総合評価のみとなった。さらに、一定金額以下の工事に適用する方式として「適応方式」という簡易な入札方式も新たに規定された。

２００１年公共調達法典が制定された後もＥＵや国内の関係者からの批判があり、翌年から見直しが始められ、これを改正し、制定されたのが『２００４年公共調達法典』[24]である。これは同じ年に制定された２つのＥＵ指令２００４／18／ＥＣおよび２００４／17／ＥＣに整合させたものだ。この改正により、価格のみによる競争入札が入札方式の一つとして復活した。すなわち、落札の基準がただ一つとなる場合にはそれは価格でなければならないとされた。ただし、価格競争による入札は物品などの仕様が定まっていて価格だけが問題となるものに限定された。また、「競争的対話方式」がＥＵ指令に導入されたことに伴って、２００４年公共調達法典にも取り入れられた。これは、民間企業の技術力・経営力を一層活用するよう候補企業との「対話」を認めるものであった。

その後、『２００６年公共調達法典』が制定された。これは２００４年のＥＵ指令に合致するものであり、契約金額の大小を問わず、公共工事、物品、サービスなどの調達に適用するものである。ただし、入札契約方式はＥＵ指令よりも細かく分類され、①公開式提案募集方式、②制限式提案募集方式、③交渉方式、④競争的対話方式、⑤設計競技方式、⑥適応方式などが示された。ＥＵ指令適用対象基準額に満たない調達については、適応方式によることができるとした。

価格のみによらず「最も経済的に有利」とする落札基準としては、品質、価格、技術点、審美性、機能、環境要因、維持管理費、経済効率性、アフターサービス、技術サービス、引渡し時期などが総合評価の対象になるとした[25][26]。

そして、2014年のEU指令改正に伴い、2006年公共調達法典は2016年4月1日に改められ、入札契約方式として、①公開式提案募集方式、②制限式提案募集方式、③交渉付き競争方式(*Procédure concurrentielle avec négociation*)、④事前競争付き交渉方式(*Procédure négociée avec mise en concurrence préalable*)、⑤競争的対話方式、⑥設計競技、⑦先進的協調方式(*Partenariats d'innovation*)、⑧適応方式(EU指令適用対象基準額に満たない場合)などが示された[27]。

安値受注対策としては、1964年公共調達法典第95条の2第2段落、同第97条の3第2段落、同第297条の2第2段落および第300条第2段落に、著しい低入札を排除し得る旨の規定が存在していたが、2001年公共調達法典においては、第55条において、提案の額が著しく低価格である場合に提案を却下するか否かを検討するための項目が明確化された。この2001年公共調達法典が制定されて以降、低入札は大きな問題となっていない。既に述べたように、2004年公共調達法典によって価格のみによる競争入札が入札方式の一つとして復活したが、この方式の適用は価格だけが問題となる物品などに限定された。むしろ、競争的対話方式など多様な調達方式が用意されたため、異常な低入札が発生しにくい環境が醸成されたものと思われる。

ところでフランスには建設業の許可制度はないが、公共調達法典第45条第1項で、公共工事の発注者は実績、専門的、技術的、財政的な能力を審査するための書類を求めることができるとされている。

企業評価制度として、建築分野では、１９４９年に建設大臣、建築業関係団体などの主導により設立された民間組織であるQUALIBATによる資格証明（*Certifcat*）がある。土木分野については、大小の公共工事に携わる20の地域の業界団体と18の専門職業団体からなるFNTP（全国公共工事連盟）による専門能力証明がある。

*FNTP*は、１９４６年10月17日、政令（*décret*）により建設業者名簿を作成している。全国公共工事業者登録簿を管理するだけでなく、２００８年４月より、専門能力証明（*IP*：*identifications professiomelles*）の新しいシステムを開始した。現在、６４００社が専門能力証明を受けている。企業は、専門能力証明を申請する場合には、企業名、所在地、支店、技術者などの情報を記載した申請書のほかに、既往実績を示す工事証明書（*attestation de travaux*）を提出しなければならない[28]。

工事証明書には、当該工種について過去5年以内に実施した工事3件について記載する必要があり、そのうち1件は過去3年以内のものでなければならない。発注機関、金額、下請、現場条件などに関する情報を記載し、工事が所定の基準などに従って適切に履行された旨を示す発注機関の署名が必要である[29]。

建築分野の企業評価システムであるQUALIBATは、登録された建築業者のデータベースであり、財務などの企業情報のほか既往実績情報がある。これを示す工事証明書には、該当の工種について過去4年以内に実施した工事のうち代表的なもの3件について記載の必要があり、業績評定として、出来栄え、工期遵守および現場の処置について4段階の評価が記載されている[30]。

(4) イタリアの公共調達

わが国が参考とした伊多利国会計法とは1884年王令『国家会計法』[31]だ。実はこれよりも早くイタリア王国成立（1861年）後、間もない1865年に公共工事の調達を対象とする『公共事業法』[32]が存在していた。当時わが国の大蔵省は、国の財政の仕組みと収支を規定する会計制度を確立しようとの観点から西洋諸国の会計法規を調査していた。「公共事業」の調達法規を研究するという発想はなかったと思われる。イタリアでは公共事業法は後に1994年『公共工事基本法』（メルローニ法）[33]と1999年大統領令『公共工事基本法施行令』[34]に引き継がれた。このように工事の調達に関する法律が1865年に公共事業法として先行して制定されており、公共調達全般についてはそれに遅れて1884年の国家会計法や、後にそれに代わる1923年11月の『国家会計法等の国家予算及び支出に関する法令』[35]（巻末参照）などに規定された。

1865年公共事業法の構成は、

第Ⅰ巻　公共事業に関する公共工事省の職務（第1条－第8条）
第Ⅱ巻　一般道路（第9条－第90条）
第Ⅲ巻　公共管理の水系（第91条－第181条）
第Ⅳ巻　港湾、海岸及び灯台（第182条－第205条）
第Ⅴ巻　鉄道（第206条－第318条）
第Ⅵ巻　公共事業の管理と経理（第319条－第365条）

第Ⅶ巻　土木技術者の業務に関する一般規定（第366条－第372条）

第Ⅷ巻　暫定一般事項（第３７３条－第３８２条）

という8巻からなっている。第Ⅵ巻の第Ⅰ章に「準備規定」、第Ⅱ章に「契約」、第Ⅲ章に「契約の実施」がある。

１８６５年公共事業法の第Ⅵ巻第Ⅱ章には、公共事業の契約に関する規定があり、国家会計法の制定後は１９９９年に廃止される前の第３２５条には「公共事業省またはその委任を受けた者によって規定された契約に基づく工事の実施または事務については、経済性に留意し、国家会計法の規定による」とあり、第３２８条には「工事および予見することのできない内容や価格については、経済性に留意し会計法に定められた規定によって行うものとする」とあった。つまり、制定後は、工事の調達についても国家会計法によることとされていた。この第Ⅱ章（契約）の規定は、後に１９９９年大統領令である公共工事基本法施行令、または２００６年『公共調達法』[36]により廃止されている。

わが国が明治会計法案作成の際に参考とした１８８４年国家会計法は、これに代わる１９２３年の国家会計法等の国家予算及び支出に関する法令によって、対応する規定は効力を失うとされた。この法令とその施行のための法である１９２４年の『国家会計施行法』（以下、施行法）[37]は今でも一部は有効である。

イタリア破毀裁判所[38]のウェブサイトにある１９２３年制定時の国家会計法等の国家予算及び支出に関する法令をみると、第3条に「公告による競争の原則」が定められており、これはわが国が参考にした１８８４年国家会計法第3条の規定とほぼ同じである。イタリア政府経済財政省[39]は、１９２３年の国家会計法等の国家予算及び支出に関する法令第3条について「第1項は１９７２年大統領令

1923年 イタリア『国家会計法等の国家予算及び支出に関する法令』

第3条　すべての国の収入となり又は経費となるべき契約は公競争の手続きによるべし。ただし、特別な理由があり、契約承認命令書にその理由を明記した場合であって、政府が民間の競争に附すべきでないとして施行法に定めた場合については除く。
（以下　略）

「買」と「売」を分けて規定

1972年 イタリア大統領による改正後

第3条　すべての国の収入となるべき契約は公競争の手続きによるべし。ただし、特別な理由があり、契約承認命令書にその理由を明記した場合であって、政府が競争に附すべきでなく私の交渉によるべしとして施行法に定めた場合については除く。

すべての国の経費となるべき契約は政府の裁量による判断に基づき公の競争手続きは私の交渉によるべし。

（以下　略）

図2-1　1972年大統領令による1923年『国家会計法等の国家予算及び支出に関する法令』改正内容の一部

627号第2条により書き換えられた」と解説している。図2-1に示すように、この『1972年大統領令』[40]による改正により、1923年同法の第3条第1項は、「買」（経費となるべき契約）と「売」（収入となるべき契約）を別の取扱いとして2つの項に分けて規定するようになった。すなわち、「買」については「政府の裁量による判断に基づき公の競争手続きまたは私の交渉によるべし」として「交渉方式」を位置付けた。「売」については「公競争の手続きによるべし。ただし、特別な理由があり、契約承認命令書にその理由を明記した場合であって、政府が競争に付すべきでなく私の交渉によるべしとして施行法に定めた場合については除く」とした。

わが国が伊多利国会計法と呼んでいた１８８４年国家会計法においては、「公告による競争の原則」によらなくてよい場合を第４条と第５条に規定していた。これらに相当する規定は、１９２４年施行法の第38条と第39条に設けられている。１８８４年の国家会計法第４条第６項の価格の制限（「買」の場合は最高価格、「売」の場合は最低価格）に関する規定は、１９２４年施行法第38条第１項第５号に設けられている。

また、１９２４年施行法第73条に、競争の方法として(a)－(d)まで示されている４つのうち、(b)に「秘密にしてあらかじめ定めた最高または最低価格と封印した入札とを比較する方法」、(c)に「入札公告に示した基本価格と封印した入札とを比較する方法」が定められている。このうち特に(b)の方法は、予定価格の制限を定める方式と考えられる。(b)、(c)それぞれの入札の手続きが第75条、第76条に詳しく定められている。これらの規定は現在も廃止されていない。サレント大学[41]の法令サービスのウェブサイトでは、１９２４年施行法第38条について「１９２３年国家会計法第３条が１９７２年大統領令６２７号第２条により書き換えられたため、限定的に過去の契約に対して有効であるにすぎない」と解説している。

一方、公共工事の調達については、メルローニ法として知られる１９９４年公共工事基本法の導入によって、公共工事の効率性、有効性、透明性および品質を改善しようとする大きな改革がなされた。そして、その施行のために１９９９年大統領令が制定され、これにより前述の１８６５年公共事業法の契約に関する多くの規定が廃止された。

１９９４年公共工事基本法の制定後、度々改正が行われたが、最近では、従来の公共調達に関する法令が廃止・統合され、国だけでなく地方公共団体なども対象として、2006年『公共調達法』が制定されている。調達方式は、①公開方式、②制限方式、③交渉方式（公開または非公開）、④競争的対話方式などが示されている。この法律は、契約金額の大小を問わず適用され、公共工事、物品、サービスなどの調達を対象としたEU公共調達指令2004／18／ECと水、エネルギー、運輸、郵便などの事業体を対象としたEU指令2004／17／ECに合致するものであり、EU指令に定められた原則をその規定範囲よりも幅広く適用するものだ。

イタリアでは、近年、交渉方式の適用が拡大しており、2012年時点でEU指令による公共調達における建設工事については非公開交渉方式が49.9％であり、公開競争方式が19.5％、設計などのサービスについては非公開交渉方式が43.4％、公開競争方式が21.6％であった。なお、物品については公開競争が多く用いられ34.1％を占める（いずれも件数ベース）[42]。2014年のEU公共調達指令を適用するため、2016年4月19日に公共調達法が改正されたところである。

(5) イギリスの公共調達

イギリスでは、数百年にわたりわが国の一般競争入札に相当する公開方式が広く用いられたが、低価格による落札が、品質の低下やクレームの増大の原因になっているとの認識が高まり、1944年のサイモン卿（Sir Ernest Simon）による建設業の効率性改善のための契約の見直しに関するレポート[43]では、公開方式に代えて、事前審査により適切な企業を選定した上で入札を行うことが推奨された。1964年のバンウェルレポート（Banwell Report）[44]でも選択式入札方式（Selective Tendering）

が推奨された。このため、戦前までは公共工事の多くで一般競争入札が適用されていたが、戦後は、契約履行能力のある者を厳選して限られた数の業者に入札を求める選択式（selective）あるいは制限式（restrictive）といわれる入札方式が多く用いられるようになった。さらに、請負者に設計段階からの関与を認め交渉方式の適用が推奨された。

イギリスでは元来、商取引において契約ごとの競争が重視されたが、近年では、長年にわたる信頼関係を重視する旧来の日本的方式がむしろ生産性を向上させると考えられるようになった。１９９４年のレイサム卿（Sir Michael Latham）による公共調達方式に関するレポートでは、価格に対する価値（Value for Money）を高めることに重きを置くべきと考えられ、価格のみの競争でなく企業の過去の業績を含む総合評価によるべきと提唱された。また、同レポートは、政府が建設業者名簿を保持すべきことや建設業者の成績評定を重視すべきことを求めたほか、発注者と受注者間の連携や協力関係を改善するためにパートナリング方式の導入を推奨した。

１９９８年のイーガン・レポートでは、業界全般にわたる実績評価システム（Industry wide performance measurement system）の整備の必要性が提唱され、翌１９９９年に政府は、企業の工事実績や成績などをデータベース化したコンストラクションライン（Constructionline）という建設業者の事前審査システムの運営を開始した。最低限の事前審査要件を満たす2万５０００を超える建設業者やコンサルタントが登録されている。今では２８００を超える公共および民間の発注機関が、業者選定の際にコンストラクションラインを用いている。

１９９９年に政府アドバイザーであるガーション卿（Sir Peter Gershon）によるレポート『中央政

府の調達レビュー（Review of Civil Procurement in Central Government, April 1999）』が発表され、この提言に基づき、2000年に調達に関わる複数の省庁はOGC（商務局・Office of Government Commerce）の下で統合された。その後、調達に関するさまざまな改革が進められ、2011年にはOGCは、GPS（政府調達庁・Government Procurement Service）となり、さらに2014年には、ほかの調達部門を統合してCCS（Crown Commercial Service）となっている。

最近の公共調達改革の動きとしては、2011年の「政府建設戦略」[45]が重要である。政府建設戦略は、2015年までの建設コスト縮減策として、パートナリング、サプライチェーンの統合化およびフレームワーク方式の有効活用を進めようというものであった。設計者、施工者その他の技術の結集による3次元BIM（Collaborative 3D BIM）の導入が必須と考えており、政府は、2016年までに設計・施工段階での共有を目指すレベル2をすべての公共事業に導入することを義務付けるとしている。また、各建設会社が経営計画を立てやすいように四半期ごとに向こう2年間の建設事業の発注予定を2011年秋から公表としている。

2013年にはさらに「建設2025」[46]を公表し、2025年までに建設コスト縮減だけでなく、工期短縮、温室効果ガス排出量削減などの目標が設定された。2025年までに70％拡大すると予測する世界の建設市場の展開を強く意識しており、設計段階での施工技術の活用による技術の結集やパートナリング、フレームワーク方式の活用を重視している。このためには3次元設計を関係者間で共有するBIM（Building Information Modeling）の導入が必須と考え、設計・施工から維持管理までの共有を目指すレベル3を2025年までにすべての公共事業において実現するとしている。

ＥＵ指令２００４／18／ＥＣおよび２００４／17／ＥＣが制定されてから、イングランドおよびウェールズ地方については、『２００６年公共調達規則』[47]および『２００６年公益事業調達規則』[48]が定められ、スコットランド地方については『スコットランド公共調達規則』[49]および『スコットランド公益事業調達規則』[50]が定められた。落札基準は、「最も経済的に有利な札」または「最低価格」のどちらかを選択することができるが、イギリス政府の方針は、最低価格方式よりも「最も経済的に有利な札」すなわち「バリューフォーマネーの原則」によることを基本とした。ＯＧＣは、その手引書において、事前審査については企業の経済・財務状況と技術的専門的能力を基本とし、点数付けや重み付けなどを用いることを推奨した[51]。

２０１４年のＥＵ指令改正に伴い、イングランドおよびウェールズ地方については、『２０１５年公共調達規則』[52]および『２０１６年公益事業調達規則』[53]、スコットランド地方については『２０１５年スコットランド公共調達規則』[54]および『２０１６年スコットランド公益事業調達規則』[55]が制定された。これら最新の調達規則には、ＥＵ指令に沿って、①公開方式（Open Procedure）、②制限方式（Restricted Procedure）、③交渉付き競争方式（Competitive Procedure with Negotiation）、④競争的対話（Competitive Dialogue）、⑤先進的協調方式（Innovation Partnership）、⑥非公開交渉方式（Negotiated Procedure without Prior Publication）という6つの方式が定められている（２０１５年公共調達規則Part2 Chapter2 Section3）。また、従来と同様にフレームワーク合意方式などの多様な調達方式を規定している（２０１５年公共調達規則Part2 Chapter2 Section4）。

落札基準は、発注者にとって最も経済的に有利な札（the most economically advantageous tender assessed from the point of view of the contracting authority）としており、安値受注対策については、ＥＵ指令と同様の規定が記載されている（２０１５年公共調達規則Part2 Chapter2 Subsection7）。

イギリスでは道路庁（Highways Agency was replaced by Highways England in April 2015）の場合、主な幹線道路については１９９０年代よりデザインビルドが採用された。２００１年からは、請負者がさらに早期の段階から関与し得る早期デザインビルド（Early Design & Build）を導入するようになった[29]。

イギリスにおいては、建設業の許可制度はないが、前述したように建設業者の事前審査システムとして、コンストラクションラインが１９９９年より運営されている。事前審査の効率化のため、建設業者の情報をデータベース化したものである。業種分類は、コンサルタント業、請負業および資材供給業を合わせて１０００種を超えており、請負業の中では土木だけでも一般土木が鉄道橋梁、設計施工土木工事などと細分されているほか、空港土木、管工事、海洋土木なども同様である。建築についても設計施工建築工事、建築一般、パートナリング建築構造などと分類されているほか、病院建築、事務所建築、警察署建築などの分野別、あるいはレンガ・ブロック建築、プレキャストコンクリート建築などといった建築形式別に分類されるなど細かく分けられている。コンストラクションラインは、建設業者、建設コンサルタント等の企業が財務、免許、技術者などの情報について審査を受けてデータベースに登録する仕組みである。発注者はオンラインで企業の情報を得ることができる。

コンストラクションラインについてはビジネス・革新・能力省（ＢＩＳ[56]、それより前は環境・運輸・地域省（DETR：Department of the Environment, Transport and the Regions））が所管していたが、

ＢＩＳは２０１４年７月にデータベースを売却することを発表し、コンセッション協定（Concession Agreement）の下で運営を担っていたCapita社が２０１５年に３５００万ポンドで買い取り、同社が運営している。

Capita社のウェブサイトの解説によると、コンストラクションラインは、事前審査された建設業者やコンサルタントの登録簿であり、事前審査手続を簡素化し、企業の手間を軽減するものである。コンストラクションラインに登録されているすべての建設業者、建設コンサルタント等の企業が、事前審査要件を満たしている。業種は建築設計から解体工事まですべてにわたり、規模は小規模な専門家集団から超大手建設会社に及んでいる。大きな中央政府機関から小規模な地方公共団体や大学などの教育機関などに至る２８００を超える発注機関から８０００を超える登録があり、発注者はデータベースに直接アクセスしている。コンストラクションラインは、発注者の従来の調達手続に統合し得るようにされており、発注者にさまざまな企業情報を提供するほか、企業はどの発注機関が企業情報を参照したかといった情報を把握できるようになっている。

また、企業が登録を申請する際には、まず企業名、所在地、年間売上高などの企業情報を入力する必要がある。企業はコンストラクションラインの基準に沿った財務評価を受けなければならないほか、登録を希望する業種について過去４年以内に完了した実施例を２件以上示すことが求められる。

2 アメリカの公共調達

アメリカにおける公共調達制度は連邦レベル・州レベルいずれにおいても、ヨーロッパと同様に費用に対する価値を高めるべく手続きを多様化する方向にあり、裁量的な手続きの下で最も経済的に有利な入札者を落札者とする方法がより頻繁に使われるようになっている。

(1) 入札契約制度

公共調達制度については、フランス、イタリアなどのヨーロッパの主要国は古くは政府会計の法令に位置付けていたが、アメリカ政府の場合は、政府会計の法制度である『1921年予算会計法』[57]に公共調達に関する規定はなく、『1947年軍調達法』[58]や『1949年連邦財産管理業務法』[59]に定められた。この両方に係る法律として『1984年契約競争法』[60]がある。そして、道路事業については、『1938年連邦補助道路法』[61]の中で、最低価格入札を落札とすると定めた。その後の1968年の改正でも「履行能力のある最低価格入札（responsible lowest bid）」を落札とすると定めた。さらに、『1994年連邦調達合理化法』[62]や『1995年連邦調達改革法』[63]などによって、調達方式に修正が加えられてきた。その上これらに連邦各機関の調達規則をも取り込んで『連邦規則集』[64]の『第48巻連邦調達規則体系』[65]としてとりまとめている。これは99の章からなり、第1章

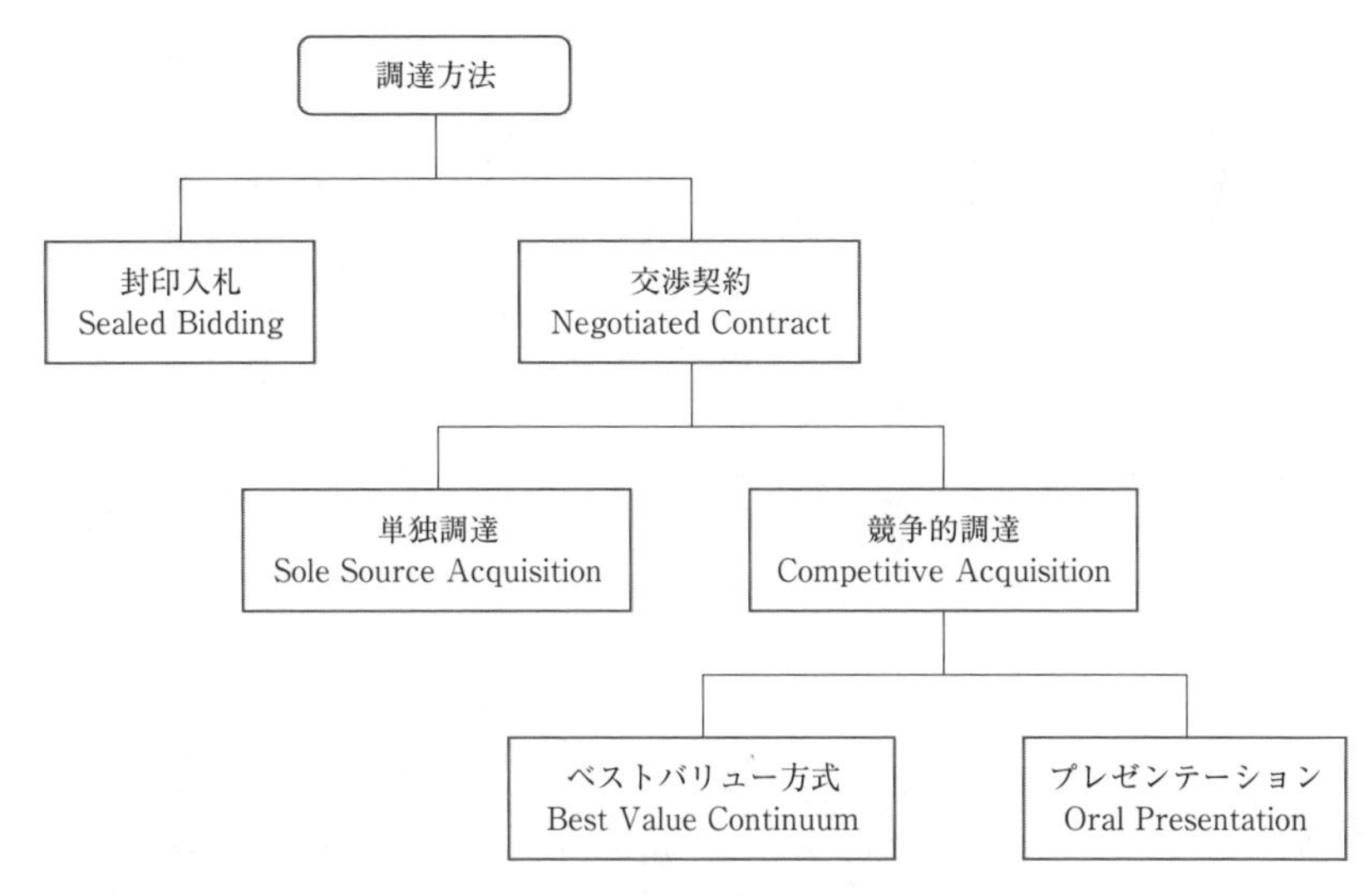

図2-2　アメリカ連邦政府の調達方法の体系 [66]

が連邦政府機関全般に適用する『連邦調達規則（FAR）』だ。第2章以下には各省庁別に各機関に適用する調達規則を掲載している。連邦裁判所によって、FARおよび各機関の補完規則は法律と同等の効果を有するとされている。

1984年契約競争法は、公開入札の原則を示しつつ「交渉方式」を認めた。FARにおいては、調達方法を大きく「封印入札」と「交渉契約」に分けている。封印入札はわが国における一般競争入札の最低価格落札方式に相当するものである。一方の交渉契約はさらに細分化され、わが国の随意契約に相当する「単独調達」のほか、「ベストバリュー方式」、そして「プレゼンテーション」に分けられる（図2-2）。ベストバリュー方式とは、発注者の要求事項に対し総合的にみて最大の利益が期待できる調達を意味する。

競争的調達のうちベストバリュー方式を選択する場合は、評価要素をあらかじめ定める必要がある。

必ず考慮しなければならない評価要素は、価格（cost）、品質（technical）、成績（performance）の3要素である。さらに、物品、サービスまたは工事といった調達目的物の価格の重要性に応じて「要求を満たす最低価格方式（Lowest price technically acceptable source selection process）」ないしは「技術と価格の主観的評価（Tradeoff process）」のいずれかを選択することになる。要求事項を明確化することが困難な場合や、よりリスクの高い契約内容である場合には、後者が用いられる。最近アメリカでは、価格のみによる競争では公共の利益を損ねかねないことがあるとの考えから、価格以外の要素を含めて総合的に評価をして落札者を決めるという「発注者に最も有利」ということを落札基準として「バリューフォーマネー」を最も高めようという考えが基本となっている。

２０００年代に入って、アメリカでも建築分野を中心にＢＩＭが急速に普及し始めた。これは、コンピューター上に作成した3次元の建物のデジタルモデルに、材料などの仕様情報やコストなどの属性データを加えた建築物のデータベースを、設計、施工から維持管理までのあらゆる工程で共有して活用するものだ。建築と共通する部分から順次土木構造物へも拡張が進められている。コストや工程の管理を含む完成度の高いＢＩＭの導入が進んでおり、これからは事業のライフサイクルの維持管理を含む3次元化が進められる段階である。

(2) 安値受注対策

アメリカにおいては、１９９０年代以降、建設投資額が増加し、低価格受注では大きな問題となっていない。アメリカにおける建設投資の推移をみると、１９９１年に落ち込んだほかはおおむね増加傾向

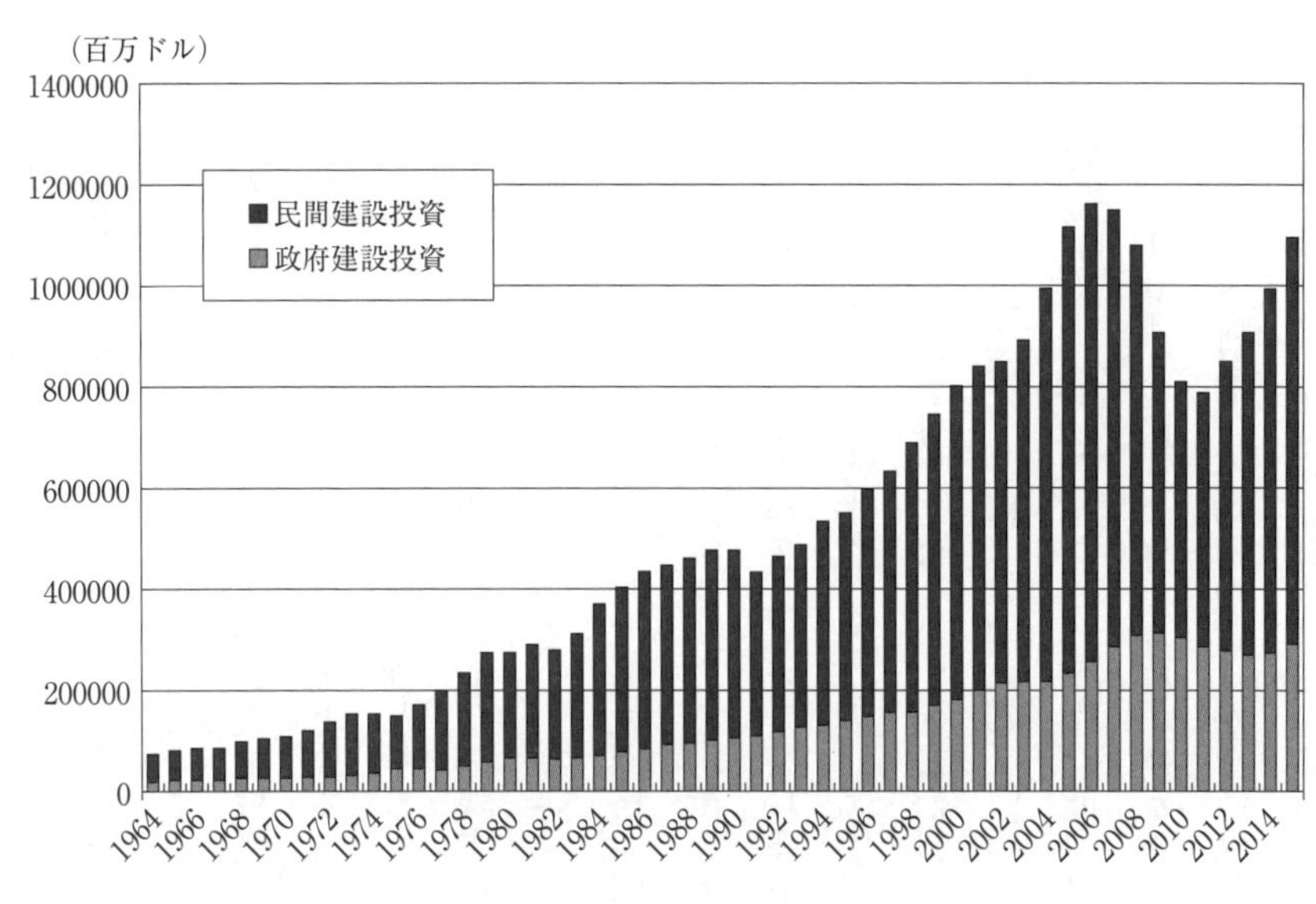

図２-３　アメリカにおける年間建設投資額の推移 [67]

であったが、リーマンショックの影響を受け２００７年以降民間投資が急減し全体額が低下傾向となり、競争環境が厳しくなった。現在は民間投資が戻りつつあり、回復傾向にある（図２−３）。

ＦＡＲには、最低制限価格制度やわが国の会計法の低入札価格調査制度に相当する規定はないが、ＦＡＲにおいて不正行為などを規定しているパート３（不適切な商行為および個人的利害対立）の３・５０１節（先買い）において、契約後に契約額を増額させたり、損失を回復するために意図的に高い価格で継続契約を取ることを期待して低価格で入札するいわゆる「先買い（Buying-in）」の機会を最小限とするための規定を設けている。

ＦＡＲにおいて競争参加資格などを規定しているパート９（企業評価）の９・１０３節（方針）の中では「政府調達が最も低い価格でなされることは重要であるが、このことは単に入札価格が最低である者と契約することを求めるものではない」とし、それ以下の節で事前の競争参加資格の確認のために必要な要件を定めている。

また、FARにおいて「封印入札」の手続きを規定しているパート14（封印入札）の14・404-2節（各入札の却下）には、入札を無効とする条件などが次のように定められている。

(a) 入札招請の要件を満たさない入札は無効とする
(b) 仕様が適合しない入札は無効とする
(c) 工期が合致しない入札は無効とする
(d) 入札招請の要件を変更する条件を課する入札は無効とする
(e) 低価格の入札者には、好ましくない条件を削除するよう求めることがある
(f) 契約担当官が書面により、入札価格（内訳を含む）が不当と認める入札は無効とすることがある
(g) 内訳や細目の価格が実質的に不均衡な入札は無効とすることがある
(h) 開札日の時点で資格停止となっている者などによる入札は無効とする
(i) サブパート9・1により履行不能と認められる者による低価格の入札は無効とする
(j) 入札保証が要件とされていて保証が得られない入札は無効とする

FARの同じくパート14（封印入札）の14・408節（契約締結）14・408-2では、「契約担当官は、契約締結の前に、落札者となる者が履行能力を有し、入札価格が適切であることを確認しなければならない。15・404-1節(b)の価格分析手法を指針として用いることができる」とされ、「価格分析においては、入札が実質的に不均衡かどうかを考慮しなければならない」と定められており、価格の妥当性に関する評価について規定されている。これは、総価として妥当な価格であっても、内訳において変更が

見込まれる項目の単価を高額にし、変更が見込まれない項目の単価を低額にするなどの不均衡な価格操作がされていないかどうかを審査するものだ。

アメリカでは、ボンド会社による入札ボンドなどの発行に伴う審査により、財務力の弱い建設業者の入札参加を抑える効果があるほか、他者に比べて著しく安い入札に対しては履行ボンドの引受けを拒否する場合やボンド制度が著しい低価格の入札を抑制する効果もある。また、労務賃金の下限が連邦法などによって定められている上、入札参加者が入札の前に下請業者から見積りを取り、それを踏まえて入札価格を設定する場合が多い。このため、下請叩きとなるような価格が設定されにくい状況にあるといえる。

(3)　企業評価制度

建設業の営業許可などは、アメリカでは各州の所管となっている。ライセンスの必要な州、登録のみ必要な州、ライセンスも登録も必要としない州などがある。また、郡や市のライセンスや登録が必要な場合もある。連邦政府の調達は、金額の大小にかかわらず、ＦＡＲによっている。ＦＡＲおよび各機関の補完規則は、連邦裁判所によって、法律と同等の効果を有するとされている。

アメリカではビル・クリントン政権（１９９３－２００１年）時代に巨額の財政赤字を解消すべく政府の業績をレビューしさまざまな行政改革が実施された。１９９４年連邦調達合理化法に続き、１９９５年連邦調達改革法が制定され、調達担当者の裁量が拡大するとともに、過去の調達の結果を次回以降の調達に活用することなどが定められた。そして、「業績に基づく調達」が試行的に続けられ、その取組みが拡大された[66]。また、行政改革の一環として1997年にFARの大幅な改訂が行われた。翌1998年には連邦規則が改正されて、デザインビルドなどに対して最低価格ではなくベストバリューに基づく落札基準が認められた。以前は「封印入札」が広く用いられ価格が重視されていたため、落札後に頻繁に契約変更が求められ、契約価格の変更増が常態化していた。その結果、最終契約額は当初の予算を大幅に上回り、工期が遅れることも多かった。中には初めから契約変更を目論み、低価格で落札をねらう建設業者もいたといわれる。このため、連邦政府は、従来の価格という基準に加え、企業の技術力や財務力などの要件を考慮するベストバリューを重視するようになり[68]、FARの「交渉」の規定を充実させた。州政府もベストバリューを重視し、1990年代初め以降、価格のみによらない競争方式を用いる傾向が強まった。

FARのパート1（連邦調達規則体系）1.102節（連邦調達規則体系の基本原則）の(a)の中で連邦調達の基本的な考え方を「連邦調達体系の考え方は、公共の信頼を得て公共の目的を満足しつつ、最も価値のある製品またはサービスをタイムリーに顧客に提供することである」としており、さらに同条の(b)において「連邦調達体系は、(1)…によって提供する製品またはサービスによってコスト、品質およびタイムリーさについて顧客を満足させるものである」と記している。わが国でいう「公正さを確保しつつ良質なモノを低廉な価格でタイムリーに調達する」という発注者責任と共通する理念を示している。

連邦道路庁（FHWA）による調査報告書（2002）[69]によると、道路整備に関するアメリカにおける調達制度は、連邦レベルにおいても州レベルにおいても、費用に対する価値を高めるために手続きを多様化する方向にあり、1990年代初め以降、価格のみによる競争以外の多様な調達方式を用いるようになった。

連邦政府による企業評価

ビル・クリントン大統領による1993年からの政府調達改革の一環として業者登録システムであるCCR（Central Contractor Registration：中央業者登録）が国防総省（DoD：Department of Defense）により整備され、1998年3月31日以降の国防総省公告の契約を締結するにはCCRに登録されていることが原則とされるようになった。2003年10月1日にはFARにより、すべての連邦政府機関と契約を締結しようとする企業が対象とされた。

その後関連するデータベースを統合する方針の下でCCRはSAM（契約管理システム）[70]へ移行した。登録者は、少なくとも年に1回は登録を更新することとされている。FARのサブパート4・11（契約管理システム）でSAMについて規定しており、4・1102節（方針）の(a)に「請負者となろうとする者は、次の例外を除き契約または協定の締結前にSAMデータベースに登録されていなければならない」と規定している。

連邦政府機関の調達については、1935年の『ミラー法』[71]により10万ドルを超える工事に対して履行ボンドと支払ボンドの提出が義務付けられている。さらにFARのパート28（ボンドと保証）の28・101-1節（利用の方針）、28・102節（工事契約のための履行および支払ボンドならびにほかの支払保証）、そしてパート52（招請規定と契約条項）の52・228-1節（入札保証）により入札ボンドなどによる入札保証が義務付けられている。FARは、調達方式については「封印入札」と呼ばれる競争入札方式から「交渉方式」まで多数の調達方式を用意している。ただし、「封印入札」は今ではあまり使われなくなっている[72]。

１９８４年契約競争法が制定された後は、「交渉方式」が導入された。ＦＡＲのパート9（企業評価）の9・103節（方針）には、価格のみによる競争では、公共の利益を損ねかねないことがあると説明しており、パート15（交渉契約）において「競争的交渉」といわれる価値を最も高める業者選定手続を定めている[73]。また、『１９９６年クリンガー－コーエン法』[74]により連邦政府機関の調達においてデザインビルドを位置付け、２段階選択方式を規定した。２段階選択方式とは、第1段階において発注者は価格を考慮せず施工実績、履行能力などを評価して一般には上位5者を選定し、第2段階において企業から提出された技術および価格の提案について発注者がすべての要素を評価して「最も高い価値」、「ベストバリュー」を提供する者を選ぶという方式である。

連邦政府が既往の業績に関するデータベースを構築するようになったのは最近のことだ。１９８０年代後半までは、連邦政府発注工事で請負業者が正式に業績評定を受け取ることはあまりなく、受け取った場合であっても、以降の受注は価格競争となるので評定結果にはあまり関心を示さなかった。しかし、１９８０年代後半から１９９０年代前半にかけて、連邦発注機関が、多くの契約について価格のみによるのでなく過去の業績などの要素を評価して落札者を決定するという傾向に転じてきた。このため、企業の業績評定が重要な意味を持つようになった。ここで、「企業の業績評定（Contractor Performance Evaluations）」というのはわが国でいう「工事成績評定」に相当するものだ。アメリカでは、価格競争型の入札招請（ＲＦＢ）[75]から技術競争型の提案招請（ＲＦＰ）[76]へと転換が進んでおり、従来とは全く逆転し、今やＲＦＢは例外的なものとなっている[77]。

連邦レベルで既往の業績重視の方針を打ち出したものとして、1992年の連邦調達政策室（OFPP）[78]の通知[79]がある。OFPPは予算行政管理局（OMB）[80]に属する連邦調達の推進機関である。この通知により、10万ドルを超える競争的交渉契約には競争参加資格として企業の既往の業績を評価項目とすること、10万ドルを超える契約については完了時点および必要に応じ中間段階で業績の評定を行うことなどを定めた。また、OFPPが業績などのデータベースの整理統合を求めたのを受けて、連邦政府最大の発注機関である米陸軍工兵隊は、1992年にCCASS（建設業者評価支援システム）[81]を制度化し、続いて設計業務などを対象としたACASS（土木建築設計業務支援システム）[82]を整備した。

1994年連邦調達合理化法の制定と当時に、大統領令[83]が発せられ、企業の既往の業績を一層重視すべきこと、業者選定にあたっては最低価格よりもベストバリューを優先することなどを指示した。1998年には、海軍海上後方支援センター・ポーツマス分隊が、連邦から受注している企業の既往業績情報を収集するため、CPARS（請負業者業績評定報告システム）[84]を整備した。

2001年には、OMBから全連邦政府機関に対し、「業績に基づく調達」を推進するようとの指示が通知され、2002年度に2万5000ドル以上の調達案件の20%以上に「業績に基づく調達」を適用することが求められた。そして、連邦政府機関が企業の既往の業績を業者選定に活用できるようにするため、2002年7月に海軍海上後方支援センター・ポーツマス分隊により、PPIRS（既往業績情報検索システム）[85]が整備され、OMBは連邦各機関に対し、既往業績情報の検索にPPIRSを活用するよう促した。ちなみに、PPIRSは通常「ピーパーズ」と読む。

2004年には、さらにOMB通知により「業績に基づく調達」が強化された。これについて策定されたガイドラインには「業績に基づく調達」を適用する基準である2万5000ドル以上の調達案件の適用範囲が20％以上から40％以上に引き上げられた[66]。なお、米陸軍工兵隊のCCASSとACASSは、2005年10月にCPARSに統合化された[86][87]。

PPIRSの創設以降、連邦政府各機関は企業の業績情報をPPIRSに集めるよう促されていたが、発注機関によっては紙ベースで業績評定を記録したり、ほかの機関が利用できないデータシステムに保存するようなことがあった[88]。このため、2009年7月にFARが改正され、サブパート42・15（企業業績情報）の42・1503節（手続き）の中で「(c)機関は、既往業績報告をPPIRSに電子情報にて提出しなければならない」と定められた[87]。

2010年5月には、OFPPと電子政府調達委員会（ACE）[89]が、CPARSを連邦政府全体にわたる業績評価報告システムとして利用し、業績評定結果を収集してPPIRSへ送ることとすると決定した。発注機関はPPIRSを通じて業者選定のために必要な既往業績情報を入手することができる。米陸軍工兵隊のCCASSの既往業績データもCPARSを通じてPPIRSに集約されている[85]。

陸軍工兵隊は、2014年5月に新たなCPARSシステムにおける建築・土木設計者および建設施工業者評価ガイダンスを発行し、細かい評価項目による評価を取りやめて大分類の評価項目を用いてコメントの記述による評価を充実するよう方針転換した。評価項目は、

a．品質（Quality）

b．工程（Schedule）
c．コスト管理（Cost Control）
d．マネジメント（Management）
e．小企業の活用（Utilization of Small Business）
f．法令遵守（Regulatory Compliance）
g．その他（Other Evaluation Area）

としており、項目ごとにコメント記載欄を設け、事実に基づく簡潔で要点を得た、有意な差異を表すコメントを記述するよう推奨されている。成績評定（Evaluation Ratings）は、「Exceptional（格別）、Very Good（非常に良い）、Satisfactory（良い）、Marginal（可）、Unsatisfactory（不可）」という5段階である〔90〕。

州政府による企業評価

従来、連邦政府の補助金による道路整備における契約の原則の一つが、建設工事の契約について、特に連邦道路庁（ＦＨＷＡ）の許可を得た場合を除き最低価格の入札者と契約するということであった。合衆国法典（U.S. Code）第23巻の１１２条(b)(1)に「各事業の工事契約は設定された要件を満たす入札者による最低価格の入札ということのみに基づいて落札としなければならない」と定められ、さらに、連邦規則集第６３５・１１４条(a)にも同様の規定を設けて補強している〔91〕。

しかし、州政府レベルにおいても「ベストバリュー」を求める傾向は強まっており、２０００年にはアメリカ法曹協会（ＡＢＡ）が、州政府などが「ベストバリュー」を求める調達を実施しやすいように

1979年のABAモデル調達規則を改訂してデザインビルドを追加した。この改訂において、競争封印入札を標準的な方式としつつも法定上優先すべき方式ではないとし、デザインビルドなどの調達に用いる方式として「競争封印プロポーザル方式」を規定した。現在では、アメリカのほとんどの州においてデザインビルドなどの利用が法律上位置付けられている[92]。

事前資格審査は、各州道路部局の調達において長く行われてきた。事前資格審査の適用状況を各州道路部局に問い合せた調査結果によると、回答のあった35州のうち「経営管理面の事前資格審査」については29の州ですべての工事に対して行っており、6州は一部の工事において行っている。そして、60%の州はすべての工事に対して同じ審査基準を適用しており、残り40%の州は分類ごとに異なる審査基準を適用している。分類ごとに異なる審査基準を用いる場合は、事業費規模（Monetary size）、技術的複雑さ、引渡し方式、技術的内容などが主な評価要素である[93]。

また、「業績に基づく事前資格審査」は35州のうち7州ですべての工事に対して求めており、11州は一部の工事に求めている。そして、この場合は同じ審査基準を適用する州よりも分類ごとに異なる審査基準を適用する州が倍以上に上る。分類ごとに異なる審査基準を用いる場合の評価要素は、引渡し方式、技術的複雑さ、技術的内容が重視され、事業費規模はその次の順位となる[91][93]。

収集することができた43州の事前資格審査申請様式を調べたところ、「経営管理面の事前資格審査」が広範に適用されており、大半の州においては、企業形態、財務状況、工種、取引先、営業年数、プロジェクト不履行の有無、重大な違反行為、主要プロジェクト経験（通常は過去3年の実績）、監理技術者の経験、利用可能な設備機器という10項目が評価要素として用いられている[93]。

「業績に基づく事前資格審査」については、回答者の半分以上が挙げた評価要素は、主要プロジェクト実績、技術的能力、過去の違法行為、監理技術者の経験、利用可能な設備機器、品質と技巧、管理能力、財務力の８つである［93］。

「プロジェクトごとの業績に基づく事前資格審査」は、一般に「最も高い価値」を求める調達方式において適用される。具体的には、「Ａ＋Ｃ入札」ともいわれる「最も高い価値」を求める設計・施工分離調達、総合工事型ＣＭ、デザインビルドなどである。この事前資格審査の主眼は、請負者と監理技術者がいずれも当該プロジェクトに必要な技術経験を有し、同種プロジェクトにおいて良好な履行記録を有することを確認することである。この「業績に基づく事前資格審査」に加えて「経営管理面の事前資格審査」の通過を求められることが多い［93］。

31州のうち27州において完了後企業業績評定が行われており、そのうち22州においては請負者からの申立て手続が整備されている。調査結果によると、評定結果の有効期限については、78％の州道路部局は3–5年としている。評定項目は州によって異なるが、完成時期、発注者との調整・協調、適時的確な資料提出、環境適合、契約図書との適合、品質保証計画書の有効性、適切な交通整理などの項目はほとんどの州に共通している。企業業績評定結果については、64％の州が入札における「経営管理面の事前資格審査」、24％の州が「業績に基づく事前資格審査」に活用している。うち一部の州は両方に用いている［93］。

先進的な事例として、フロリダ州道路局は、企業の既往業績評定記録を用いて能力ファクターを算定し、同局発注の工事に入札可能な限度、すなわち同時に抱えることのできる未完了工事受注額の合計を表す最大能力評価額を定めている。なお、業績評定項目は、工事遂行、交通整理、資料提出時期、完成時期、調整と協力、コスト縮減と期限厳守、環境適合、契約遵守、少数民族などの企業の利用の9項目である。また、建設業者が、出来栄え、協調または環境の問題で76点以下の評定が2つ以上となれば、発注者が不備と認めた個別の問題について注意文書を発出し、一般には協議の場を設けることとなる。そして、問題が解決しない場合は、その建設業者は入札者参加資格を一定期間、例えば3年間失うことがある[93]。

他方、道路部局におけるボンド制度の実態調査結果によると、「経営管理面の事前資格審査」手続と「業績に基づく事前資格審査」手続のいずれにおいても、ボンド制度はほかの要素に比べて大きな役割を果たしていなかった。ボンドなどが事前資格審査の段階で求められている頻度を調べると、調査結果の平均は10％を下回った。多くの発注機関はボンドなどを契約締結の段階で求めていると思われる。ボンド制度が事前資格審査に代わり得るとの従来の概念はなくなりつつある。事前資格審査手続においては、ボンドや財務状況に関する要素よりも経営能力や既往業績といった要素の方がより重要視されていることがわかった[93]。

また、ミシガン州交通部やフロリダ州交通部は、事前資格審査について先進的な取組みを行っている。これらの事例では、事前資格審査項目として、経営面の事項のほかに、建設業者の過去のプロジェクト経験と既往業績評定といった技術力に関する事項が取り込まれている。業績評定項目には、工程遵守、業者の調整および協力のレベル、品質、安全管理などが重要な要素となっている。いずれの事例においても、発注機関は業績評定結果の写しを建設業者に送付し意見を述べる機会を与えている。なお、フロリダ州は、評定結果を用いて建設業者の入札参加し得る工事の総額を規制している[93]。

3　その他の国々における公共調達

発展途上国においては、先進国の支援などによって近代的な公共調達制度の整備が進んだ。わが国の会計法令のように予定価格の上限拘束の下で最低価格の入札者が自動的に落札することを原則とする仕組みを設けている国はほとんどみられない。

しかし、韓国や台湾は、日本の統治下にあった歴史的経緯から、わが国と類似の予定価格の上限拘束を設けている。前に述べたアメリカに加えて、韓国、台湾の公共調達制度の特徴を表２-５に整理する。

(1)　韓国の公共調達制度

韓国では、公共調達については、調達庁の役割を『調達業務法』[94]に、国の契約を『国家契約法』[95]に、地方自治体の契約を『地方自治体契約法』[96]に規定している。かつてわが国の会計法にならった『予算会計法』[97]の中に置いていた政府の契約に関する規定は、１９９５年国家契約法を制定したことによって削除された。

国の契約を規定する国家契約法と『国家契約法施行大統領令』[98]、地方自治体の契約を規定する地方自治体契約法と『地方自治体契約法施行大統領令』[99]のいずれにおいても、「売」と「買」を明確

表2-5　アメリカ・韓国・台湾の公共調達制度

	アメリカ	韓国	台湾
入札契約方式	・封印入札 ・競争的プロポーザル ・交渉方式ほか	・公開競争 ・制限付き競争 ・指名式競争 ・交渉契約	・公開入札 ・選択入札 ・限定入札 （交渉規定あり）
「買」と「売」の扱い	別の取扱い	別の取扱い	別の取扱い
物品、サービス、工事などの扱い	目的物に応じて多様な方式を選択可	目的物に応じて多様な方式を選択可	目的物に応じて多様な方式を選択可
予定価格	なし	原則として予定価格を定め上限とする	原則として予定価格を（底価）を定め上限とする（ほかは予算内）
予定価格の事前の守秘性	—	定める場合は非公表	非公表（推定）
落札基準	政府に最も有利	最低価格または最も経済的に有利	最低価格または最も経済的に有利

に分けて規定している。また、「買」すなわち調達について、物品、サービス、工事などの調達目的物に応じてきめ細かくさまざまな入札方式を用意しており、交渉契約についても規定している。

国の調達ルールとしては、国家契約法第7条により、公開競争を原則としており、必要な場合には資格要件を定める制限付き競争とするか、または業者を指名する指名式競争とするか、あるいは交渉契約を行うことができるとしている。

予定価格の上限拘束については国家契約法施行大統領令第42条⑴に「入札において予定価格を上限として最低価格の入札者から順に契約履行能力を審査して落札者を決定する」と原則を示している。予定価格の取扱いについては、施行大統領令第7-2条⑴において「予定価格は公開入札または交渉契約において参照しなければならないが、厳に非公開としなければならない」としている。しかし、施行大統領令第7-2条⑵において予定価格を設定しなくてよい場合を認めており、大型工事の設計施工の一括入札などには予定価格の上限拘束を適用していない。

落札基準については、国家契約法第10条⑵に、

① 十分な契約履行能力を有すると認められる者であって、最低価格の入札をした者
② 入札公告または入札説明書に明記した評価基準に適合し国にとって最も有利な入札
③ 契約の性質、規模などを勘案し大統領令で特に定めた場合には、その基準に最も適合する入札を行った者

と定められている。

このように韓国は、わが国と類似の予定価格の上限拘束の仕組みを有しているが、わが国のように厳格な制度ではなく、現在では調達の目的物に応じて多様な調達方式を用意し、交渉に関する規定も整備している。

⑵　台湾の公共調達制度

台湾は「買」だけを規定する『政府調達法（原語では「政府採購法」）』を有している。入札方式は、一般競争入札、選択入札および限定入札（非公募で2者以上指名競争または1者価格交渉）を定めている（第18条）ほか、多段階の入札方式を認める（第42条）など多様な調達方式を用意しており、交渉手続（第55条–第57条）についても規定している。

第52条⑴に「予定価格（原語では「底価」）を定める場合は、入札書類に示した資格要件を満たす入

札者で予定価格を上限として最低価格の入札をした者を落札者とする」とし、第52条⑵に予定価格を定めない場合の落札基準を示している。第47条に予定価格の設定が困難な場合や総合評価により落札者を決定する場合、または少額の調達の場合は予定価格を設定しなくてよいとしている。なお、予定価格の取扱いについては、第34条に「開札後も契約締結までは機密を保持しなければならない」ことを原則としている。

このように台湾は、韓国と同様にわが国と類似の予定価格の上限拘束の仕組みを有しているが、わが国のように厳格な制度ではない。また、現在では調達の目的物に応じて多様な調達方式を用意し、交渉に関する規定も整備している点で同じである。

4 国際調達におけるリスク管理

日本企業による海外建設工事受注の本邦法人・海外法人別推移を図2-4に、地域別推移を図2-5に示す。これらは、海外建設協会会員会社（2015年度は48社）が受注した海外建設工事（1件1000万円以上）を対象としたものである[100]。

1996年度には1兆5926億円と当時として過去最高の金額に達した。中東において石油収入が増えたことで建設工事需要が高まったのが大きな要因であった。しかし、1997年度以降は急落し、1999年度には7297億円と1兆円を大きく割り込むことになった。これは、いわゆるアジア経済

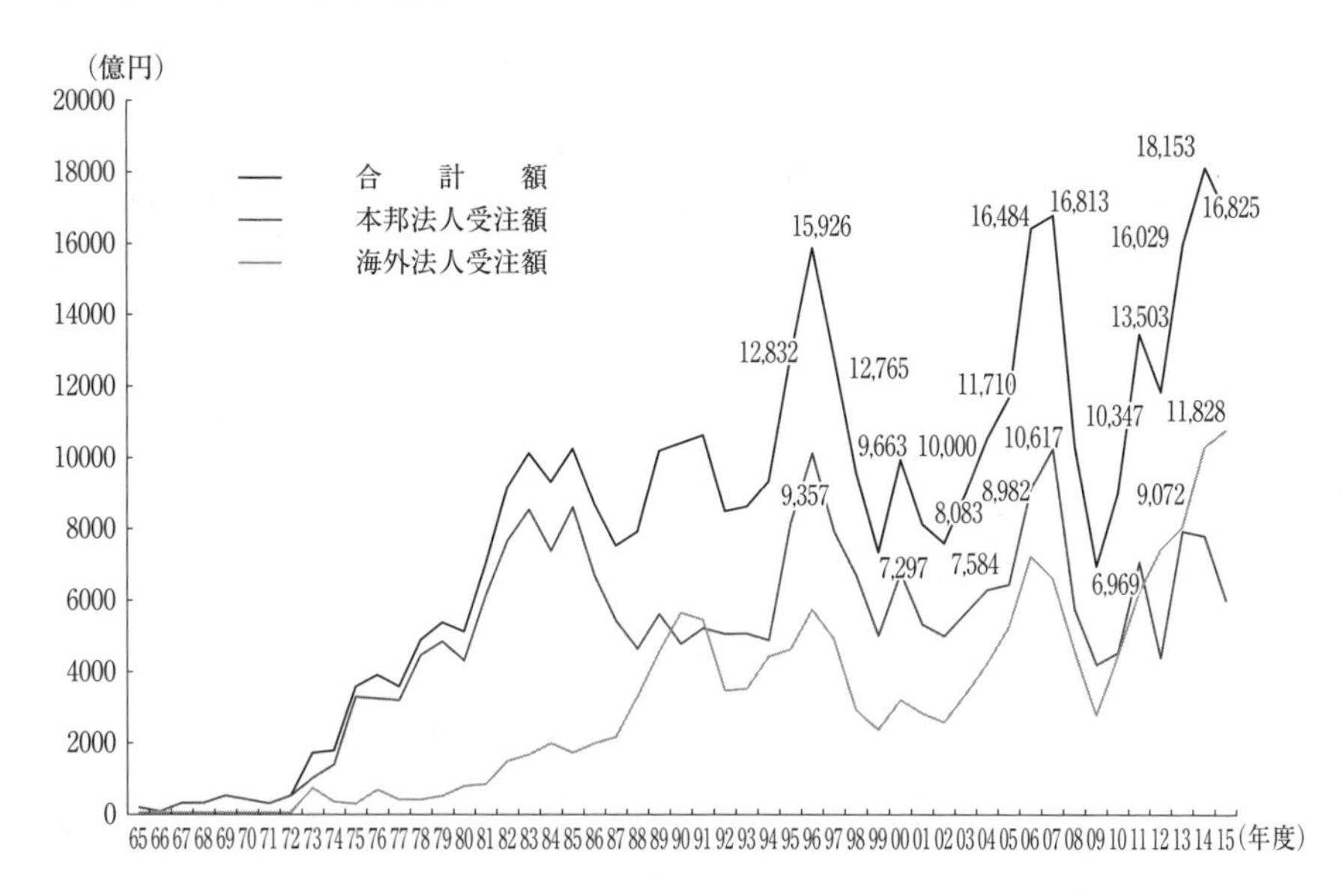

図２-４　海外建設工事受注の推移（1965 年度-2015 年度）

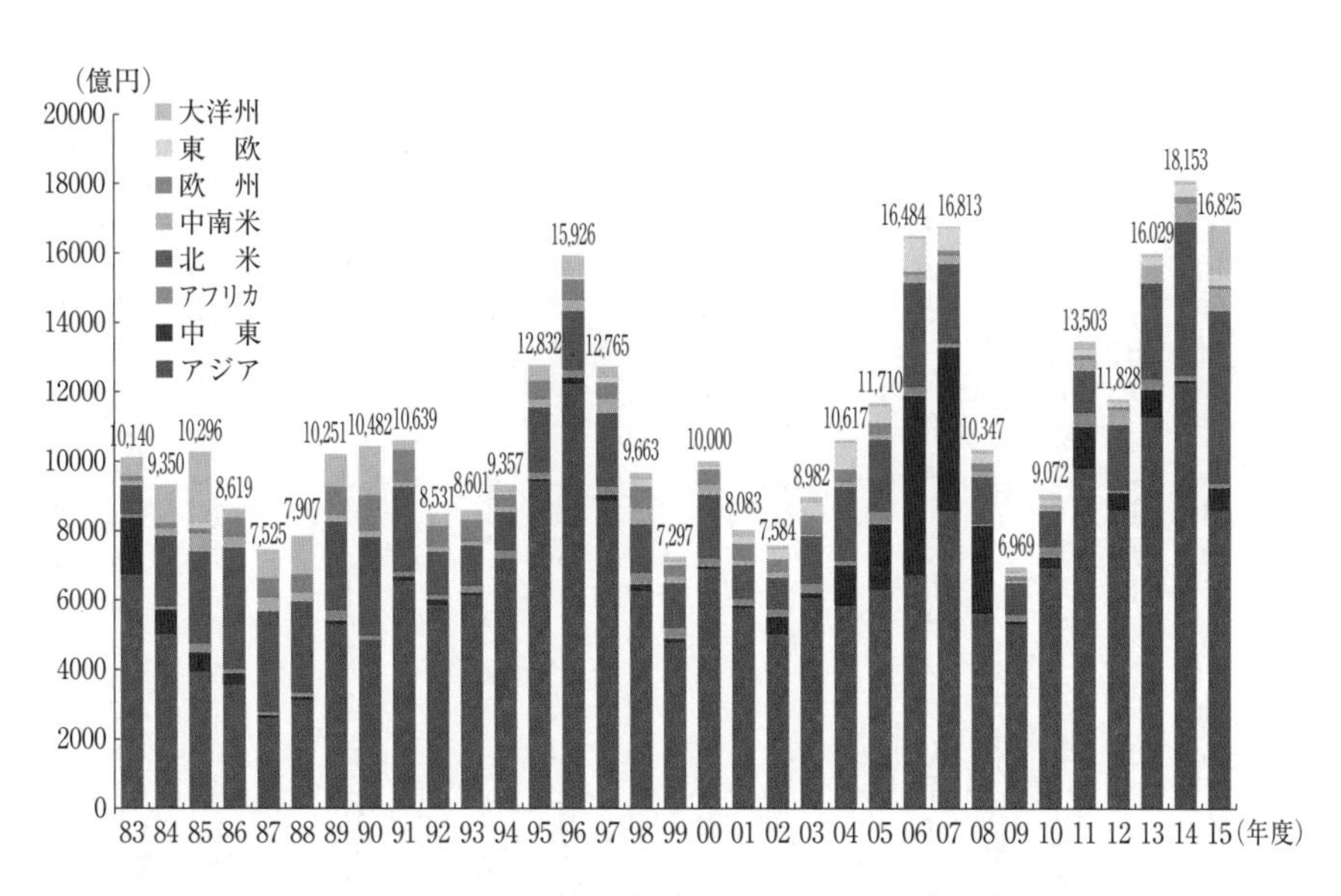

図２-５　海外建設工事受注の地域別推移（1983 年度-2015 年度）

危機による影響を受けて、1997年度以降、アジアでの建設工事受注額が大きく減少したことによると思われる。受注額（合計額）は2002年度から5年連続で増加し、2006年度に記録を更新、2007年度には1兆6813億円に達した。アジアでの受注が伸びたことに加え、中東での受注額が大きく増加したためである。

しかし、2008年リーマンショックの影響で中東での受注が激減し、2009年度の海外受注額は6969億円とわずか2年で6割近く落ち込み、過去30年で最低となった。その後、アジアを中心に増加したことにより、2010年度に9072億円、2011年度に1兆3503億円となり、3年ぶりに1兆円台を回復した。中東からの受注はいまだ回復していないが、アジアだけでなく北米の受注が伸びたことで、2014年度に1兆8153億円という過去最高に達し、2015年度も1兆6825億円と続いている。なお、海外建設協会とは別に、エンジニアリング会社を主な会員とするエンジニアリング協会が発表したプラント部門の2015年度海外受注高（回答企業数56社）は約3・1兆円である[101]。

次に、海外建設工事受注実績の資金源別推移（図2-6）をみると、円借款、無償などのODA（政府開発援助）を使っていないシンガポール、台湾や中東の公共（自己資金）や民間・現地企業の仕事は、2007年度をピークとしてその後大きく減少していたものの、現在は回復傾向にある。民間・現地企業の受注額については2009年度を境に増加傾向にあり、2015年度には6938億円と大幅に伸びている。また、民間・日系企業の伸びも目ざましく、2011年度以降は5000億円前後で推移している。他方、ODAの円借款や無償工事はウェイトが依然として非常に少ない。一般円借款案件では

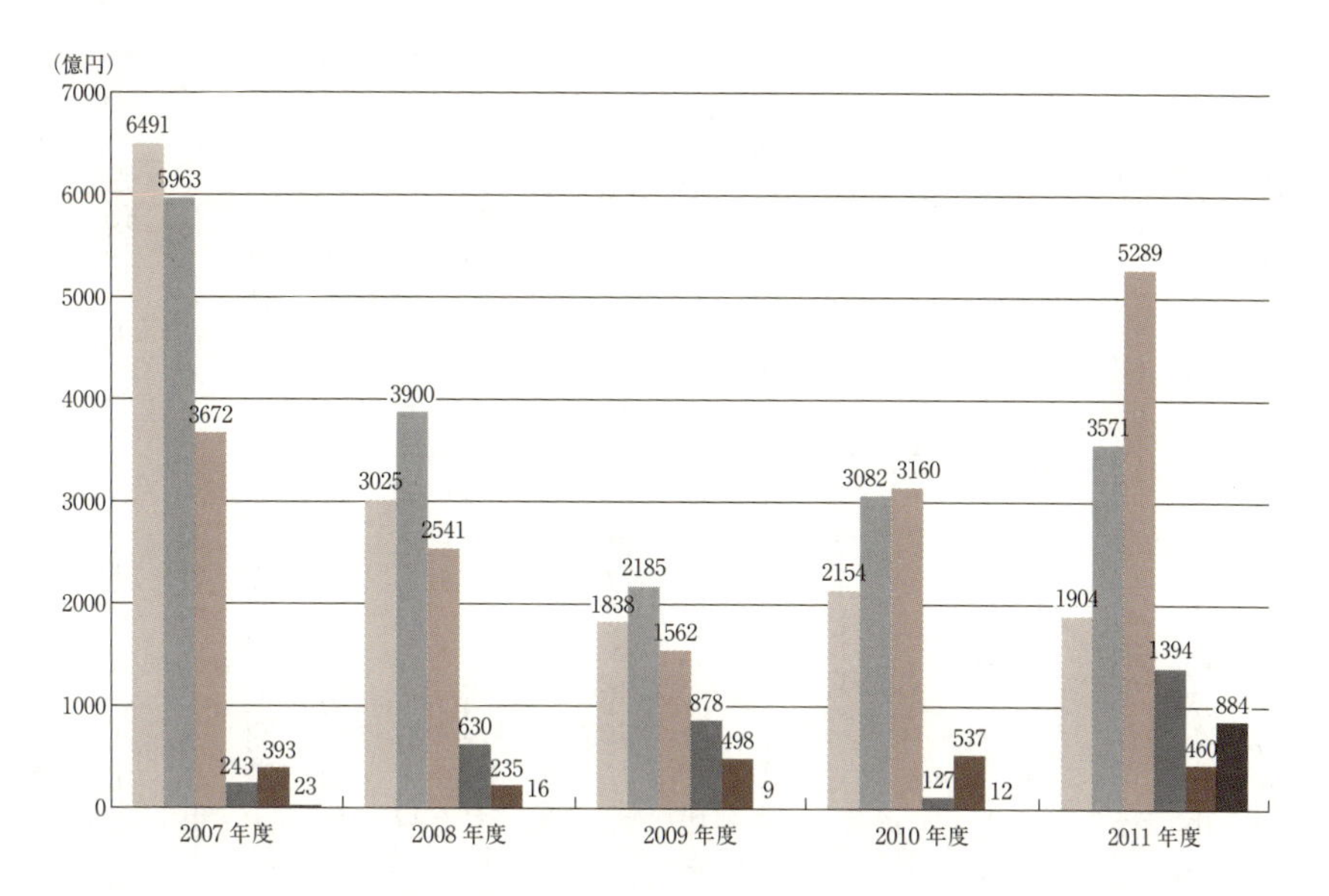

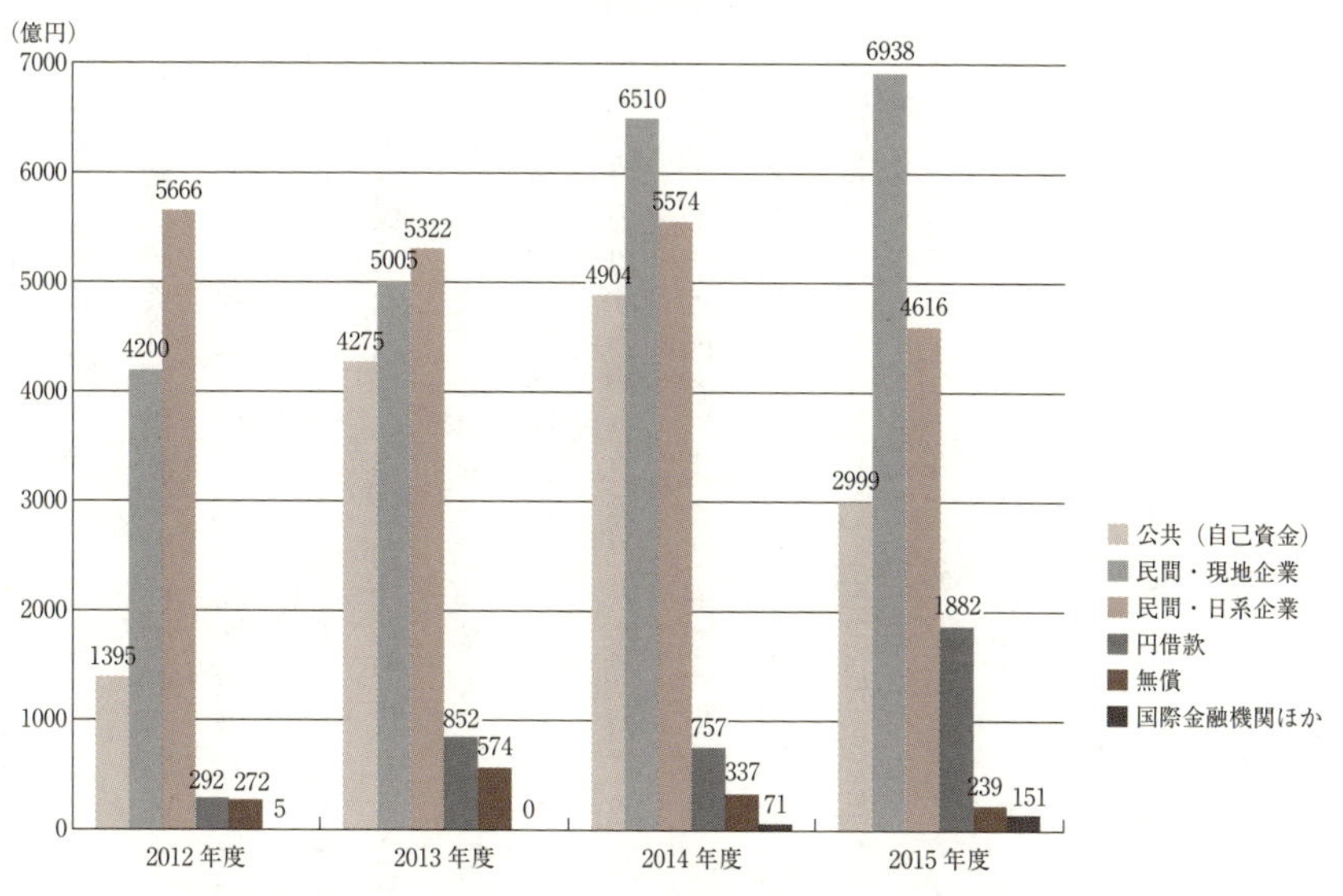

図２-６　海外建設工事受注実績の資金源別推移

アンタイドであり、各国ローカルの建設会社や台湾、中国の企業が強く、そのため日本企業の受注が少ないのが現状である。２０１１年度に円借款の受注が約１４００億円と増大したが、わが国の企業は、大部分を日本企業タイドの条件であるＳＴＥＰ（本邦技術活用条件円借款）案件に頼っている。

わが国の建設会社は、品質確保と工期遵守については強みと考えられるが、価格競争力と契約管理能力については弱点と思われる。価格競争力を高める方策として、ローカル化や他国の建設会社との共同受注などを進めることが考えられる。ヨーロッパの企業は現地の大きな建設会社を買収することによって受注を増やしている。現地の人も使ってその地域で長く仕事をする体制を構築することが肝要と思われる。また、ＯＤＡによる工事では、品質重視の観点から総合評価落札方式や二封筒方式、技術提案・交渉方式といった技術力重視の業者選定方式を用いるよう方針が転換されることを期待する。

鈴木一によると、契約約款については、建設工事の資金源・発注者によって異なっており、どのような契約約款を用いるかによって工事を受注する場合のリスクが違ってくる。公共工事自己資金の場合は、旧宗主国を起源とする約款が中心となっている。国際約款であるＦＩＤＩＣ（International Federation of Consulting Engineers）約款はイギリスのＩＣＥ（Institution of Consulting Engineer）の約款を起源としており、これをベースに用いた国として香港、台湾、シンガポール、アメリカ、ＵＡＥ、アルジェリア、カタールなどが当てはまる。また、発注者が都合のよいように変えてしまう場合がある。日系企業の工事は、わが国の民間連合約款をもとに若干修正して使っているところがある。ＯＤＡについては、無償工事はわが国の公共工事契約約款を修正したものを用いており、円借款工事はＦＩＤＩＣ約款を用いている。従来はＦＩＤＩＣレッドブック87年版を使うことが推奨されていたが、２０１２年４月に

ＪＩＣＡ（国際協力機構）は「円借款調達ガイドライン」を改訂し、ＦＩＤＩＣの２０１０年ＭＤＢ版を標準契約約款とすることを初めて義務付けた。世界銀行、アジア開発銀行などの国際金融機関でもＦＩＤＩＣ／ＭＤＢ版を使用している[102]。

建設工事には、全く同条件のプロジェクトは存在しないこと、巨額の資金を要すること、長期にわたる場合が多いこと、自然条件の影響を受けやすいことといった世界共通の特徴がある。それらに加えて、海外建設工事には①熱帯から寒冷地、乾燥地といった幅広い自然環境の地域が対象となる、②さまざまな政治形態・歴史を持つ国が対象となる、③さまざまな法制度の国が対象となる、④プロジェクトの上流から下流まで、さまざまな人種、考え方、社会的地位、使用言語の人達が携わる、⑤コストがさまざまな通貨で発生する、といった特徴がある。

わが国の建設会社は、契約管理などのプロジェクトマネジメント力の弱い面が、海外展開の阻害要因になっているという指摘もある。建設会社が事業展開する国々は、政治・経済情勢が必ずしも安定していない場合がある。海外建設プロジェクトにおいては、まずこうしたカントリーリスクに対応する必要がある。このカントリーリスクは建設プロジェクトに限らず、海外における事業展開に必然的に伴うものである。具体的には、①送金リスク（為替取引の制限または禁止のおそれ）、②戦争・不可抗力リスク（戦争・内乱・革命・テロ・天災などにより、プロジェクトの運営が阻害されるおそれ）、③政策変更リスク（法制・規制が突然変更されるおそれ）、④デフォルトリスク（相手国政府やほかの出資者が契約どおりに支払い・出資を行わないため、プロジェクトがデフォルトするおそれ）などからなる。

一方、建設工事に関する契約は、荷品を納入する契約とは異なり、契約後に現場の状況などに応じて工事内容や工期の変更を伴う場合がほとんどであり、発注者と工事金額や工期などについて見解が相違し紛争となる潜在的なリスクが大きい。海外においては、発注者と受注者の相互不信頼がベースにあることもあり、こうした発注者との紛争の対応について、国内工事より厳しく契約に則して対応することが求められる。このように海外建設工事における契約管理に習熟していない場合、建設会社は設計変更や契約条件変更に伴う支出金、さらには工事出来高支払金を発注者から払ってもらえないといった、より大きなリスクにさらされることになる。

近年、工事変更のために請負者が支出した費用や資材高騰による費用の負担を発注者が行わない、不可抗力による工期の延長を発注者が認めないなど海外建設プロジェクトのリスクが顕在化した事例が増えている。海外建設プロジェクトにおける紛争の原因については、「設計・仕様変更」「発注者の急激な財政状況の悪化」「資材費・人件費などの著しい高騰」「予期せぬ自然条件の変化・地下埋設物の発見」など、必ずしも予見可能ではない事象に関するリスク分担を原因として紛争が生じた事例が目立った一方、「発注者の悪意などによる支払拒否・遅延」「発注者による用地収用の遅れ」「発注者の制度変更」など発注者が一方的に片務的な条件を受注者に課す事例も紛争の原因としてある。

こうした紛争の増加は、財政状況の悪化などにより発注者が強い態度で交渉に臨んでいることもあるが、受注者側の問題として、わが国の建設会社が海外建設プロジェクトに関わる契約管理や、国際的慣行に十分精通していないことが原因の一つであると考えられる。

このように、海外建設プロジェクトは、国内プロジェクトにはない大きな固有のリスクを有している。わが国の建設会社が海外建設プロジェクトを円滑に実施し、適正利益を得るためには、国内建設プロジェクトとは異なる海外建設プロジェクト特有のリスクを適切に抽出・評価し、各リスクに対して適切な対応策を講じることが必要である。

２０１６年７月にわが国の建設会社や建設コンサルタントから海外に出て行って実際に活動した経験のある技術者たちに、それぞれの経験を踏まえて、これから初めて海外に出ていく人々に向けたアドバイスをもらったのでコラムにて紹介する。

【注釈】（出典、原語表記など）

［1］ 71/305/EEC: Council Directive of 26 July 1971 concerning the co-ordination of procedures for the award of public works contracts

［2］ 77/62/EEC: Council Directive 77/62/EEC of 21 December 1976 coordinating procedures for the award of public supply contracts

［3］ 92/50/EEC: Council Directive 92/50/EEC of 18 June 1992 relating to the coordination of procedures for the award of public service contracts

［4］ 90/531/EEC: Council Directive on the Procurement Procedures of Entries Operating in the Water, Energy, Transport and Telecommunications Sectors

［5］ 93/36/EEC: Council Directive 93/36/EEC of 14 June 1993 coordinating procedures for the award of public supply contracts

［6］ 93/37/EEC: Council Directive 93/37/EEC of 14 June 1993 concerning the coordination of procedures for the award of public works contracts

［7］ 93/38/EEC: Council Directive 93/38/EEC of 14 June 1993 coordinating the procurement procedures of entities operating in the water, energy, transport and telecommunications sectors

［8］ 97/52/EC: European Parliament and Council Directive 97/52/EC of 13 October 1997 amending Directives 92/50/EEC, 93/36/EEC and 93/37/EEC concerning the coordination of procedures for the award of public service contracts, public supply contracts and public works contracts respectively

［9］ 98/04/EC: Directive 98/4/EC of the European Parliament and of the Council of 16 February 1998 amending Directive 93/38/EEC coordinating the procurement procedures of entities operating in the water, energy, transport and telecommunications sectors

［10］ 2004/17/EC: Directive 2004/17/EC of the European Parliament and of the Council of 31 March 2004 coordinating the procurement procedures of entities operating in the water, energy, transport and postal services sectors

［11］ 2004/18/EC: Directive 2004/18/EC of the European Parliament and of the Council of 31 March 2004 on the coordination of procedures for the award of public works contracts, public supply contracts and public service contracts

［12］ Title II: Rules on Public Contracts

[13] Title II: Rules on Public Contracts, Chapter III: Conduct of the procedure, Section 3: Choice of Participants and Award of Contracts, Subsection 3: Award of the Contract, Tenders and Solutions, Article 69: Abnormally low tenders
[14] ヨーロッパ標準化委員会（CEN: European Committee for Standardization）
[15] Round table: The Future of Suppliers Qualification in Europe, OPQIBI, 2007
[16] Title II: Rules on Public Contracts, Chapter III: Conduct of the procedure, Section 3: Choice of Participants and Award of Contracts, Subsection 1: Criteria for qualitative selection, Article 64: Official lists of approved economic operators and certification by bodies established under public or private law
[17] *l'ordonnance du 14 septembre 1822*
[18] *l'ordonnance du 4 décembre 1836（Art 1）*
[19] *l'ordonnance du 14 novembre 1837*
[20] *règlement général sur la comptabilité publique, l'ordonnance du 31 mai 1838*
[21] *Décret Impérial Du 31 Mai 1862 Portant Règlement Général Sur La Comptabilité Publique*
[22] *Décret n°62-1587 du 29 décembre 1962 portant règlement général sur la comptabilité publique*
[23] *l'article 18 de la circulaire du 21 novembre 1882 relative à la passation des marchés de gré a gré*
[24] *Décret n°2004-15 du 7 janvier 2004 portant code des marchés publics*
[25] Gérald Lagier, Christian A. Kim: France, The International Competitive Legal Guide to Public Procurement 2010
[26] Code des marchés publics（édition 2006）Version consolidée au 1 mai 2010, Détail d'un code: https://www.legifrance.gouv.fr/
[27] https://www.marche-public.fr/Marches-publics/Textes/Decrets/Decret-2016-360-marches-publics-EINM1600207D.htm
[28] 全国公共工事連盟（*FNTP：Fédération Nationale des Travaux Publics*）：http://www.fntp.fr/travaux-publics/j_6/accueil
[29] 建設経済研究所：第19次海外調査（欧州）報告書，2003
[30] *QUALIBAT: Qualification et certification des entreprises de construction*: http://www.qualibat.com/
[31] *Regio Decreto 17 febbraio 1884, n. 2016 Legge sull'Amministrazione e sulla contabilita' generale dello Stato*

[32] *Legge 20 marzo 1865 N. 2248 Allegato F* (*Gazzetta Ufficiale 27 aprile 1865*)
[33] *Legge 11 febbraio 1994, n.109, Legge quadro in materia di lavori pubblici, Legge Merloni*
[34] *D.P.R. 21 dicembre 1999, n. 554, Regolamento di attuazione della legge quadro in materia di lavori pubblici 11 febbraio 1994, n. 109, e successive modificazioni*
[35] *Regio Decreto 18 Novembre 1923, n. 2440* (*GU n. 275 del 23/11/1923*) *Nuove disposizioni sull'amministrazione del patrimonio e sulla contabilità generale dello Stato*
[36] *D.Lgs. 12 aprile 2006, n. 163 Codice dei contratti pubblici relative a lavori, servizi e furniture*
[37] *Regio Decreto del 23-05-1924 n. 827, Regolamento per l'amministrazione del patrimonio e per la contabilità generale dello Stato.*
[38] *Corte di Cassazione*
[39] *Ministero dell'Economia e delle Finanze*
[40] *D.P.R. 30 giugno 1972, n. 627*
[41] *Università del Salento*
[42] http://uk.practicallaw.com/9-521-2163?qp=&qo=&qe=#a612464
[43] The construction industry knowledge base, Designing Buildings Wiki : http://www.designingbuildings.co.uk/wiki/Simon_Report
[44] The Placing and Management of Contracts for Building and Civil Engineering Work : The Banwell Report (1964)
[45] Government Construction Strategy, Cabinet Office, 2011
[46] Industrial Strategy : government and industry in partnership, Construction 2025, HM Government, 2013
[47] The Public Contracts Regulations 2006
[48] The Utilities Contracts Regulations 2006
[49] The Public Contracts (Scotland) Regulations 2006
[50] The Utilities Contracts (Scotland) Regulations 2006
[51] Matthew Hall: England and Wales, The International Competitive Legal Guide to Public Procurement 2010
[52] The Public Contracts Regulations 2015
[53] The Utilities Contracts Regulations 2016
[54] The Public Contracts (Scotland) Regulations 2015
[55] The Utilities Contracts (Scotland) Regulations 2016

［56］ ビジネス・革新・能力省（BIS: Department for Business, Innovation & Skills）
［57］ Budget and Accounting Act of 1921
［58］ Armed Services Procurement Act of 1947
［59］ Federal Property and Administrative Services Act Of 1949（40 U.S.C. 471 et seq.）
［60］ CICA: Competition in Contracting Act of 1984
［61］ Federal-Aid Highway Act of 1938
［62］ FASA: Federal Acquisition Streamlining Act of 1994
［63］ Federal Acquisition Reform Act of 1995
［64］ Code of Federal Regulations
［65］ Title 48 Federal Acquisition Regulations System
［66］ 総務省・委託調査：公共サービスの調達手続に関する調査報告書，2011
［67］ U.S. Census Bureau, Manufacturing, Mining, and Construction statistics
［68］ 大野泰資，原田祐平：日・米・欧における公共工事の入札・契約方式の比較，会計検査研究 No. 32, 2005
［69］ David O. Cox, Keith R. Molenaar, James J. Ernzen, Gregory Henk, Tanya C. Matthews, Nancy Smith, Ronald C. Williams, Frank Gee, Jeffrey Kolb, Len Sanderson, Gary C. Whited, John W. Wight, Gerald Yakowenko: Contract Administration: Technology and Practice in Europe, Federal Highway Administration U.S. Department of Transportation, 2002
［70］ SAM: System for Award Management
［71］ Miller Act, 40 U.S.C. § 3131, et seq.
［72］ Drew Harker, Kristen Ittig: USA, The International Competitive Legal Guide to Public Procurement 2010
［73］ Sidney Scott, III, Keith R. Molenaar, Douglas D. Gransberg, Nancy C. Smith: NCHRP REPORT 561 Best-Value Procurement Methods for Highway Construction Projects, Transportation Research Board of the National Academies, 2006
［74］ Clinger-Cohen Act of 1996, 41 U.S.C. § 235m
［75］ RFB: Requests For a Bid
［76］ RFP: Requests For a Proposal
［77］ Construction Contract Specialists, Inc.: Federal Construction Project Manager's Bulletin Volume III Number 5, 2008
［78］ 連邦調達庁（OFPP: Office of Federal Procurement Policy）
［79］ OFPP Letter 92-5 of December 30, 1992

[80] 予算行政管理局（OMB: Office of Management and Budget）
[81] CCASS: Construction Contractor Appraisal Support System
[82] ACASS: Architect-Engineer Contract Administration Support System
[83] Executive Order 12931, 1994
[84] CPARS: Contractor Performance Assessment Reporting System
[85] PPIRS: Past Performance Information Retrieval System: http://www.ppirs.gov/
[86] 82 Sidney Scott, III, Keith R. Molenaar, Douglas D. Gransberg, Nancy C. Smith: NCHRP REPORT 561 Best-Value Procurement Methods for Highway Construction Projects, Transportation Research Board of the National Academies, 2006
[87] US Army Corps of Engineers: Engineering and Construction Bulletin No. 2007-10, 2007
[88] Office of Federal Procurement Policy: Memorandum for the Chief Acquisition Officers Senior Procurement Executives, Improving the Use of Contractor Performance Information, 2009
[89] 電子政府調達委員会（ACE: Acquisition Committee for eGovernment）
[90] USACE: Contractor Performance Assessment Reporting System（CPARS）Transition Guidance, Engineering and Construction Bulletin, No.2014-13
[91] FHWA, Office of Infrastructure, Office of Program Administration, Contract Administration Group（HIPA-30）: Contract Administration Core Curriculum Participant's Manual and Reference Guide 2006
[92] Design-Build Institute of America: 2010 State Statute Report
[93] Douglas D. Gransberg, Caleb Riemer: NCHRP SYNTHESIS 390 Performance-Based Construction Contractor Prequalification, Transportation Research Board of the National Academies, 2009
[94] Government Procurement Act, Act No. 4697, 1994
[95] Act on Contracts to which the State is a Party, Act No. 4868, 1995
[96] Act on Contracts to which a Local Government is a Party, Act No. 7672, 2005
[97] Budget and Accounts Act, Wholly Amended, Act No. 4102, 1989
[98] Enforcement Decree of the Act on Contracts to which the State is a Party, Presidential Decree No. 14710, 1995
[99] Enforcement Decree of the Act on Contracts to which a Local Government is a Party, Presidential Decree No. 19239, 2005
[100] 海外建設協会：海外受注実績の動向，2015

[101] エンジニアリング協会：2015年度 エンジニアリング産業の実態と動向，2016
[102] 鈴木一：我が国建設業の海外展開，第68回建設産業史研究会定例講演，2013

※イタリック体部分についてはフランス語，イタリア語等による。

コラム1 海外建設工事におけるリスク

私は、大学で土木工学を学び、土木技術者として1986年に建設会社に入社しました。そして、海外建設工事に関する契約管理業務に通算約11年従事しています。1999-2003年の約3年半の間、インドネシアのスマトラ島の現場で初めて海外建設工事の契約管理に携わる機会を得ました。その後、2008年半ばから中東UAEドバイにおけるプロジェクトにおいて再び契約管理を担当することになりました。ドバイの業務終了後、2013年からは、当社国際支店に設立された契約リスク管理部を担当し、現在に至っています。

ここでは、私のこれまでの経験に基づき、海外工事において高い確率で起こりうる事象(リスク)について記述したいと思います。もちろん、リスクはこれらだけではありませんが、経験上、発生頻度が高いと思われるものです。これから述べる事象は以下のように分類できます。

[分類1]：FIDICレッドブックにおいて、請負者リスク（損害が補償対象でない）と規定される事象

[分類2]：FIDICレッドブックにおいて、発注者リスク（損害が補償対象）と規定される事象（ただし、発注者がプロジェクトごとに発行する特記条件書によっては、請負者リスクと変更されている場合がある）

[分類3]：リスク分担が、スペックなどの規定によって決まる事象

FIDICレッドブックは、海外工事で広く使用されている標準契約約款であり、私が契約管理担当者として従事したプロジェクトでも契約一般条件書として採用されていました。

[分類2]の事象の場合、請負者に追加費用、

遅延が発生しても補償対象となるので、損害は回復でき、リスクは小さいと思われるのではないでしょうか？　しかし、現実は、立場が変われば「事象の見方」「契約条件書の解釈」などが異なり、意見・見解の相違、いわゆる紛争（dispute）がかなりの頻度で発生します。そのため、契約上は補償対象であると思われても、実際の損害回復は容易でなく、紛争の解決には通常長期間を要します。紛争発生そのものもリスクの一つとなります。

①為替変動【分類１】

ＦＩＤＩＣにおいて為替差損は補償対象となっていません。このリスクへの対応策ですが、理論的には、支払い通貨（コスト）を受取り通貨と同じにすれば、為替変動の影響は受けないということになります。しかし、それは現実には容易ではありません。私が経験したドバイのプロジェクトにおける発注者からの受取り通貨は現地通貨であるＡＥＤ（デリハム）でした。しかし、ドバイ国内でプロジェクトに必要なすべてのリソースを調達することは困難であり、すべてのコストを受取り通貨（ＡＥＤ）と同じにすることはできませんでした。その例が日本人社員の給与で、「あなたは、この現場に所属しているので、為替差損を回避するため、給与はＡＥＤで支給する」というわけには当然いかなかったのです。

②物価上昇【分類２】

発注者が発行する特記条件書によって、物価上昇を求償できないように変更されていたり、補償対象の項目を制限したりしている場合があるので注意が必要です。ＦＩＤＩＣにおいては、物価上昇補償額を規定の計算式によって算出し決定します。計算式にはリソースごと（通常は、労務・機械・材料）の物価指数を入力します。物価指数は契約時に合意した出典（例えば、当該国の統計局が毎月発行している物価指数）に基づきます。ここで問題になるのは、物価指数は統計的に得られた物品カテゴリーごとの物価の平均値から算出されるので、計算式による物価上昇補償額では十分に損害を回復できない場合があるということです。

③発注者からの支払い遅延　[分類2]

発注者の重要な義務の一つは「工事代金の支払い」です。FIDICにおいては、支払い期限としてエンジニアから支払い査定書（Payment Certificate）を受領した後56日以内という規定があります。しかし、国によっては支払い手続が複雑でさまざまな部署の承認を必要とする場合があります。その場合は56日では間に合わず恒常的に支払いが遅延するという事態が起き、インドネシアで私が経験した工事がまさにそういう状況でした。さらに、海外においては、国といえども資金不足に陥る場合があります。ドバイにおいてはドバイショック後、国の機関である発注者からの支払いが長期にわたって滞るという事態を経験しました。

④工事用地引渡し遅延　[分類2]

「工事用地引渡し・用地へのアクセス権の確保」は発注者の義務の一つです。したがって、FIDICにおいては、発注者がこの義務を指定された期限内に遂行できなかった場合、請負者は被った遅延・追加費用を補償されます。私は、ドバイにおける工事でこの事象を経験しました。また、現職として関わった多くの工事でも発生しています。この事象については、責任の所在は明確ですが、その影響度（インパクト）の把握・証明をいかに詳細に、かつ明解に行って、リーズナブルな査定に結びつけるかが課題です。このことは、下記⑤～⑦の工事遅延を引き起こす事象においても共通の課題です。

⑤予見不可能な障害物・地盤条件との遭遇
[分類2]

この事象は、掘削を伴う工事においては、かなりの高確率で発生します。特にトンネル工事における発生が顕著です。私が経験したインドネシアのトンネル工事では、異常な量の出水、崩落、岩盤等級の頻繁な変化が発生しました。これらの事象は経験ある請負者にとっても入札時の情報からは予見不可能であったと主張しました。

FIDICにおいては、このような予見不可能な事象によって被った遅延・追加費用を請負者に補償すると規定されています。しかし、ポイントはこの事象が「経験ある請負者が予見不可能」であったか否かということです。この点で、多くの場合、請負者と発注者（エンジニア）との間で意見の相違（dispute）が発生します。請負者にとっての課題は、入札時に発注者から与えられた情報、限られた入札期間内に追加で入手可能と考えられる情報から経験ある請負者として「予見可能であった条件」を明らかにし、それに対して現実は異なっていたという事実を示すことです。時には、地質の専門家を使って、この課題に取り組むこともあります。また、発生した事象（条件の相違）と、それが時間・費用に与えた影響の因果関係を明らかにして示すことも重要です。

⑥ユーティリティ（埋設物・架空線）処理遅延

［分類３］

工事の契約条件次第で、工事施工の妨げになるユーティリティ処理責任が発注者にあるか請負者にあるかが異なります。いずれにせよ、ユーティリティ処理（通常、移設もしくは撤去）には、そのユーティリティを管理する企業者が関与することになります。企業者と処理方法の協議・承認、その処理に関わる費用の分担協議、処理費用の予算取りなどをクリアした後に現場での処理実施となります。国によっては、このような協議・手続きに長期間を要します。よって、このことが工事遅延の原因となることが、しばしば発生します。

この遅延・追加費用は、処理が発注者責任の場合、請負者にとっては補償対象となります。一方、請負者責任の場合はそう単純ではありません。遅延・追加費用発生について、請負者責任の部分とそうでない部分を区分する必要があります。請負者責任でない部分として考えられるのは、契約図面に示されていなかった埋設物処理による影響、企業者の許認可手続が不合理に遅いといった場合です。ドバイで私が経験した工事は、ユーティリティ処理の責任が請負者にありました。実際、上述のように処理手続に長期間を要しました。しかし、請負者責任でないと考えられる部分については、事象を明らかにして求償しました。

⑦許認可取得遅延　[分類3]

通常、工事の契約条件で、許認可の種類によって、取得責任が発注者にあるか請負者にあるか規定されています。発注者に責任のある許認可取得は、プロジェクトそのものの遂行に関するものが多く、通常は工事着工までには完了しています(ただし、発注者側に設計責任がある場合、設計の承認の遅延などは、工事着工後もしばしば発生します)。一方、請負者責任の許認可は工事遂行に関わるものが多く、また国・地域によって必要な許認可がさまざまです。入札時、着工前に十分に調査し、許認可に必要な時間を把握しておかないと思わぬ遅延が発生します。また、この請負者責任の遅延は通常、求償・回復困難なものです。そのため、特に新規進出国での工事の場合、地元業者とJVを組む、もしくは地元サブコン・コンサルタントに許認可取得を担当させるなどのリスク低減を検討することも必要です。

⑧紛争(dispute)解決の困難・長期化

このリスクについては、すでに少し触れました。FIDICにおいて、たとえ特定の事象について工期延長・追加支払いが保証されており、その旨を請負者が主張しても発注者(エンジニア)との意見の相違、いわゆる紛争が必ずといっていいほど発生します。「発生する意見の相違」とは、請負者の請求に対して、発注者(エンジニア)の以下のような対応の状態をいいます。

a.「補償を求めている事象は、契約で規定する補償すべき事象に該当しない」と査定する。

b.補償対象であることは認められるが、査定額・期間が請求と隔たっている。

c.査定発行時期が遅延する。

このような紛争の解決方法もFIDICでは規定されています。規定されている紛争解決の最終手段は仲裁です。そこまで行くケースは稀と思いますが、仲裁まで行かなくても紛争解決には、長期間を要します。工事完了後にようやく紛争が解決することも頻繁に起こります。

では、紛争そのものを回避・緩和する方法はないのでしょうか？　相手がある話であり一概にはいえませんが、私は、請負者の立場でできることは、以下のことと考えます。

・受け入れられやすい明解な請求を行うこと

それが結果として、請求額により近い査定に結びつき、紛争回避の可能性が高まると思います。そのためには、1．契約に定められた請求手続の遵守（特に期限内のクレーム通知提出）、2．契約上の請求根拠の明示、3．事象の発生経緯・事実の明示およびそれらの記録による裏付け、4．発生事象とその影響・損害の因果関係の明示、5．損害（金額・時間）の根拠および記録による裏付けなどをそろえて請求することが重要です。

・良好な関係を構築すること

紛争回避、解決の早期化には、交渉相手との良好な関係構築も必要と考えます。ここでいう「良好な関係」というのは、単にいさかいがない・仲が良いというのではなく「信頼関係があり、お互い主張すべきことは主張できる関係」を意味します。発注者側にとってみれば、契約に基づくものといっても、追加支払い・工期延長の請求を受けることは通常快いものとはいえず、請負者にとっては、追加請求（クレーム）をしつつ、良好な関係を構築するというのは容易ではないと思います。しかし、仲裁などで解決しない限り、最終的に紛争は両者の合意によって解決するしかないので、良好な関係は重要だと思います。人それぞれやり方は違うでしょうが、普段から相手を尊重した誠実なコミュニケーションをとる努力が大切と思います。

（森　幸茂）

コラム２　若手技術者へのアドバイス

仕事で苦難を共にした仲間は忘れられない貴重な存在です。それが風土・文化の違う海外プロジェクトで出会った仲間であればなおさらのこと。不思議と、人種や文化、年齢が違っていても強い絆でつながっている気がします。お互いがあの苦しかった時を思い出し、お互いを思いやる、温かい気持ちになれる――海外のビッグプロジェクトにおいては、一技術者の力は小さいものであるとつくづく感じます。

自分の小ささを思い知った時に、私たちは本当のチーム力の重要性を悟るものです。この気持ちこそがチームとしての真の仲間を生み出します。

残念ながら国内工事において、私たち技術者はその事実に気付いていないことがあるのではないでしょうか。会社の看板や長年築き上げられてきた産業システムの恩恵により、日々当たり前のように仕事をする中で、技術者としての自らの力を過大評価している場合もあるのではないでしょうか。これから海外プロジェクトで活躍する方々はもちろん、日々奮闘している技術者の方々にも日常を少し振り返ってほしいという思いも込めて、実際に携わって感じた海外プロジェクトの特殊性について述べたいと思います。

難易度の高い海外プロジェクトを成功させるには、技術力、組織力、マネジメント力や交渉力など多くの要素が必要です。海外でのプロジェクトは当然日本人だけの力で成功できるものではなく、現地の人の力が必要になります。

そうとはいっても、異なった人種や個性の人々が、一人ひとりの力を集結し、同じ方向にベクトルを向けることは容易なことではありません。また、プロジェクトにはトラブルや困難はつきものであることも忘れてはなりません。

失敗を乗り越えて成功に導くには、リーダー、マネージャーが一人ひとりのベクトルを収斂させるために地道なコミュニケーションをとる努力が必要となってきます。目標の設定とそこに向かう小さなマイルストーンをチームで共有して、改善への議論を積み重ねることにより自信とモチベーションが生まれます。そして、何より大切なことは、プロジェクトを成功させたいというチームの「強い意志と決してあきらめない粘り」ではないでしょうか。

一般的に、海外プロジェクトはその地域に根付くことが理想であるといわれています。しかし、特殊なプロジェクトでは経験のない国で施工する場合もあり、大きなリスクと困難が伴います。文化の違い、言葉の問題、労務や法律の問題、リスクの大きい契約など障害を数え上げればきりがありません。また、発注者あるいはその代理人との協議にも苦労を要することが多いのが現状です。

現場では、設計施工に関する仕様書（Employer's Requirements）の解釈を巡り、意見が対立することも度々あります。同じ文章でも視点や立場が異なれば大きな意見の相違が生じるものです。設計施工であれば、要求仕様の範囲内で費用と工期をできるだけ抑えたい施工者と、決まった契約金額でより上位の性能を求める発注者との溝を埋めることは容易なことではありません。

特に、技術力を要するプロジェクトにおいて、日本人技術者を中心としたチーム編成を行った場合は、欧米系エンジニアとの間に思考的な隔たりが顕著になることがあります。つまり、日本人技術者は海外プロジェクトの契約や労務条件などの特殊性を理解していたとしても、深層心理として相互信頼（性善説）に基づく交渉や判断をし、相互の利益不利益を打開してプロジェクトを軌道に乗せようとする傾向が強いと思われます。一方、欧米系のエンジニアは、一般に相互不信頼（性悪説）を基本とし、相手が仕様を逸脱するのではないか、契約を守らないのではないかという視点に立ち、日本人にとっては過大な要求や理不尽とも思われる要求をすることもあります。

このような「文化の違い」ともいえる思考回路の違いを埋めるには、契約やマネジメントの習得だけでは乗り越えられないものがあるような気がします。

個人的見解では、相互信頼を重視し関係者全員が前向きにプロジェクトを進める日本スタイルは、素晴らしいシステムだと感じています。ただし、何の防御も持たずに海外の契約社会にさらされれば、大怪我をすることはほぼ間違いないでしょう。

素晴らしい日本スタイルを生かしつつ、契約社会に対応できるスキルとマネジメント力をつければ、日本の企業は将来海外から尊敬される存在になれると確信しています。このシステムをビジネスモデルとして確立することが、今後の日本企業の課題ではないでしょうか。プロジェクトにおいて、契約条件に対する泥沼の紛争は、関係者なら誰も望むところではありませんから。

（小山　文男）

プロジェクトチームとの懇親

コラム３
若手技術者としての海外赴任

２００４年１２月−２００７年８月、私はトルコ共和国イスタンブールにおける「ボスポラス海峡横断鉄道建設工事プロジェクト」に、沈埋トンネル工区に関わる計画・調達・施工管理を担当するコンストラクションマネージャーとして従事しました。この時の経験をもとに、海外プロジェクトで活躍を志す若手技術者の方々に参考になることをお伝えします。

プロジェクト鳥瞰

手探りで解決した工事の課題

トルコでのプロジェクトの実施は当社初の試みでした。そのため、サブコントラクターや資機材調達先の開拓についても、ゼロから着手せざるを得ませんでした。さらに実際の工事に着手すると、技術的な多くの課題も発生しました。

また、本プロジェクトは大水深かつ急潮流といった厳しい自然環境下での施工でしたが、着工前のデータの提示はわずかでした。例えば事前データの提供がなかった長期間の潮流調査についても着工直後に初めて実施。予想をはるかに超える悪条件に、暗澹たる思いを抱きながら解決策を模索しました。

これら課題の多くは、法律、行政、文化における日本とトルコの違いにより発生するものが多かったといえるでしょう。このような課題への対応は、時間をかけて現地の人々とコミュニケーションをとることで、解決に向けた糸口を発見できたり、解決策そのものが得られることが多々ありました。

日本で蓄積してきた技術力と綿密な計画・調査があったからこそ、本プロジェクトが実現できたことはいうまでもありません。しかし個々の課題を解決するためには、遠回りのようであっても現地の人々と一つ一つ課題を解決していくことが、プロジェクトを進める上で大切でした。

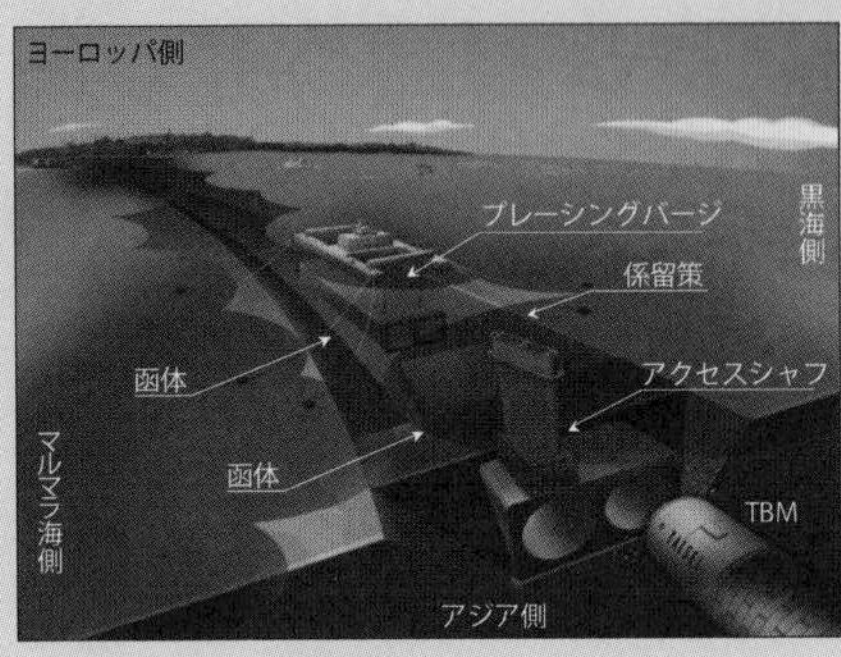

沈埋トンネル概要

工事の状況

使命感と包容力と達成感

ボスポラス海峡を横断する鉄道トンネルの構想は150年前に製作された図面が存在することからも、トルコの人々にとって夢のプロジェクトであったといえます。このことは現地ＴＶ局の取材を受けたこともあり、期待の大きい注目度の高い国家プロジェクトであることを認識しました。トルコの人々の夢であるこのプロジェクトを実現しなければならないという「使命感」は、一人の技術者としてのチャレンジ精神とともに自然と湧き上がるものを感じました。

海外プロジェクトは日本人だけで実現できるものではなく、現地の人々と手を携えて実現する必要があります。このプロジェクトも単純に日本の工事の進め方（文化）を持ち込むのではなく、日本とトルコの文化が融合した本プロジェクト独自のマネジメントを築くことが必要でした。そのためには、異文化を受け入れる「包容力」をお互いに持つことが重要です。「包容力」があったからこそ、トルコの人々との心の通った共同作業を実現することができました。

本プロジェクトが実現した際の「達成感」を、国の違いに関わりなくトルコの人々と一緒に感じることができた経験は、自分自身を人間的に大きく成長させるものとなりました。

Milliyet

GÜNÜN İÇİNDEN 19

Marmaray için ilk adım atıldı

Japonlar da gururluydu

Tüpün maliyeti 35 milyon dolar

Asya ile Avrupa'yı denizin altından birbirine bağlayacak olan Marmaray Projesi çerçevesinde İstanbul Boğazı'na yerleştirilecek 11 tüp tünelin ilki dün denize indirildi. 18 bin ton ağırlığındaki tüpü denize indirme işlemi 8 saat sürdü

12 dalgıç görev yapacak

İstanbul'da su kesintisi var

本プロジェクトを紹介する新聞記事

居心地が良かったトルコでの生活

妻と3人の子供の帯同で渡ったイスタンブールは、大変居心地のよい街でした。アジアとヨーロッパの2つの文化が融合するこの街は、数多くの世界遺産と発展した経済に恵まれ、活気に溢れていました。さらにトルコの人々の多くが親日家であり、大の子供好きであったことも忘れられません。娘が指に大怪我したときのことです。まるで救急車のように赤信号を無視して病院へ急行してくれたタクシー運転手の心遣いは、大変嬉しかったことを覚えています。ただ、事故が起きないかと車中でヒヤヒヤしていたのはいうまでもありません。

トルコの公用語はトルコ語であり、英語を話せる人は多くはいません。スーパーマーケットなどで買い物をする、タクシーで移動する、病院で診察を受けるといった日常生活を送るためには、トルコ語が不可欠でした。必死にトルコ語を勉強したかいもあって、トルコに着任したときには3歳と1歳（双子）だった子供達も、最初の沈埋函を沈設する頃には、イスタンブールの方々に温かく見守られながら、丈夫に大きく育ちました。

若手技術者へのメッセージ

私は今、東京で沈埋トンネルを建設するプロジェクト（東京港臨港道路南北線工事）に従事しています。このプロジェクトを通して、次世代の人々にモノづくりの楽しさや継承されてきた技術を伝えていくことが、私の使命だと感じています。

最後にこれからの建設業を担っていただく若手技術者の方々へ、4つのアドバイスをお伝えして筆をおきます。

1．建設業の魅力は、「（人の役に立つ）モノづくり」を身近に体験できることです。楽しんで下さい。

2．物事が順調に進まなくても「できる」と願って下さい。願わなければ叶うこともありません。想像できるものは必ず作ることができます。

3．海外プロジェクトの魅力は、新しい世界（異なる文化）を知るだけでなく、新しい自分に会えることです。挑戦して下さい。

4．苦労を分かち合った仲間はかけがえのない存在です。大切にして下さい。

（神田　基）

コラム4 発展途上国でのリスク管理

日本政府の対外政策として、インフラシステム輸出が大きく掲げられています。日本のゼネコンはこれまでもODAによる被援助国のインフラ整備に関わってきました。当社でも1999年からエチオピア連邦民主共和国（以下、エチオピア）で国道のリハビリ・拡幅工事を行いました。無償工事であり、発注者から見ればJICAのガイドラインに沿った契約書を用いて工事を発注するだけのことなのですが、元請となるゼネコンはさまざまな業者と契約を結んで工事を行うための資源（材料、機械、労務）を確保する必要があります。しかし、発展途上国では地元に豊富な資源があるわけではないので、第三国から材料や機械を調達・搬入しなければなりません。我々ゼネコンにとって「国際調達」とはまさにこのことです。

エチオピアは内陸国（海に面していない）であるため、必要な輸入資機材は隣国のジブチ港を利用しなければならず、国境を越えて1200kmの輸送ルートとなります。当然、輸送にかかる日数は長く、最低でも約2カ月（56日間）必要となってきます。輸送日数の詳細は下記のとおりです。

海上輸送	35日
荷揚げ・トランジット手続（ジブチ）	5日
ジブチ–エチオピア間搬送	6日
最終通関	10日
合計	56日

2国間にまたがっての陸送では、宗教の違いも考慮に入れる必要があります。キリスト教国であるエチオピアとイスラム教国であるジブチ共和国（以下、ジブチ）では休日が異なります。例えば通関手続の場合、ジブチは金曜日が休日のため手続きが不可、一方エチオピアは土曜日午後

から日曜日にかけて手続きが不可となります。金土日、各宗教の祭日に、それぞれの宗教のドライバーをどのタイミングで使うかが非常に重要であり、輸送乙仲担当者がこの点を理解しているか否かで、輸送日数が大きく変わってくるのです。

また、アフリカには内陸国が多く、かなりの資機材がジブチ経由で該当国へ輸送されています。そのため、国連などの国際機関が食料援助する時期を把握していないと、単価の高い彼らにトラック、トレーラーをすべて持って行かれてしまい、輸送が滞る結果となります。

具体的にアスファルトを第三国より調達した経験について紹介したいと思います。過去の実績・経験から複数のサプライヤーと価格交渉を行うとともに、日本の商社に仲介を依頼しました。仲介が入ることにより、ある程度の手数料が発生しますが、為替リスクを転嫁し、商品未納のリスクヘッジができることなどのメリットがあると判断したためです。当時、アスファルト量はドラム缶3万本以上にもなりました。エチオピアでの道路重量規制が新聞にて発表され、コンテナ内への格納数量を110本から90本に減らして発注しましたが、1カ月後にはこの規制が撤廃、結局110本に戻すことになりました。最終的なコンテナ数量は285本、海上輸送は6回に分割(50本×5回、35本×1回)しました。最初の5回はジブチでコンテナを降ろした後、そのままトレーラーで現場まで陸上輸送を行いましたが、最終回はジブチでトラックに積み直しました。これは第2回および第4回の輸送時、多数のドラム缶が破損し中身が流出してしまいましたが、原因が海上輸送中に受けたダメージなのか、陸上輸送時に受けたダメージなのかわからず、責任のなすり合いとなったためです。それ以来、費用は多少かさむことになりますが、ジブチでコンテナを開け、状態をチェックした上で、陸上輸送を行うように変更しました。エチオピアでは交通事故が非常に多く、コンテナごとトレーラーが横転する事故もありましたが、幸い初期輸送の段階であったため、追加発注を行うことで数量の確保をすることができました。

　ほかにも建設機械、自動車、資材（本設材、仮設材、重機部品など）の輸入も行っていますが、特に苦労した点を記しておきたいと思います。

　エチオピアの税関ですが、すべての資機材を細かくチェックしています。この「すべて」というのが曲者で、サイズ、材質によって細かく関税率が異なるのです。例えば、ゴム製のベルトですが、幅や長さによって関税率が異なるため、インボイスまたはパッキングリストに幅や長さ、材質を記していないと通関できません。また、日本では一式部品と見なされる建設機械のアッセンブリー部品（ポンプ、取付け用ボルト、ワッシャー、ケーブルなど）は、その内容が書かれていないということで、税関で止められることもしばしばありました。基本的に税関では、輸入品の価格をインターネットで調査し、妥当か判断しています。中国業者が関税の支払いを少なくするためインボイス価格を低く記入することが多く、それに対抗するため導入されたと聞きましたが、ネットワーク事情がまだ悪いエチオピアでは正常稼働していないときも多く、通関が行えない日がよくありました。そのため、弊社でUSB型インターネットルーターを用意し、税関職員に貸して価格調査を続行することで通関を迅速に進めることもありました。

　エチオピアを含め発展途上国では、「責任をもって迅速に物事を進める」と考えている人は非常に少ないように感じます。少しぐらい遅くても問題ないと考えているためだと思うのですが、短期間でプロジェクトを完成させるには、考え方を改めてもらう必要があります。そのため、雇用したスタッフへの教育は非常に大切となってきます。こうして育てたスタッフ、優秀な輸送乙仲（エチオピアでは3社を採用し、最終的に1社に絞った）がいれば、国際調達はもっと楽になるでしょう。


（近藤嘉広）

コラム5 言葉力とコミュニケーション力

海外工事やそのリスクを施工者の立場で述べる際、日本との文化の違いや契約形態の違いなど、「異なる部分」に注目して論じるものが多いと思います。しかし、建設事業は大量生産に適さず、発注者は購入前に品物を確認できない、という特殊性において、発注者は事業に対し大きなリスクや責任を負っている点、その建設事業の目的が国ごとに異なることは稀で、発注者の興味と不安も共通する部分が多いという点など、共通点が多くあります。加えて、施工者として真摯に誠実にビジネスを行うという基本とその重要性に関して、異を唱える方は少ないと思います。つまり重要な「同じ部分」が多数あるということです。施工者としては、「異なる部分」への先入観と誤解、「同じ部分」への理解が不足しているために、不要なリスクを負ってしまい、結果的に失敗に至ることがないよう注意する必要があります。

私はこれまで約25年にわたって施工者の立場で海外事業に携わり、インドネシアで4年、米国で17年にわたり、実際の現場管理を担当しました。その経験から、「同じ部分」と「求められる技術者」について述べてみたいと思います。

言葉力とコミュニケーション力

海外建設工事において、施工者の立場で発注者と交渉する場合、通訳を使っていては立ち行きません。したがって、意思疎通が確実にできる最低レベルの「英語力」は必須となります。しかし、私はそれ以上に、相手の立場を理解した上での「言葉力」と「コミュニケーション力」が重要であると思います。それは、適切な単語や表現を選択する知識や、相手を思いやる気持ちが重要という意味です。ここでは「英語の発音」は特に問題ではありません。英語は、バックグラウンドの異なるさまざまな人々が、個々の母国語に影響を大きく受けた発音で話す共通語です。英文の構成が正しければ相手は単語を推測できますし、意思疎通に問題はほとんど生じません。

これまでの経験から、特に海外経験の少ない人は、日本語の「やらなければならない」「進めなければならない」などの表現をそのまま直訳し、「must do」「shall do」などと、非常に強制力のある表現を使う傾向があるようです。また、上手く伝わらないので多少興奮気味に話すように感じます。英文法的には間違っていないものの、それらの表現は、相手に何かを強制するわけですから、論理的な理由や法的根拠が必要となります。しかし、それらの表現の日本語で本来意図するところが「頑張りましょう」「やってみましょう」という「決意表明」であるため、本人は理由を説明する必要があることすら気付いていない場合も多いようです。その結果、本人の意図に反して、相手には高圧的で独善的な人だとの印象を与えてしまいます。日本語の直訳は文法的に正しくても、英文として摩訶不思議な文となる場合があることを理解し、「伝えたいキーワードは何か」に注力すると、相手に上手く伝わります。

もう一つ注意すべき点として、現地の日本語を理解できない人の前では、日本人同士の会話であっても努めて英語で話す、あるいは一時的に日本語で話すことに対して事前に承諾を得た後、日本語で何を話したかを伝えることを心掛けると、信頼関係を構築できます。本人の意図はさておき、口から出る英語が「高圧的」で、理解できない日本語を「べらべら」喋る人は、現地の人にとって非常に脅威です。海外では我々日本人が「外人」であることを理解することが大切です。

以上の例は、内容や程度の差はあれ、きっと日本での日常生活でも同じではないでしょうか？

米国は訴訟社会？

米国は訴訟社会ですぐに裁判に訴える――これは、私の経験上、注意書きが必要ですが、事実ではありません。

米国では提訴することは手続き上簡単ですが、確実に勝てる根拠がある場合や最終手段として用いる場合、それ以外のオプションがない場合を除いては、費用と時間がかかる上、公式記録に名前が残る裁判は、建設業界においては望む方が稀です。また、「I'm sorry」には、「申し訳ありません」に加え、「お気の毒です」の意味もあります。したがって、明らかにこちらに非がある場合は、その非を素直に認めた方が、その後の費用と時間の損失を最小限に抑えることができます。先方が被害を被った場合は、まず「I'm sorry to hear that（お気の毒です）」「手伝えることがあれば言ってほしい」と伝えると、建設的な結果となる場合がほとんどです。ただし、理不尽な発注者や施工業者に対しては無効なので、それらの傾向が強い相手に対しては入札前にリスクを分析し、予備費に反映する、入札を回避するなどの手段を講じる必要があります。

建設工事では、契約書において、係争発生時に負担の大きい裁判に直接訴えるのではなく、当事者間（発注者と施工業者、元請と下請）がどのような解決手順を踏むかを規定しています。米国で一般的なDRB（Dispute Review Board・紛争調整委員会）やMediation（調停）もその手順の一例で、分厚い契約書はそのためです。しかし、その段階に至ると高額な弁護士費用とともに準備費用としてかなりの金額が必要となります。したがって、できれば現場レベルの調整・交渉で結論に至ることが理想です。

現場担当者が工事契約書の内容を十分に理解した上で、問題が大きくなる前の交渉で重要となるのは、やはり「言葉力」と「コミュニケーション力」です。交渉においてはレターのやり取りが多く発生しますが、関係各所への入念な事前説明と調整を経ずに送りつければ、交渉が難航することは想像に難くないと思います。レターは協議の結果に関する覚書という性質のものと理解するとよいのではないでしょうか。責任所在が明確になる点において、目的と手順を理解すれば、当事者同士にとって、レターは意味のあるツールとなります。

また、一方的に相手の落ち度を責めない、相手に恥をかかせない、人前で大声を上げない、知識や技術レベルの違いで相手の人格のレベルまでも蔑むようなことがあってはならないなどは万国共通の認識です。また、施工者の立場で、発注者の立場を考慮した上で、嘘のない真摯で誠実な交渉ができる人は、米国では発注者からも非常に高く評価されます。特に、入札資格審査では、施工会社に加え、人物評価にも重きを置く米国の公共入札では、それら高評価の積み重ねはその後の受注機会の向上に大きく寄与します。ここで留意すべきことは、「言葉力」と「コミュニケーション力」の不足により、本人の意思に反して思いがけなく相手を侮辱し、問題を複雑化している場合があると認識することだと思います。自分の想定と異なる結果が出てきた場合や返答が遅いなどの場合は、相手を責める前に、自分の「力不足」を疑ってみる必要があると思います。

建設業界は私の経験したどの国においても、基幹産業であり、保守的な面が強いものの、コストと工期の縮減と、品質に対する要求は非常に高く、発注者はそれを担保する契約手法や技術に対して興味を持っています。一方で、海外工事では発注者と建設会社は契約上対等との立場であるものの、発注者はリスクを可能な限り建設会社に押し付ける傾向があります。施工業者に押し付けたリスクは金額や工期、クレームなどさまざまな形で発注者に戻ってきますので、米国では従来の設計施工分離型（Design-Bid-Build方式）や設計施工型（Design-Build方式）に加え、施工業者が設計途中の段階から関与し、発注者、設計者、施工業者で協力して工事のリスクと、工費、工期の縮減のために、設計の最適化に努めるCMGC方式という新たな発注方式も広く一般に知られるようになってきました。

それらの変化に対して今、建設業界では「Open-minded Person」が求められていると思います。辞書では「心が広い人」と訳される場合もありますが、「固定概念に固執せず、状況に応じて対応できる人」という意味になります。海外工事は発注ロットも大きく、日本企業が関係する案件はその国の「国家プロジェクト」である場合も多いでしょう。現地の技術者も日本の技術へ大きく期待しています。そこで日本人技術者に求められるものが、「Open-Mind」であり、日本を丸ごと持っていくのではなく、現地の技術レベルを客観的に評価し、技術者や労務者の信頼を得て工事をリードするマネジメント力です。一方で、海外企業との厳しい国際競争の中で、発注者から足元をすくわれない厳格さを維持するため、契約上の責任と権利をしっかりと把握すると同時に、「言葉力」と「コミュニケーション力」に磨きをかける必要があります。

建設業界は建設技術の国際交流を経て発展してきました。また、これからも同じことが世界中で起こることは間違いありません。日本人がこれまで歴史の中で育んできた文化や、相手を思いやる気持ちを大切にしながら、元気のある若者の皆さまが、建設産業をさらに発展させてくれることを切に望みます。

（某ゼネコン海外事業担当）

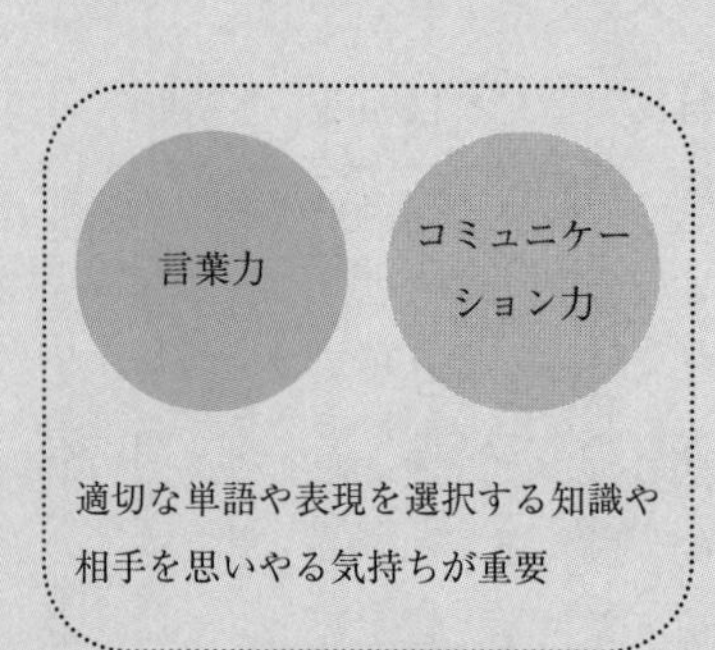

言葉力
コミュニケーション力
適切な単語や表現を選択する知識や
相手を思いやる気持ちが重要

第3章

国内外の建設コンサルタント業務等の調達方式

わが国において、建設コンサルタントは、社会資本整備に関する企画立案時の評価検討、調査計画、基本設計、詳細設計、施工管理、維持管理など、まさに上流から下流まで、当初は発注者の補助としての役割を担ってきた。近年は支援者あるいはパートナーとして、その役割ならびに活動の場を拡げ、公共事業の実施には欠かせない存在となっている。

建設コンサルタント業務等の入札契約方式は、戦後、設計などを外注するようになって以来、長年にわたって指名競争入札が主体であった。１９９４年以降は技術競争により契約相手を特定する公募型のプロポーザル方式の適用が拡大してきたほか、２００８年からは価格と品質（技術力）を総合的に評価して落札者を決定する総合評価落札方式が導入されている。

総合評価落札方式は、価格だけで落札者を決定する指名競争入札や一般競争入札と異なり、品質（技術力）の評価を加味するものである。しかし、品質（技術力）に対する評価のウェイトが十分でないために過当な価格競争が生じている事例が多く見られる。過度な価格競争が常態化すると建設コンサルタント等の各社の利益率圧迫や将来に向けての成長意欲の阻害などの問題を生じかねない。

プロポーザル方式は価格を評価対象とせず技術競争のみにより契約相手を決めることができるので、業務の品質を確保するために優れた方式である。わが国においては最も優位な者を「特定」した後に、その者以外にはほかに実施可能な者はいないという前提に立って「随意契約」を行うことになる。わが国では、「随意契約」の場合は「一般競争入札」と同様に予定価格を定めることとされている。プロポーザル方式の場合は、発注者が業務規模を明示していたり、あるいは企業側が見積りを提出する場合が多いことから、予定価格は事前にある程度推測できる。予定価格が応札者の想定よりも低めに設定されると、特定された者が札入れを予定価格以下になるまで繰り返すことになる。結果として、当然に予定価格に対する落札価格の比率は高くなる。これをもって、プロポーザル方式は「落札率」が高いと批判されることがある。相手が特定されていれば本来は価格と業務内容を交渉して合意すべきであり、予定価格の上限拘束の下で札入れを強いるという現在の仕組みは問題だ。

海外の多くの国においては、工事、物品、サービスなどの調達の目的物に応じて適切な方式を選択できるよう多様な調達方式を用意している。しかし、わが国の会計法（地方公共団体については、地方自治法）においては、入札契約方式は目的物の区別なく一律に一般競争入札を用いることを原則と定めている。本章では、建設コンサルタント業務等の調達方式について、わが国と海外とを比較した上で、今後の建設コンサルタント業務等の調達方式のあり方を論じたい。

1　わが国の建設コンサルタント業務等の調達方式

(1)　入札契約方式の変遷

建設コンサルタントが日本に誕生したのは比較的新しい。戦前までわが国の社会資本の整備は、一部を除いて基本的には行政組織によって直接実施されていた。内務省などに所属する技官が社会資本の計画、立案だけでなく、設計も行っていた。大正時代末期から外地において水力発電関係を中心とした業務を建設コンサルタントが行っていた例はあるが、建設コンサルタントの多くは戦後の復興や、それに続く昭和30年代の高度経済成長期に発展してきた。

1957年5月に『技術士法』が制定され、国家資格としての技術者の資格制度が整備された。1959年1月には建設省事務次官通達『土木事業に係わる設計業務等を委託する場合の契約方式等について』が出され、これによって原則として設計に携わったものに施工を行わせてはならないという、いわゆる「設計・施工分離の原則」が明確化された。

戦後から昭和30年代にかけて工事の請負化が進み、設計などについても民間企業を活用する気運が高まった。建設コンサルタント業務等の入札契約方式は、初期においては随意契約が多用されていたが、昭和40年代になると指名競争入札を適用するのが原則となっていった。

それ以降長期間にわたって、建設コンサルタント業務等の調達は指名競争入札による価格競争が一般的であった。ただし、特に高度な技術を要する場合などで業務を実施する専門能力が特定の団体や会社に限定される場合は、随意契約が適用されることも少なくなかった。指名競争による場合であっても、発注される業務に関連する仕事に従前携わっていたなど、何らかの優位な点があれば過当競争に陥ることなくその者が落札することが多かったと思われる。筆者の経験からも建設コンサルタント業務等において落札率が90%を切るという例を耳にすることは2000年代に至るまではあまりなかった。

1993年のゼネコン汚職事件を契機に、入札契約手続の透明性の確保や競争性を高めることが求められるようになり、1994年度から一定規模以上の建設コンサルタント業務については、「公募型プ

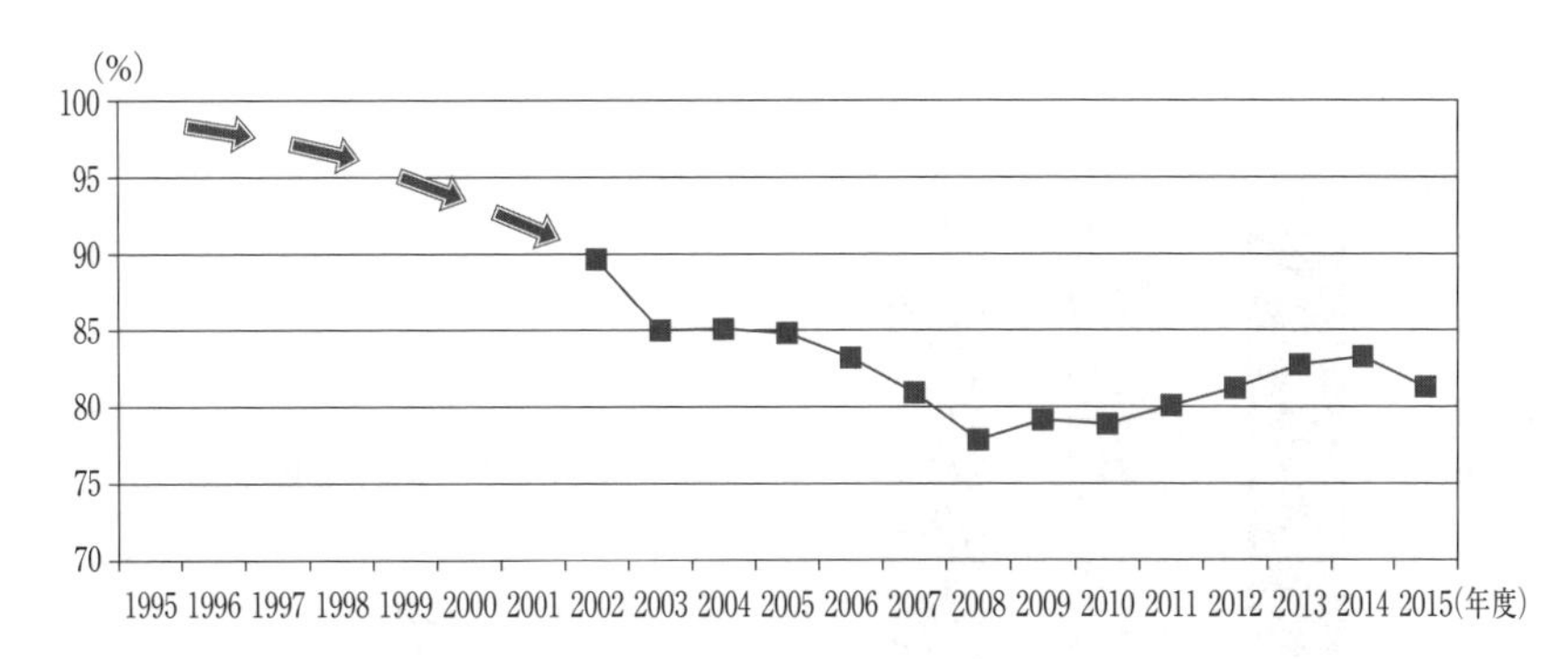

（注）対象は8地方整備局・国土技術政策総合研究所・国土地理院発注の測量・建築コンサルタント・土木コンサルタント・地質調査・補償コンサルタント業務（港湾空港関係を除く）

図3-1　建設コンサルタント業務等の競争入札における落札率の推移(2002-2015年度)[1]

ロポーザル方式」または「公募型競争入札方式」を用いることとなった。「公募型」というのは、発注者が競争に参加する者をあらかじめ指名するのではなく、受注希望者を広く募る方法である。しかし、これ以降も1994年の日本下水道事業団談合事件をはじめ官製談合事件が続発した。公取は、工事発注を巡る談合事件だけでなく、北海道上川支庁発注の農業土木工事・測量設計業務（2000年）、国有林野の利活用に伴う調査・測量業務（2001年）などに関わる入札談合を摘発し、発注者側に対して調達方式の運用の改善を要請した。警察や検察当局による地方議会議員や地方公共団体幹部職員の汚職事件の摘発などをきっかけに官製談合や予定価格の漏洩などが発覚しているケースも多かった。

(2)　近年の傾向

官製談合の摘発が相次ぎ、独禁法による規制強化の流れを受けて、工事のみならず建設コンサルタント業務等においても過当競争が目立つようになり、落札率は下落の一途をたどった。図3-1に2002年度以降の建設コンサルタント

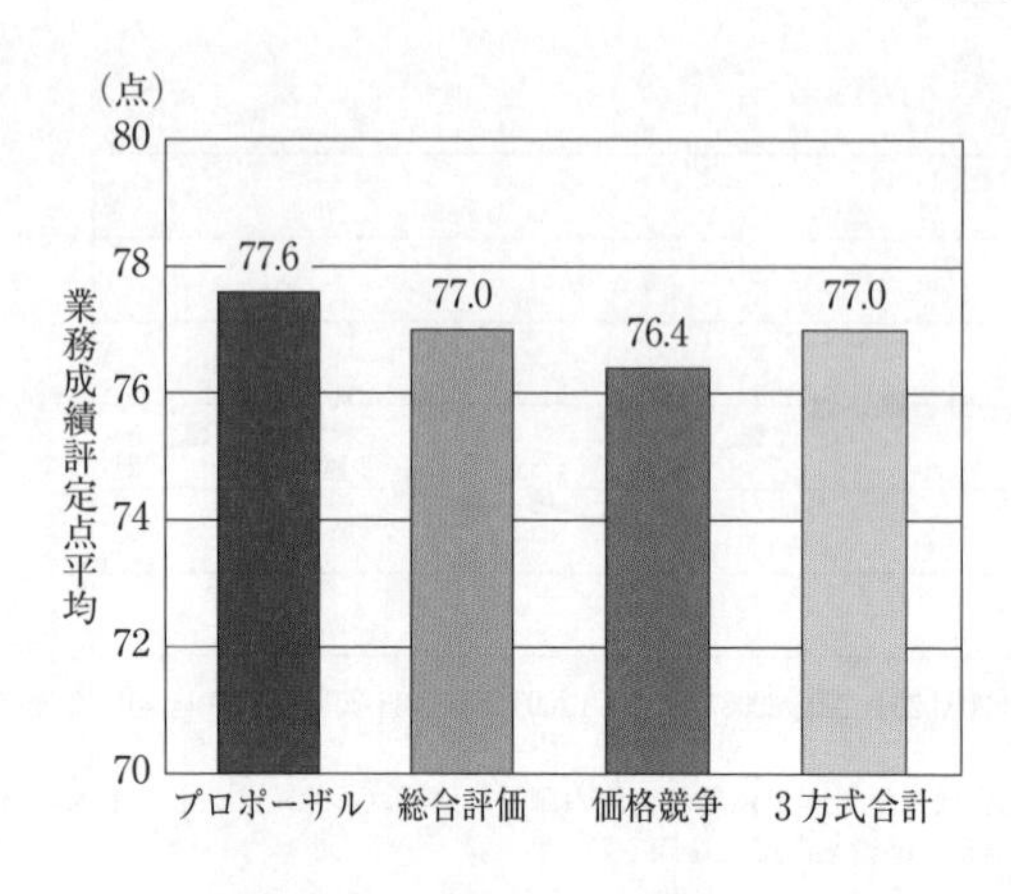

(注) 対象は8地方整備局・国土技術政策総合研究所・国土地理院発注の測量・建築コンサルタント・土木コンサルタント・地質調査・補償コンサルタント業務(港湾空港関係を除く)

図3-2 成績評定点(調達方式別評定点平均(2015年度))[2]

業務等の競争入札における落札率の推移を示す。2001年度以前は公表データがないが、筆者の経験では1995年度頃までは落札率は98%前後であったので推移を矢印で示した。2002年度以降も競争入札における落札率が低下し続けたが、2008年度に底を打ち、2009年度からは少し落ち着きを取り戻した。国土交通省は、2004年度以降さまざまな低入札対策を講じ、特に、2007年度以降に対策を強化した。2008年12月にはさらに低入札価格調査基準価格を下回った落札者への業務履行中の監督強化や第三者による業務内容の妥当性確認などの対策を導入した。2010年6月からは、「履行体制確認型」の総合評価落札方式の試行を開始した。これは、工事の「施工体制確認型」の総合評価落札方式と同様に、調査基準価格を下回る価格で入札すると落札が極めて困難となるものだ。

図3-2は調達方式別の業務成績評定点の平均を示している。この図から、価格競争よりも総合評価落札方式、総合評価落札方式よりもプロポーザル方式で受注者を決定する方が、業務の成果が優れていることがわかる。1994年度以

降、技術を競うプロポーザル方式を適用するケースが拡大してきたが、現在でも国発注の小規模な業務では指名競争入札が用いられており、多くの地方自治体が発注する業務でも指名競争入札が多く用いられている。

国土交通省では、公共工事品確法が２００５年に制定されて以降、工事に対し総合評価落札方式を大幅に導入したことに続いて、２００７年度から建設コンサルタント業務等について総合評価落札方式の試行を開始した。その後、２００８年５月に財務省との包括協議が整い、建設コンサルタント業務等への総合評価落札方式の適用を拡大することとなった。これは価格だけでなく品質と価格を総合的に評価して最適な建設コンサルタントを落札者とするものである。国などが総合評価落札方式を適用する場合は、予決令第91条第２項の規定により財務大臣協議が必要とされているため、「価格：技術」の配点比率の基準などについて財務省協議が必要となっている。

(3)　現在の調達方式

国土交通省においては、以下に示すように調査・設計の発注にあたって、内容に照らして技術的な工夫の余地が小さい場合を除き、プロポーザル方式、総合評価落札方式（標準型または簡易型）のいずれかの方式を選定することを基本としている。

①　プロポーザル方式

業務の内容が技術的に高度なものまたは専門的な技術が要求される業務で、提出された技術提案に基づいて仕様を作成する方が優れた成果を期待できる場合は、プロポーザル方式を選定する。また、業務の予定価格を算出するにあたって標準的な歩掛がなく、その過半に見積りを活用する場合においても原則としてプロポーザル方式を選定する。

② 総合評価落札方式

事前に仕様を確定可能であるが、入札者の提示する技術などによって、調達価格の差異に比して、事業の成果に相当程度の差異が生じることが期待できる場合は、総合評価落札方式を選定する。

③ 価格競争方式

前記の2つの方式によらない場合においては、入札参加要件として一定の資格・成績などを付すことにより品質を確保できる業務は価格競争方式を選定する。

ここに、②総合評価落札方式を選定した場合において、業務の実施方針以外に具体的な1つのテーマに関する技術提案を求める場合は、原則として価格と品質の評価に関する配点の比率を「1：2」（難易度の高い業務については、「1：3」とすることも可能）とし、2つのテーマで評価する必要がある業務については「1：3」としている。技術提案として業務の実施方針の提出のみを求めて総合評価を行う場合は、価格と品質の評価に関する配点の比率は原則「1：1」とし、業務の難易度に応じて「1：2」を用いることも可能としている。すなわち、総合評価における価格の配点比率は、業務の難易度が高いものから順に25％、33％、50％としている[3]。

(4) 今後の課題

総合評価落札方式における全業種の「価格・技術」の配点比率をみると（2015年度、図3-3）、配点比率別の実施件数割合は、「1：1」は60・0％、「1：2」は37・1％、「1：3」は2・9％となっており、「1：1」の割合が最も大きい。業種別では、「1：1」の割合が土木コンサルタントで62・7％に対し、測量で96・7％、地質調査で87・2％となっている。今後、技術重視の割合を高めていく必要がある。

また、測量や地質調査は、定型的な業務とみなされがちだが、担当する技術者の能力が成果の品質に大きく影響することがある。測量計画や地質調査実施計画の策定が重要な意味を持っていることが多いため、これらを含む業務にプロポーザル方式を活用するなどにより、測量や地質調査についても技術力を一層重視して発注するのが望ましい。

2014年度の総合評価落札方式における予定価格に対する入札価格の率（入札率）と落札価格の率（落札率）の分布（図3-4）は、いずれも77-78％付近に集中していることがわかった。これは、発注者が定めた事実上の下限である調査基準価格を下回ると、ほとんど受注することが不可能となるので、各社はその下限値の直上をねらって応札していることを示している。これでは発注者が下限値で指値（さしね）をしているのと同じになってしまい、その指値付近の価格で技術点を競っていることになる。十分な対価を支払って質の高い成果を求めるならば、総合評価落札方式を用いる場合は、価格のウェイトを小さくして、技術点により有意な差が出るように工夫する必要があることがわかる。

2016年5月に建設コンサルタント会社、測量会社、地質調査会社の経営幹部から公共調達に関する意見を聞く機会を得た。その際に指摘された課題を以下に示す。

【入札の課題】

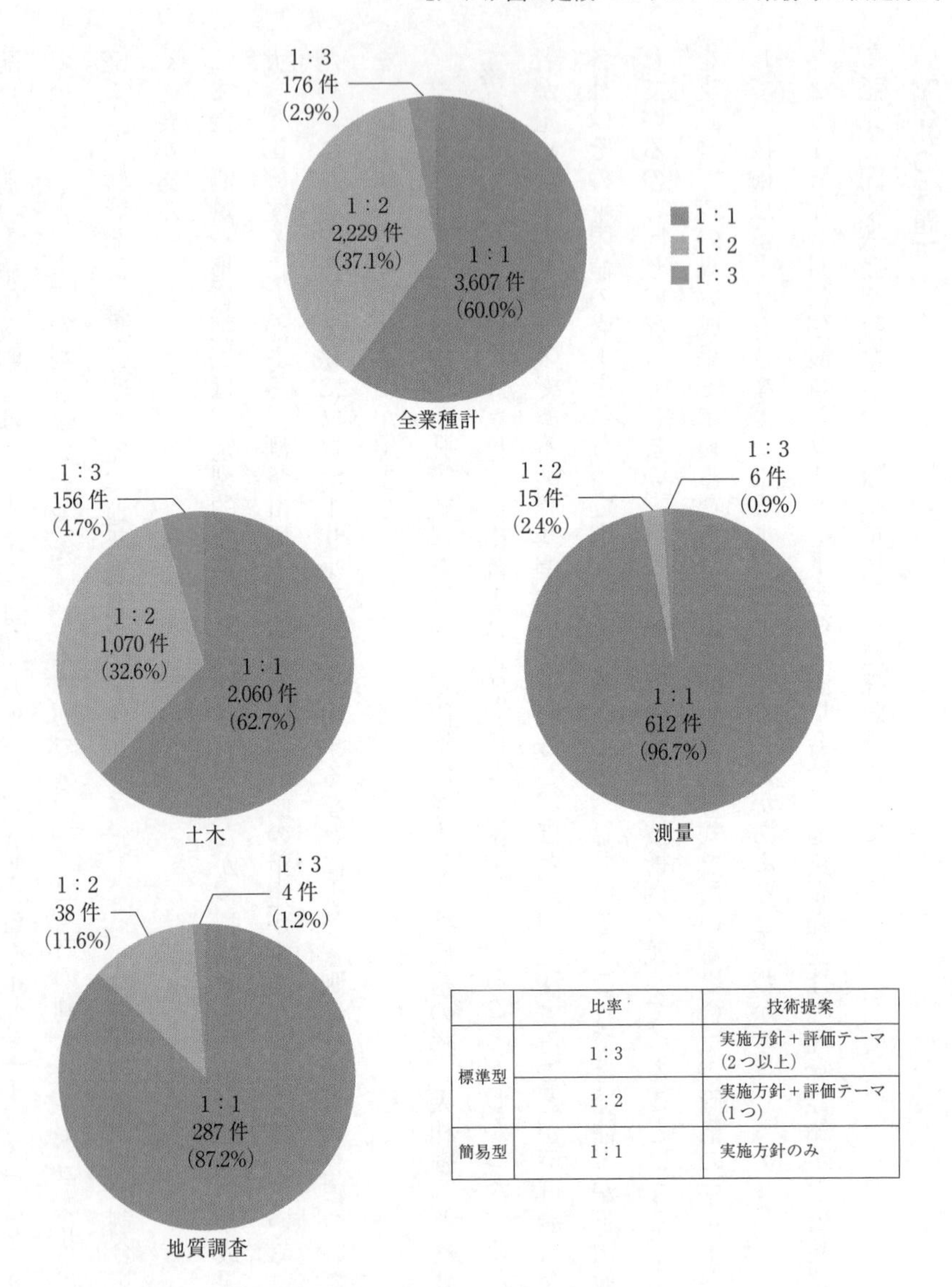

	比率	技術提案
標準型	1：3	実施方針＋評価テーマ（2つ以上）
	1：2	実施方針＋評価テーマ（1つ）
簡易型	1：1	実施方針のみ

（注）対象は8地方整備局・国土技術政策総合研究所・国土地理院発注の測量・建築コンサルタント・土木コンサルタント・地質調査・補償コンサルタント業務（港湾空港関係を除く）

図3-3　2015年度総合評価落札方式　配点比率別発注件数 [2]

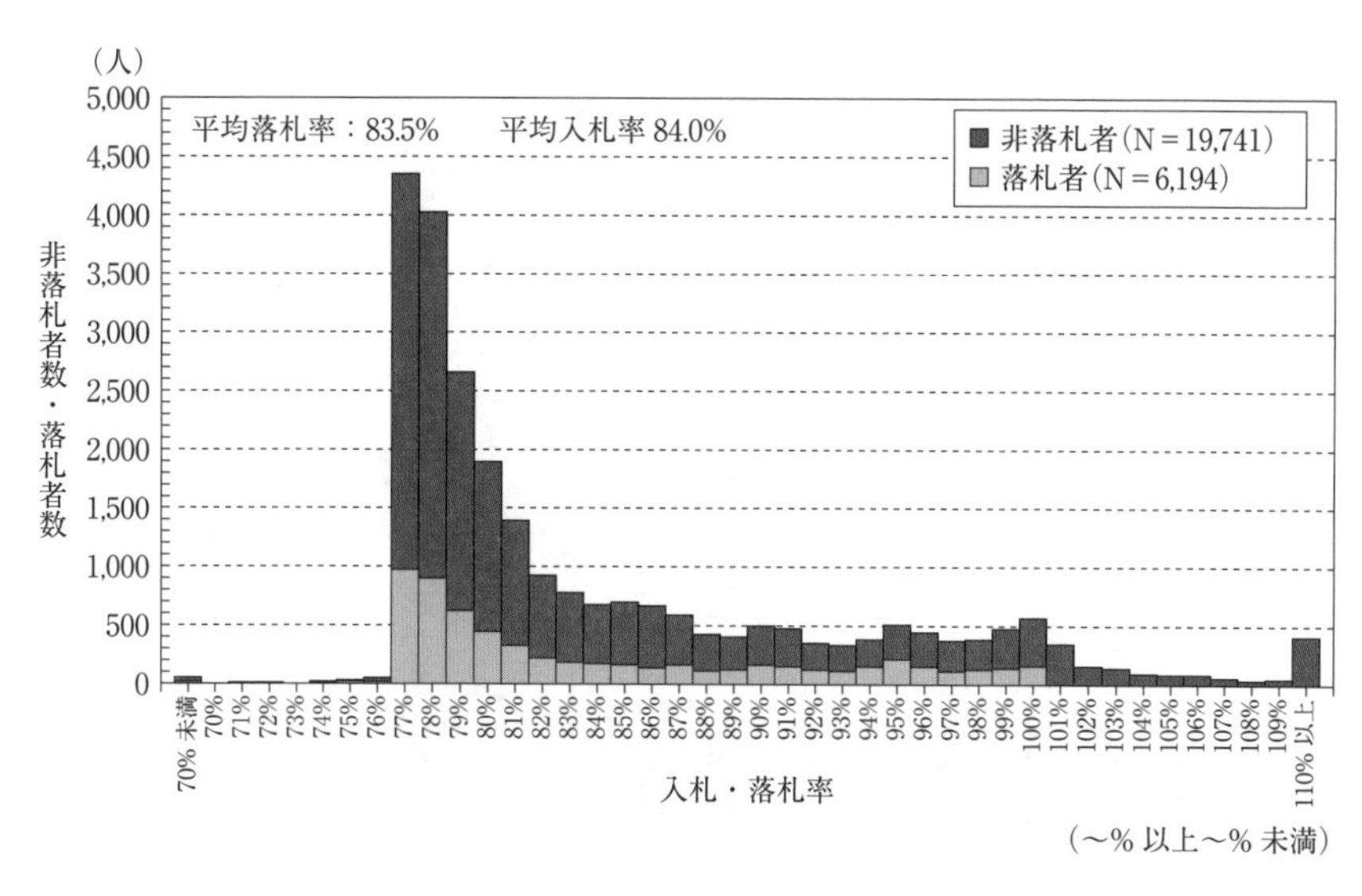

図3-4　2014年度の総合評価落札方式　入札・落札率分布（全職種）〈北海道＋8地整〉

・建設コンサルタント業務等の総合評価落札方式では、「価格：技術」の配点比率は、「1：1（簡易型）」が多い。そのため、落札者が最低制限価格に近付くことが多い。

・発注者の依頼により、事前に測量に関する提案と見積りを提示しても、入札の際には歩掛が公開されて一般競争入札となることが多い。測量計画の策定を含めてプロポーザル方式などの技術競争により業者選定を行うべきではないか。

・年度内を期日とした業務が第4四半期に一気に発注されるため人材が不足する。発注を平準化して納期が年度に縛られないようにしてほしい。

【発注者の技術力不足】

・建設コンサルタント業務について、品質を監視する者に技術力が必要。橋梁の設計であれ何であれ、品質不足を見抜くためには発注者側に専門家が必要である。

・発注者に技術力がない場合は、民間の技術力を活用すべきである。
・建設コンサルタント業務に限らず測量や地質調査についても、計画段階から業務発注されると技術力に裏付けされた適正な業務が実施できる。

【海外の先進事例】

・アメリカ、イギリス、ドイツでは、法定の中期計画の中に公共事業費が明確に示されているので、今後発注されるボリュームがわかる。企業としてこれからどうするか、例えば採用人数をどうするかといった経営計画が立てられる。
・アメリカにはジオテクニカルベースラインレポートというのがある。特に変更のときに問題になることが多い地盤関係について、変更で発生するクレームをすっきりさせるためにその条件を工事発注前に出している。その基準を超えたら変更を認めるベースラインを決めるという仕事が海外にはある。これは欧米ではかなり広まっており、シンガポールでも実施されている。

【技術者の地位】

・各国によって違うが、アメリカは各州がPE法を定めている。基本的に公共の安全に関わるようなことはPE（プロフェッショナル・エンジニア）しかできない。これは発注者にも適用される条項なので、発注者もその部門の責任者、小さな組織単位でもPEが必要である。
・アメリカは公務員も含めて、仕事の内容に応じて人を採用するというポスティングシステムをとっている。そのため、職務の内容を文書化し、その職務をやるために必要な経験と資格といったジョブスペシフィケーションを事細かに決めている。役割分担と責任範囲が明確なため、地位も報酬も高い。

・シンガポールのＰＥも、技術者としての地位は抜群に高い。法的な裏付けがあるということが一番大きな要因であり、エンジニアの地位を向上させるためには、技術者が負う責任を法的に位置付けて資格化することが重要である。
・ドイツはプルーフエンジニアという、構造設計のチェック専門の資格があり、建築であっても土木の橋梁であってもチェックし、署名して責任を持つ。
・契約約款の請負と委任が混在していることも課題であり、法的な整理が必要である。
・今後の動きをみていくと、ＣＭ、ＰＦＩ、ＰＰＰ、コンセッションなど、新たな事業領域が考えられる。技術者の単価として、従来よりも高度な技術者単価の設定が必要。歩掛では発注単価が決まらず、コスト・プラス・フィーを検討する必要もある。
・国、自治体ともプロポーザル方式を拡大する必要がある。

【技術者の責任】

・アメリカのＰＥ協会のウェブサイトのメニューバーに、ライアビリティ（賠償責任）がある。インハウスエンジニア（技術公務員）であれ、民間のエンジニアであれ、どういう賠償責任が生じるかということを説明している。基本的には組織で働く人間であっても、個人の賠償責任が発生することを説明し、署名することで個人的な責任を負うというのを徹底している。
・アメリカでいくつかの州の瑕疵担保の上限を調べた。橋梁設計などの90％をインハウスエンジニアが担うワシントン州では、瑕疵担保の範囲は業務の契約額と１００万ドルのいずれか大きい額での制限がある。それに対してオハイオ州のようにインハウスエンジニアが少なく、９割の業務をコンサルタントに委託している場合の瑕疵担保は、無制限となっており、州によって大きく異なる。日本でも制度づくりが必要である。

2 FIDICが推奨する建設コンサルタント選定方式

(1) FIDICとは

欧米では建設コンサルタントの歴史はわが国より長く、技術者の社会的評価が高い。アメリカにはプロフェッショナル・エンジニア（PE）、イギリスにはチャータード・エンジニア（CE）などの制度がある。建設コンサルタントが事業として初めて成立したのは、19世紀初頭のイギリスにおいてであり、産業革命に伴う大規模な社会資本整備の設計などを担った。

建設コンサルタントに関する国際組織としてFIDIC[4]がある。FIDICとは1913年にベルギーで設立された国際コンサルティング・エンジニア連盟の略称である。世界で活動する建設産業界に共通して利用できるよう標準契約約款などの作成に取り組んでいる。FIDICの約款などは、発展途上国における国際調達などに広く利用されている。

FIDICは、建設コンサルタントの選定方法を重要視しており、「コンサルタント選定のためのFIDICガイドライン（2013年第2版）」[5]の中で、最近の国際開発銀行の経験豊かな高官たちの言葉を紹介している。例えば、「建設コンサルタントの選定は発注者にとって重要な決定の一つである」「発注者は建設コンサルタント選定の重要性およびプロジェクトのあらゆる品質へ及ぼす影響についてもっと気付くべきである」「プロジェクト費用の１％にも満たない建設コンサルタント費用を削減することは、そこから生じるかもしれないリスクの大きさを考慮すれば価値のないことである」といった言葉である。

ＦＩＤＩＣによると、建設コンサルタントの選定過程では品質を何よりも優先すべきである。また、建設コンサルタントに支払われる報酬はプロジェクト全体のライフサイクルコストのごくわずかであるが、プロジェクトの成功に向けて建設コンサルタントの選定は重要な鍵となる。似通った特質を持った国内建設コンサルタント間の競争となる国内資金によるプロジェクトの場合は、ＱＢＳ方式を推奨する。特に、難しいプロジェクト、失敗した場合のリスクが大きいと予想されるプロジェクトなどに対しては、ＱＢＳ方式を唯一の方式として推奨する。ＱＢＳとは、「Quality-Based Selection」の略で、「品質に基づく選定」である。ＱＢＳ方式は、建設コンサルタントの専門的能力や経験、マネジメント能力などに基づいて企業選定を行う。発注者は、委託しようとする業務の金額を示し、建設コンサルタント各社は、技術プロポーザルと、通常は価格も併せて提示する。そして、発注者は技術プロポーザルのみにより建設コンサルタントを選定する。ただし、事前に上限額が示されその価格設定の重要性が明確にされていれば、提示価格が予算の上限を超過した場合に、それがプロポーザル却下の理由となる。

もし、後述のＱＣＢＳ方式が考慮される場合には、価格要素に与えられる最大の配点のウェイトは０－10％の範囲内、また例外的に単純またはわかりやすい業務の場合でも、最大値としては20％以内とすべきである。以下にQBS方式とそれ以外の建設コンサルタント選定方式の流れを示す。

(2) QBS方式による建設コンサルタント選定方式

発注者は、業務概要、建設工事業務予算額（上限がある場合のみ）、必要な専門技術、プロジェクトで見込まれる工程、建設コンサルタント選定方法などを示して公募し、建設コンサルタントからの関心表明を求める。公募を行わずに、さまざまな情報をもとに建設コンサルタント会社のロングリストを作成してもよい。

発注者は、関心表明した建設コンサルタント、またはロングリストにある建設コンサルタントの中から、3-6社（EUプロジェクトの場合は7社）を抽出してショートリストを作成する。この際、業務経験、業務履行能力、業務実施体制、管理技術者配置の可否、業務管理能力、（必要な場合の）資金面の履行能力、過去の契約における成績、業務実施事務所の所在地、地域特有の問題に関する知識（地震、生態環境面の制約など）、担当技術者の詳細情報などについて審査する。

ショートリストに残った建設コンサルタントに対し、発注者は、TOR（特記仕様書）、プロポーザル留意事項、契約書案などを示して、プロポーザルを招請する。発注者はTOR作成にあたって建設コンサルタント業務に必要な予算を定めるが、TORにはそれを記述せず、業務目的、実施目標、業務内容、背景情報などを明記する。プロポーザル留意事項には、発注機関の担当窓口、提案書の様式など、プロポーザル評価方法、提案期日などのほか、招請された建設コンサルタント企業一覧を示してプロポーザル共同提案の可否を明らかにしなければならない。

技術プロポーザルの評価スコアが最も高かった会社は、予算面を考慮して、業務実施方法や業務実施体制と業務報酬について調整するよう要請される。業務報酬は、契約の基本原則や法律の要件、工程、支払条件、関連主体間での適切なリスク配分を考慮した上で、提供されるサービス内容を反映する。

最上位に順位付けられた会社との間で合意に至らなかった場合は、その会社の同意を得て交渉を停止し、次順位の建設コンサルタントとの交渉を開始する。それでも合意に至らなかった場合、以下同様に合意に至るまで、プロポーザル評価結果の順に、建設コンサルタントと交渉を行っていく。

(3) ＱＢＳ方式以外の建設コンサルタント選定方式

(i) ＱＣＢＳ（Quality-and Cost-Based Selection）による建設コンサルタント選定方式

公募またはロングリスト作成の手続きからショートリストの作成までは、ＱＢＳ方式の場合と同様の手続きである。ＱＣＢＳ方式は、品質と価格の両方を評価する方式であるので、技術プロポーザルだけでなく、価格プロポーザルを必ず同時に提出する必要がある。

プロポーザル評価は、技術プロポーザル評価、価格プロポーザル評価、そして技術と価格の総合評価という3段階である。価格プロポーザルは技術プロポーザル評価完了後に初めて開封し、発注者があらかじめ見積った参考価格に比べて非常に安く、非現実的な価格プロポーザルについては棄却することができる。ただし、このことについてはあらかじめプロポーザル招請書において明記しておく必要がある。

ＦＩＤＩＣは、非現実的に低い価格を提示したプロポーザルを棄却することを強く推奨する。価格評価点の算定方法は例えば次のとおりだ。

適確な最低価格をＡとすると価格Ｂを提案した場合の評価点は提示価格に反比例して、「（Ａ／Ｂ）×１００％」となる。この方法の代わりに提示価格に正比例した得点方法などほかの方法を用いてもよい。いずれにしろ採用される方法は、プロポーザル要請書に明記しなければならない。

ＱＣＢＳ方式は、品質と価格に基づく選定方式であり、品質と価格の評価点をそれぞれＱ、Ｃとし、価格へのウェイトをＷとした場合（例えばウェイトが10％の場合、次の計算式のＷには0・1が入る）総合得点は次のとおり算出される。

総合得点＝（1－Ｗ）・Ｑ＋Ｗ・Ｃ

そして、最高得点を獲得した建設コンサルタントは、契約交渉に招請される。そこで、業務内容や業務実施方法、実施体制、発注者からの提供資料などが交渉される。ＱＣＢＳ方式の場合は、提示された人件費や必要経費の単価は、既にプロポーザルの価格構成の選定要素となっているため交渉の対象とならず、価格については租税義務などについての確認がなされるのみである。交渉が成立しなかった場合は、発注者は次順位の建設コンサルタントと交渉を行う。

(ii) 目標予算方式（The Budget Method）

戦略調査、フィージビリティ調査、運輸調査、現地踏査など、あらかじめ成果を特定したり定量化するのが困難な業務で、予算の上限が決まっている場合に採用される。

建設コンサルタントの選定は、ＱＢＳ方式による。目標予算方式の場合は、発注者は予算の上限を示すことから、一層正確な仕様書を示すことが求められる。この場合価格は固定されているので、例外的に、建設コンサルタントは技術および価格プロポーザルを1つの封筒に入れて提出する。

(iii) 設計コンペ方式（Design competition）

大規模で重要な業務については、選定した少数の建設コンサルタントの間で設計コンペを行う方法がある。建設コンサルタントは、設計プロポーザルだけでなく、報酬についてのプロポーザルおよび／または建設コストの見積りを求められることがある。なお、プレゼンテーションの形態（プロポーザル、コンピュータグラフィックス、模型など）は明確に制限するものとする。競争参加するすべての建設コンサルタントが行う予備設計に対し通常、実費を支払う。

このような設計コンペでは、知的所有権は建設コンサルタント側にあり、その後設計業務を続けるべく契約が締結された場合に限り、知的所有権が譲渡される。

(iv) 価格交渉方式（Price negotiation）

技術力を評価して建設コンサルタントをショートリスト化し、少数の建設コンサルタントと価格交渉を行うもの。この方式は、しばしば残る者が1社となるまで値引き交渉をする競売に陥ることになる。信頼の置ける企業がこのような交渉を受け入れるとは考えにくく、たとえ受け入れたとしても、その場合には、その企業が通常行っている業務もしくは発注者が求める質に近いサービスを提供することはできない（ＦＩＤＩＣはこの方式を採用することに強く反対している）。

(v) 最低価格選定方式（Cost-Based selection）

この方式は、非常に規模が小さく簡単で、業務範囲を明確に特定できるものに限定される。発注者は重大なリスクを負うことになり、長期的には当該国建設コンサルタント業界を衰退、弱体化させ国益を損なうことになる。

この方式においては、通常、ショートリスト作成は行われず、よって価格を提示する者の数にも制限がない。しかしながら、特記仕様書の中で最低限の要求事項もしくは受け入れられない条件を特定する場合がある。最低限の要求事項を満たさない価格提示は不合格とみなされる（ＦＩＤＩＣは最低価格選定方式を採用することに強く反対している）。

(vi) 随意契約方式（Single Source Selection）

当該国の政策や法律で認められている場合に採用される方式である。発注者は選定過程を簡単にし、業務実施方法の評価などに集中することができる。

この方式は、多くの国では認められておらず、公開入札が基本とされている。

3 アメリカの調達方式

アメリカでは、第2次世界大戦を迎える頃、軍事施設の整備を大々的に進めることとなり、設計などを直営で賄いきれなくなった。このため、１９３９年公共工事法により競争入札によらない設計などの外注を始めた。そこで、連邦政府の土木・建築設計業務などの調達方式を確立するため、『１９４９年連邦財産管理業務法』を改正する『ブルックス法』[6]が１９７２年に制定され、発注者が公告の上、技術的に最も優れた建設コンサルタントを選定、交渉し契約するというＱＢＳ（Qualifications Based Selection・ＦＩＤＩＣのＱＢＳと同様）方式が法定化された。価格は建設コンサルタント選定段階では

Issuance of an RFQ（公募）

Receipt of Consultant Responses（関心表明受領）

Identification of Short-listed Firms（ショートリスト作成）

Issuance of Invitations to Appear for Interview（面談招請）

Interviews of Short-listed Consultant Firms（面談実施）

Ranking of Most Qualified Firm（順位付け）

Negotiation of Contract Including Scope of Services, Fees, and Other Details（交渉）

Enter into Contract（契約締結）

図3-5　アメリカにおける建設コンサルタント調達の流れ

一切考慮せず、選定後に業務内容を明確にした上で交渉によって決める。交渉が成立しない場合は次順位の者へと移行する。この法律の適用対象は、その後、測量や地図製作などへと次々に拡大した。

　ブルックス法は連邦政府機関の発注に適用されるものであるが、あらゆる公共事業関係者からなるアメリカ公共事業協会（APWA）[7] などが支持しているだけでなく、アメリカ法曹協会（ABA）[8]は、QBS方式を推奨して州政府および地方公共団体のための法案モデルを示している。今やQBS方式はすべての連邦政府機関で利用されているだけでなく、全米の46の州や多くの地方自治体で採用されている。

4 EU諸国の調達方式

EU加盟諸国は、各国の国内法に優先して、EU加盟国間で取り決められたEU指令に従うため、国内法をEU指令に合わせて整備しなければならない義務を負っている。入札手続上、特に重視されているのは、域内無差別による競争の促進であり、発注国以外のEU加盟国の者を差別的に扱うことは禁止されている。

(1) EU公共調達指令とEFCA

第2章で触れたように、EU公共調達指令（Directive 2014/24/EU）における主要な調達方式として公開方式と制限方式がある。公開方式では、関心を有する者は誰もが入札でき、入札した者のうち選定された者の技術提案が審査される。制限方式では、関心を有する者のうち選定された者だけが入札を招請される。このほか、公告した後に選定された者による入札の内容をもとに交渉を行う方式や、非公開のもとに1ないし複数の者と業務内容、価格などについて交渉を行う方式がある。さらに、設計競技や、発注者が仕様を明確にするのが困難な複雑な契約に用いられる競争的対話方式がある。

ヨーロッパの技術コンサルタントの業界団体であるEFCA（ヨーロッパ建設コンサルタント協会連合会）は、原則として公開方式は避けるべきであり、制限方式が設計などの調達に最も適しているとしており、予備設計や概念設計などの場合は、公開式の交渉方式が適切であるとしている。そして、PPP（第1章参照）などの複雑な事業方式の場合は、競争的対話方式が、景観を重視する設計などには設計競技が適用し得るとしている[9]。

ヨーロッパにおいては、落札基準としては、最も経済的に優れた入札ということで、品質、価格、技術的優位性などの総合評価、すなわちQCBS方式とすることが多い。各要素の配点比率などの落札基準の決定は、EU加盟各国の裁量に任されている。しかし、加盟国の一部においては最低価格を落札基準としているところがある。EFCAは、QCBS方式における価格の評価ウェイトを20％以下とすることを求めるとともに、価格のみによる落札基準を用いないよう求めている[10]。

2011年6月から欧州委員会にて進められたEU公共調達指令の見直しにおいて、EFCAとACE（ヨーロッパ建築家協議会）は、より品質を重視した調達ルールとするよう求めた。設計およびマネジメント業務は、建設コスト全体の10％にすぎず、建設および維持管理コスト全体の3％にすぎないことから、業務内容と価格について技術の最も優れた者と話し合う交渉による段階的方式を採用することを提案した[11]。

2014年に改訂されたEU公共調達指令は、交渉方式の適用を拡大すること、ライフサイクルコストなどの社会的・環境的要因を一層配慮すること、設計業務などの落札基準としては組織、品質、技術者の経験などについてEFCAなどの意見が反映されたものとなった[12][13]。以下にEU加盟国のうちイギリス、フランスおよびドイツの建設コンサルタント選定方法の現状を示す。

(2) イギリスの調達方式

代表的な公共事業実施組織であるハイウェイズ・イングランドでは、包括契約（Framework contract）やマネジメントエイジェント（Management agent）を通じた間接的な方式が主体となっている。建設コンサルタントの選定は、2封筒方式により落札基準として価格と品質の総合評価、すなわちQCBS方式が用いられることが多い。

世界の60を超える国の政府調達と約150カ国における国際金融機関の調達に関する入札契約情報などを電子オンラインで提供しているdgMarketを2012年9月、2013年9月、2014年7月、2016年8月の4回にわたり閲覧し合計すると、イギリスについては、入札結果が示されている土木設計業務（Engineering design services for the construction of civil engineering works）43件の調達方式は表3-1のとおりであった。

表3-1　イギリスの土木設計業務の調達方式の実態

調達方式	件数		
公開方式	7	(30%)	1
		(40%)	2
		(50%)	1
		不明	3
制限方式	25	(0%)	1
		(10%)	2
		(30%)	3
		(40%)	4
		(50%)	2
		(60%)	2
		(70%)	3
		(100%)	3
		不明	5
公開型競争的交渉方式	7	(—)	7
非公開型競争的交渉方式	2	(50%)	1
		不明	1
競争的対話方式	1	(—)	1
不明	1		
計	43		

（注）　件数欄の（　）内は，価格の配点比率

イギリスでは、制限方式が多く用いられており、交渉方式が増加傾向にある。価格と品質を総合評価する際の配点比率は、業

務によりさまざまである。表の件数欄で価格の配点比率100%というのは、価格のみの落札基準によることを表しており、これら3件は土木設計業務の範疇（はんちゅう）に整理されているものの、うち2件いずれも市の住宅団地管理業務であり、ほかの1件は建築設備工事が多くを占めるものである[14]。

(3)　フランスの調達方式

フランスについて、dgMarketを2012年9月、2013年9月、2014年7月、2016年8月の4回にわたり閲覧し合計すると、入札結果が示されている土木設計業務44件の調達方式は表3-2のとおりであった。

表3-2　フランスの土木設計業務の調達方式の実態

調達方式	件数		
公開式提案募集方式	23	(0%)	2
		(30%)	3
		(35%)	1
		(40%)	10
		(45%)	1
		(50%)	1
		(60%)	2
		不明	3
制限式提案募集方式	3	(40%)	2
		(50%)	1
公開型競争的交渉方式	9	(0%)	3
		(25%)	1
		(30%)	1
		(45%)	1
		(100%)	1
		不明	2
非公開型非競争交渉方式	3	(30%)	1
		(60%)	2
競争的対話方式	3	(25%)	1
		(55%)	1
		(60%)	1
不明	3		
計	44		

（注）件数欄の（　）内は，価格の配点比率

　公開式提案募集方式および制限式提案募集方式はいずれもQCBS方式であり、価格と品質の配点比率は業務によりさまざまであるが、価格を40%としているものが比較的多い。公開型競争的交渉方式において価格のみでの落札基準としている1件は、ガスお

よび熱供給事業に関する技術支援業務である。非公開型非競争交渉方式による3件は、いずれも概算価格がEU公共調達指令適用基準額未満のため国内企業を対象にしている[14]。

(4) ドイツの調達方式

ドイツについて、dgMarketを2012年9月、2013年9月、2014年7月、2016年8月の4回にわたり閲覧し合計すると、ドイツについては、入札結果が示されている土木設計業務59件の調達方式は表3-3のとおりであった。

表3-3 ドイツの土木設計業務の調達方式の実態

調達方式	件数		
公開方式	3	(12%)	1
		(45%)	1
		不明	1
制限方式	1	(20%)	1
公開型交渉方式	45	(—)	11
		(5%)	2
		(10%)	2
		(12%)	4
		(15%)	5
		(20%)	2
		(25%)	2
		(30%)	5
		(35%)	3
		(40%)	2
		(45%)	1
		(50%)	1
		(60%)	1
		不明	4
非公開型交渉方式	4	(10%)	1
		(12%)	1
		(20%)	1
		(30%)	1
不明	6	(40%)	1
		(50%)	1
		不明	4
計	59		

(注) 件数欄の( )内は，価格の配点比率

ドイツでは公開型交渉方式が多く用いられている。その45件のうち11件は技術審査のみにより契約相手を決定する方式、すなわちQBS方式である。そして公開型交渉方式のうち30件は総合評価により契約相手を決定する方式であり、価格の配点比率は業務によりさまざまである。非公開型

交渉方式には，公開方式の入札が不調となったために非公開型交渉方式に移行したものが含まれる[14]。

5　わが国のサービス調達改革の方向性

わが国における建設コンサルタント業務等の調達方式別の成績評定点は、価格競争で最も低く、総合評価落札方式の方が高く、さらにプロポーザル方式の方が優れているという調査結果がある。また、ＦＩＤＩＣは建設コンサルタントの選定にはＱＢＳ方式を適用することを強く推奨し、ＱＣＢＳ方式による場合は価格の配点比率を0-10％の範囲内、簡易な業務であっても20％以内とすべきとしている。

アメリカにおいては、建設コンサルタント業務等の調達に関係する多くの組織がＱＢＳ方式を強く推奨し、すべての連邦政府機関だけでなく、全米のほとんどの州や多くの地方自治体でＱＢＳ方式が採用されている。一方、ヨーロッパでは交渉方式の中でＱＢＳ方式が用いられている場合があるものの、主にＱＣＢＳ方式が用いられており、品質と価格の配点比率については、国ごとに業務の性質によりさまざまな重み付けがなされている。

建設コンサルタント業務等の成果の良し悪しは、プロジェクトの品質やリスクに大きく影響するものである。ライフサイクルコストはほとんど構造物の仕様決定の段階で確定してしまうため、調査計画や設計の費用を無理に削減すると、業務の質が低下し、ライフサイクルコストが逆に増大して大きな社会的損失となる可能性がある。このため建設コンサルタント等の選定は、ＱＢＳ方式やわが国で用いられているプロポーザル方式などの技術競争によることを基本とする必要がある。

QBS方式とQCBS方式には、表3-4に示すような長所・短所があり得る。QBS方式などの技術競争の適用拡大にあたっては、特に、短所として考えられている問題が起きないよう注意する必要がある。すなわち、業務の報酬に対し市場の競争原理が働かず高コストとならないよう報酬の適正さと算定方法の透明性の確保に留意すること、さらに、技術審査において不正が生じることのないよう技術力評価を厳正・的確に実施し得る審査体制を構築する必要がある。また、良質な技術を有する新規企業の参入や優秀な若手技術者の活用を可能とする仕組みとする必要がある。また、QCBS方式を用いる場合は品質を重視する必要があり、価格の配点比率の上限は20%程度として縮小する必要がある。

わが国で用いられるプロポーザル方式は、QBS方式のように、技術が優れた者と交渉を行って交渉が成立すれば契約するという方式ではなく、複数の建設コンサルタントの中から技術が最も優れた者を特定して、その者が唯一の契約相手であるとの前提で「随意契約」を行う方式である。契約相手を特定した後は、業務内容や契約価格を双方で話し合うことなく、発注者が予定価格を定めて契約相手となる者が入札しなければならない。応札額が予定価格を上回る場合は、予定価格以下となるまで何度でも入札を繰り返さなければならない。これは、予決令第99条の5に「契約担当官等は、随意契約によろうとするときは、あらかじめ第80条の規定に準じて予定価格を定めなければならない」と規定しているからである。第80条は、一般競争入札における「予定価格の決定方法」について規定している条文である。すなわち、一般競争入札と同じように予定価格を設定して入札を行うよう定めている。随意契約においては契約相手となる者が特定の一者しかいないという前提となるので、特定した後に契約相手として

表３-４　QBS 方式と QCBS 方式の長所・短所

QBS 方式	QCBS 方式
（長所） ・業務内容を明確に定めることができない場合に、選定過程において明確化することができ、受発注者の意思疎通を通じて技術力を活用することにつながる ・業務の質を確保しやすく、建設費、維持管理費を含むライフサイクルコストを安価にすることにつながる ・業務内容や業務実施体制を明確にするための手間・時間・経費を節約できる ・契約額が過小になりにくいため、業務の手抜きなどが生じにくい	（短所） ・業務内容を明確に定めていない場合に、業務内容について誤解や異なった解釈が生じやすく、低価格で落札して業務着手後に契約変更が生じやすい上、契約変更を巡ってトラブルが生じやすい ・低価格で受注することによって業務の質の低下や未熟な技術者を用いることにつながり、建設費や維持管理費の増大につながる可能性がある ・業務内容や業務実施体制を明確にするための手間・時間・経費を要する ・契約額が過小な場合は、手抜きなどにより求める成果水準に至らないことがある
（短所） ・入札により価格競争を行わないため、需要と供給の市場原理が働かず、業務が高コストとなる可能性がある ・品質という主観的尺度のみに基づいて受注者を選定するため、不公正な調達となる可能性がある ・実績を有する企業や技術者を選定することが多く、新規企業や若手技術者が参入しにくい	（長所） ・需要と供給の市場原理により価格が定まり、業務のコストを縮減できる可能性がある ・価格による競争に関しては客観的であり、受注者の選定に関し不公正が生じにくい ・入札参加の資格要件が厳格でない場合は公開性が高く、新規参入が容易となりやすい

適切性を欠くと判明しても次順位の者に移行して契約することはできない。また、契約前に発注者・受注者間で業務内容を十分に明確にできないこともある。

公共工事品確法に位置付けられた技術提案・交渉方式は、技術提案を募集し、最も優れた提案を行った者と交渉を行って契約相手を決定する方式であり、QBS方式と類似したものである。しかし、会計法や地方自治法に交渉手続が位置付けられていないので、交渉手続を経て契約相手が特定された後に会計法や地方自治法上の随意契約を適用することになる。わが国の建設コンサルタント業務等の受注者選定手続としては、現行のプロポーザル方式を拡大することとして、事前に業務内容を明確にすることが困難な場合などには技術提案・交渉方式を導入することが適当と考えられる。また、QCBS方式に相当する総合評価落札方式を適用する場合には、従来より一層品質を重視して価格の配分比率（わが国では価格点の比率が50-25%と大きい）を縮小するための見直しを行う必要がある。今後さらに、海外の建設コンサルタント調達の制度および運用実態について審査方式を含め詳細に把握し、わが国に公正で適正な調達が行えるよう技術審査体制を含む制度面の検討を進める必要がある。

わが国では、建設コンサルタント業務等の受注者選定に価格競争を用いている例がいまだに多数ある。一部の地方公共団体においては、価格競争の結果、下限価格に複数の建設コンサルタントの入札価格が張り付いてくじ引きによって落札者を決める事態が生じている。目先の安値を求めて結果として後世につけを回してしまうことになりかねない。

建築設計の分野においても同様な問題意識が高まっており、日本学術会議土木工学・建築学委員会デザイン等の創造性を喚起する社会システム検討分科会は、２０１４年9月に「知的生産者選定に関する公共調達の創造性喚起」と題して提言書をとりまとめ、「すぐれた提案を出した者からその対価を順に交渉によって決定する方法を採用すべきである」としている。同分科会の調査によると、都道府県では83％、政令指定都市では72％、特別区では72％、市では72％、町村では70％が競争入札を用いており（2013年度）、それは決して創造性を高め、良質なものを生み出さないと述べている。そして、コンペティション・プロポーザル方式などが十分に高い品質を保証できる方法であると主張している。

価格競争による弊害は、土木や建築に関する技術業務にとどまらず、書類作成業務や登記業務、車両運行管理業務、警備業務といったさまざまな専門知識や習熟を要する役務全般についてもいえることである。役務を安易に価格競争により調達することによって業務の質の低下など、さまざまな問題が生じている。役務の調達について品質重視の受注者選定方式の適用を拡大する必要がある。

登記業務においては、価格競争で調達が実施される「公共嘱託登記」の弊害が起きている。国や地方公共団体などが公共事業に伴う用地買収などを実施した場合、不動産登記法に従って、その権利を保全するために登記申請（公共嘱託登記）を行う。多くの公共嘱託登記に関する業務の調達において、一般競争入札が採用されているのであるが、最安値入札者を自動的に落札者としている。この入札方式では、必ずしも適正な業者が落札するとは限らない。土地家屋調査士から聴取したトラブルの事例を以下に示す。

【事例1】

2013年度に「不動産表示登記等業務」をA社は、落札率28％で受注した。しかし、現場が業者所在地から遠隔地であったことなどから、当該業務を実施せず、契約期間が経過。発注者は緊急処理として、地元の土地家屋調査士を対象に業務発注をやり直すなどの対応をとらざるを得なかった。

【事例2】

2年続けて約41％の落札率で受注したB社は、2011、2012年度とも受注後に数量を増やし、最終的には予定価格の100％に近い業務価格を発注者に請求。発注者は懸念しながらも2年とも請求額を支払った。3年目も契約候補となったB社に対し、発注者は大幅な変更は認められない旨の協議を実施したところ、履行不能届が提出された。B社は当初から入札した額では業務を実施する意思がなかったと考えられる。

最安値入札者が受注することが、効率的な公共事業をもたらすわけではないことが、この2つの事例から読み取ることができる。効率的な公共事業を実施するためには、善良で優れた業者が公共嘱託登記を実施することが必要なのではないだろうか。

【注釈】（出典、原語表記など）

［1］ 国土交通省直轄工事等契約関係資料　平成15年度版（14年度実績）−平成28年度版（27年度実績）
［2］ 国土交通省：調査・設計等業務に関する入札・契約の実施状況（平成27年度年次報告），2016
［3］ 国土交通省：建設コンサルタント業務等におけるプロポーザル方式及び総合評価落札方式の運用ガイドライン，調査・設計等分野における品質確保に関する懇談会，2015
［4］ FIDIC: *Fédération Internationale des Ingénieurs Conseils*
［5］ SELECTION OF CONSULTANTS, FIDIC Guideline for the Selection of Consultants SECOND EDITION 2013
［6］ The Brooks Act: Federal Government Selection of Architects and Engineers, Public Law 92-582 92nd Congress, H.R. 12807, 1972
［7］ APWA: American Public Works Association
［8］ ABA: American Bar Association
［9］ EFCA: AWARD OF CONSULTING ENGINEERING SERVICES, Guidelines for transposition of Directive 2004/18 to national legislation, 2010
［10］ EFCA: Policy Paper on lowest-price award, 2010
［11］ EFCA: Changes urged for procurement policy and regulation to better support global quality, 2011
［12］ EUROPEAN COMMISSION: Proposal for a DIRECTIVE OF THE EUROPEAN PARLIAMENT AND OF THE COUNCIL on public procurement, 2011
［13］ EFCA: bulletin FEDERATION NEWS, 2012
［14］ DgMarket Tenders Worldwide: http://www.dgmarket.com/

コラム6　コンサルタント技術者の地位は高い？

日本のコンサルタント技術者の社会的地位は高いといえるのでしょうか。高度な技術サービスを提供するコンサルタント技術者は、より高い社会的地位やそれに見合う報酬が与えられてもよいのではないかと思います。最近の状況や海外との比較を踏まえ、今後のあるべき方向性について考えてみたいと思います。

失われた20年

日本経済は長く続いたデフレにより俗に「失われた20年」ともいわれ、この間多くの企業が実質的な人件費抑制を強いられてきました。建設コンサルタント業界においても、特に過当競争が激しくなってからは企業の利益率が低下し、経営環境が最も悪かった２０１１年度前後では、売上高に対する営業利益や経常利益が業界平均で数％程度まで低下しました。このレベルでは、企業にとって売上が低下すればすぐ赤字に陥る恐れがあり、それを防止するため賞与などの人件費を下げざるを得ないという状況もありました。さらには、メディアによる公共事業批判が継続し、一般社会の建設業界のへの見方が真実とかけ離れたことも大きく影響して、技術者の処遇のみならずモチベーションも低下してしまったように思います。

このような経営環境は、東日本大震災の復興などに伴う市場拡大により一時的な持ち直しはありましたが、今後の長期的な市場環境は楽観視できない状況にあると考えるべきです。

一方、以上のような状況を好転される法的な取組みが改正品確法であり、入札の適正化や技術者単価の是正など企業の利益率向上、ひいては技術者の報酬改善に効果が期待できます。しかしながら、わが国の国土を整備・保全するという大切な役割を担い幅広く活躍するコンサルタント技術者の社会的評価や報酬は、現状においていまだに十分であるとは思えません。

技術士とPE

参考までに、東南アジアの先進国であるシンガポールの状況と技術資格の面から地位や報酬に関して日本と比較してみましょう。

まずシンガポールの代表的な技術資格制度※はPE（プロフェッショナル・エンジニア）法に基づいています。日本の技術士建設部門に相当するのは、PEのCivil（土木）部門とGeo（地盤）部門しかありません。前者のPE（Civil）が日本の一般的な建設部門全般に相当しますが、後者のPE（Geo）は建設部門のうち土質および基礎科目と考えてよいでしょう。このPE（Geo）は、PE（Civil）を取得後7年以上の実務経験と5年以上の地盤工学の業務経験があって初めて受験資格が得られるという厳しいものです。地盤に関するコンサルタント技術者の資格がこれほど難しいのは、シンガポール政府がインフラ整備において地盤に関するトラブルが多いためその知識や経験を非常に重要視していることの証しといってよいでしょう。日本の場合、シンガポールより複雑な地盤、地形・地質条件にあることを考えると、この分野を軽視し過ぎてきたのかもしれません。

なお、APECエンジニアという技術資格の相互認証制度がありますが、残念ながら、シンガポールにおいては何ら効

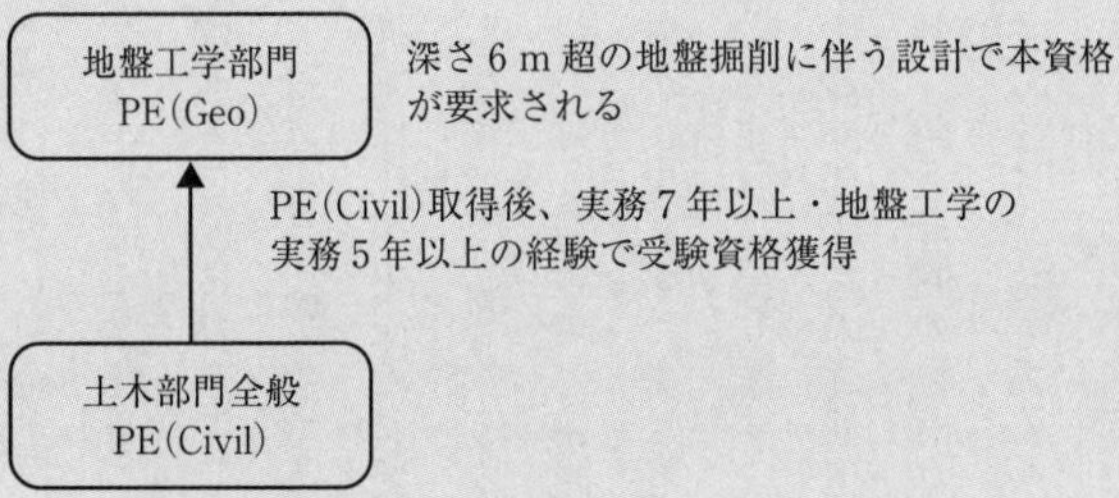

地盤工学部門
PE(Geo)　―　深さ６ｍ超の地盤掘削に伴う設計で本資格が要求される

↑ PE(Civil)取得後、実務７年以上・地盤工学の実務５年以上の経験で受験資格獲得

土木部門全般
PE(Civil)

シンガポールのPE

力がないようです。

さて、このようなPEはコンサルタント技術者として設計業務の成果図面に署名が義務付けられています。これは米国でも同様のようです。そして、成果に基づき工事中にトラブルが生じた場合、損害賠償がPEに請求されることがあります。このように技術者個人の責任が非常に重いということです。ただし、責任が重い代わりにPEの報酬も高いのが一般的です。一例ですが、シンガポールの一流のPE（Geo）では年収数千万円に相当する報酬が支払われていると聞きます。日本の事情とは随分違います。

コンサルタント技術者の責任の増大

さて、日本の場合について考えてみましょう。シンガポールや米国の場合と異なり技術士の署名は必要なく、技術者個人への責任訴追も一般的にはありません。基本的には技術士の属している企業が、問題が生じた場合の責任を取ることが一般的です。ただし、企業に属する技術者としての責任がないわけではなく、企業内での評価に大きく影響することになるでしょう。

一方、官庁の発注者と受注者の関係で見た場合、従来に比べて徐々に変わってきているような気がします。特に事業の上流側に位置する計画・調査・設計は、発注者と協議によって業務が進められますが、少しずつ受注者側の責任が重くなってきているように感じます。この背景には、発注者に対する外部からの責任追及が厳しくなっていることや、発注者側の技術力の低下があるという見方もあります。もちろん、受注者がミスをすれば責任を取るのは当然のことです。しかし、極端に高額な賠償を要求されるケースが出てきており、そのため今後の責任分担のあり方がシビアに議論されるようになってくるのではないでしょうか。

コンサルタント技術者の地位向上を目指して

以上述べてきたことを考えると、日本のコンサルタント技術者は、海外に比べると報酬はあまり多くはないですが、責任は次第に増えてきているというアンバランスな状態になってきているのではないでしょうか。このような状況を打破するためには、例えば以下のような方法が考えられます。

①業務独占資格化

ＰＥ資格のように、技術士を保有している技術者の押印を義務付ける制度を設けることにより、業務の独占化を図ることでその技術者の価値を高める方法です。建築士や測量士のようないわゆる「士業」の仲間入りを目指すということにもなります。義務や責任をどのように扱うか、幅広い分野間の調整を図ることができるか、技術士法の改正が国土交通省ではなく文部科学省の管轄であることなどの問題をクリアしなければなりません。

②特殊技術者の評価

特殊な技術を有する技術者により多くの報酬が与えられるように、現在の積算基準を変更することで、特殊な技術者を優遇することも可能です。例えば、今後発注者の支援を行う高度な専門知識や経験を有した技術顧問が活躍できる環境になれば、特別な報酬を与えることも可能かと思います。

また、極めてニッチな分野の高度な技術者の資格があれば、同様に厚遇してもよいのではないかと思います。一例として、全国地質調査業協会連合会が認定している応用地形判読士という資格は、極めて高度な地形判読を要求するため合格率も低く、限られた専門技術者という位置付けにある特殊な資格であり、厚遇する対象になりうるものと思われます。

以上は、実際にはなかなか難しい問題ですが、そろそろ議論の俎上に乗せてもよいのではないでしょうか。今後の議論の発展に期待したいと思います。

（岩﨑公俊）

※（注）

（参考文献）野中毅：シンガポールの技術士と設計および施工認証制度の紹介　建設コンサルタンツ協会東北支部、会報Vol.47、2013

コラム7 地質調査の重要性―国内外の比較から―

「地盤を甘く見ると痛い目に合う」。これは工事関係者なら誰でもうなずくことではないでしょうか。このような一般論はわかっていても、地盤の中は目に見えないので結局はやってみないとわからないというのが本音でしょう。

日本の地形や地質は、世界でも類を見ないほど複雑です。そのため、マニュアルに基づいて調査しても不十分であることはよくあります。マニュアルには、通常、地盤が複雑な場合にはより多くの調査を行うよう書かれていると思います。しかし、その現場の地層構成がどれだけ複雑かは専門家でなければ判断できません。さらには、事故やトラブルがあった際の原因究明の結果、地盤や地質が複雑であったために仕方なかったと結論付ければ、誰も傷つかなくて済む場合もあります。このようなことも一因となり、事前の調査不足に起因した上記のようなトラブルは繰り返し発生しています。

だからといって、どのような場合にも調査数量を増やすというのは暴論です。よりかしこく地盤と付き合う方法はないでしょうか？　ここでは、海外の取組みを紹介するとともに、逆に日本のよい点を海外で活用する例を述べてみます。

地質リスクマネジメント

工事の進行を遅らせたり余分な費用を要したりするリスクにはいろいろな要素がありますが、予想外の地層や礫の出現や異常な出水などいわゆる地質リスクに関わる問題が多いことは周知のことです。イギリスにおいては、このことを深刻に捉え、土木学会の活動としてジオリスクマネジメント（Geotechnical Risk Management）に関する委員会を発足させ、実務に役立つマネジメントの考え方を示す報告書をまとめました。この報告書のねらいは、土木・建築における施工中の安全やコスト増などのリスクが地盤や地質に最も大きく影響すると考え、それらの地質リスクをいかにマネジメントするかをまとめたものです。このリスクを上手くコントロールすることにより、工事の生産性を向上させようという意図があります。そして、そのマネジメントの成功の鍵は、計画段階から地盤の情報を収集し、地質リスクを抽出して対応策を検討することです。イギリスでは15年前からこのような取組みがされてきており、この書籍が教科書のような扱いになっているようです。

さて、わが国においてはどうでしょうか。早い段階からこのようなリスクを意識することはせずに、工事中に問題が生じれば設計変更して対策工を追加するやり方が多かったのではないでしょうか。事業費に余裕がある場合はよかったのですが、これからは過度な増額に対しての説明責任が問われます。

これに対して、地質リスク学会は地質リスクマネジメントに計画段階から取り組めば事業全体のコスト縮減に役立つと主張し活動していますが、本格的な実用化は始まったばかりです。ただし、国土交通省の「建設コンサルタント業務等におけるプロポーザル方式及び総合評価落札方式の運用ガイドライン」の２０１５年11月改訂版において、プロポーザルによる発注の事例として「地質リスク調査検討業務」が取り上げられました。この業務は、地質リスクマネジメントの一部としてリスクの抽出・分析・評価を主眼としたもので、上手く機能すれば施工中のリスク低減に役立ち、現場の生産性向上に有益になるものと考えられます。最近いわれている生産性向上がＩＣＴの活用にフォーカスされていますが、リスクマネジメントの面からの見直しも必要と思います。

工事設計変更と地盤

地中の工事においては、上記のように地質リスクが潜在的に含まれるため、設計変更を伴うことが非常に多いのですが、その変更を認めるかどうかは発注者・受注者の双方にとって大きな問題です。

特に欧米の工事においては、工事中に多く発生する想定外の条件による変更の可否に関するトラブルが多く発生しています。そのため米国ではDSC条項という想定外の条件での設計変更を認める制度がありますが、相変わらず係争が絶えませんでした。そこで登場したのがジオテクニカル・ベースライン・レポートです。英語の頭文字をとってGBRと呼ばれ工事発注資料の一つとして位置付けられています。これは、日本における施工条件明示を発展させたものとも考えられます。特に地盤の状況を再調査結果も含めて再吟味し、地層構成や地盤の設計パラメーターなどを明確に示し、工事においてこれと実際の条件が大きく異なれば発注者は設計変更を認めるというものです。設計変更の可否の基準線を与えるという意味でベースラインという表現がなされています。

わが国においても、今後デザインビルドやPFI／PPPによる発注が行われるようになれば、設計変更の基準が微妙な扱いとなりますので、GBRを取り入れることを検討すべき場面が増えてくると思います。

ODAにおける地質調査の問題点

途上国において地元の業者を使った地質調査の結果の信頼性が乏しいことは、海外の業務経験のある技術者であればよく知っています。

図は、タイにおいて標準貫入試験によるN値を日本と地元企業で比較した例で、あまりに結果が違うので再度検証のために日本企業が確認試験を実施した結果です。地元企業による結果が明らかに過大なN値を示していることがわかります。この原因は、実際の作業現場を確認した結果、使っている資材が曲がりや欠損など、ひどい状態のまま使用されていることにあることがわかりました。もし、このＮ値を使って設計したら地盤の強さを過大に評価することになり、へたをすると構造物の変状につながります。

一方、ＯＤＡ案件における地質調査は、地元国の業者を使うことが原則となっています。日本の企業を使うことはコストが高くなるためで、それに異議が唱えられることはあまりなかったのが実情です。しかし、例を見てもわかるように、多少のコストがかかっても品質の良い日本企業を活用する価値はあります。すなわち、ＯＤＡ予算の無駄使いの防止や国内企業の海外進出を促進するために、ＯＤＡ案件においても日本企業の活用を検討すべきと考えられます。

（岩﨑公俊）

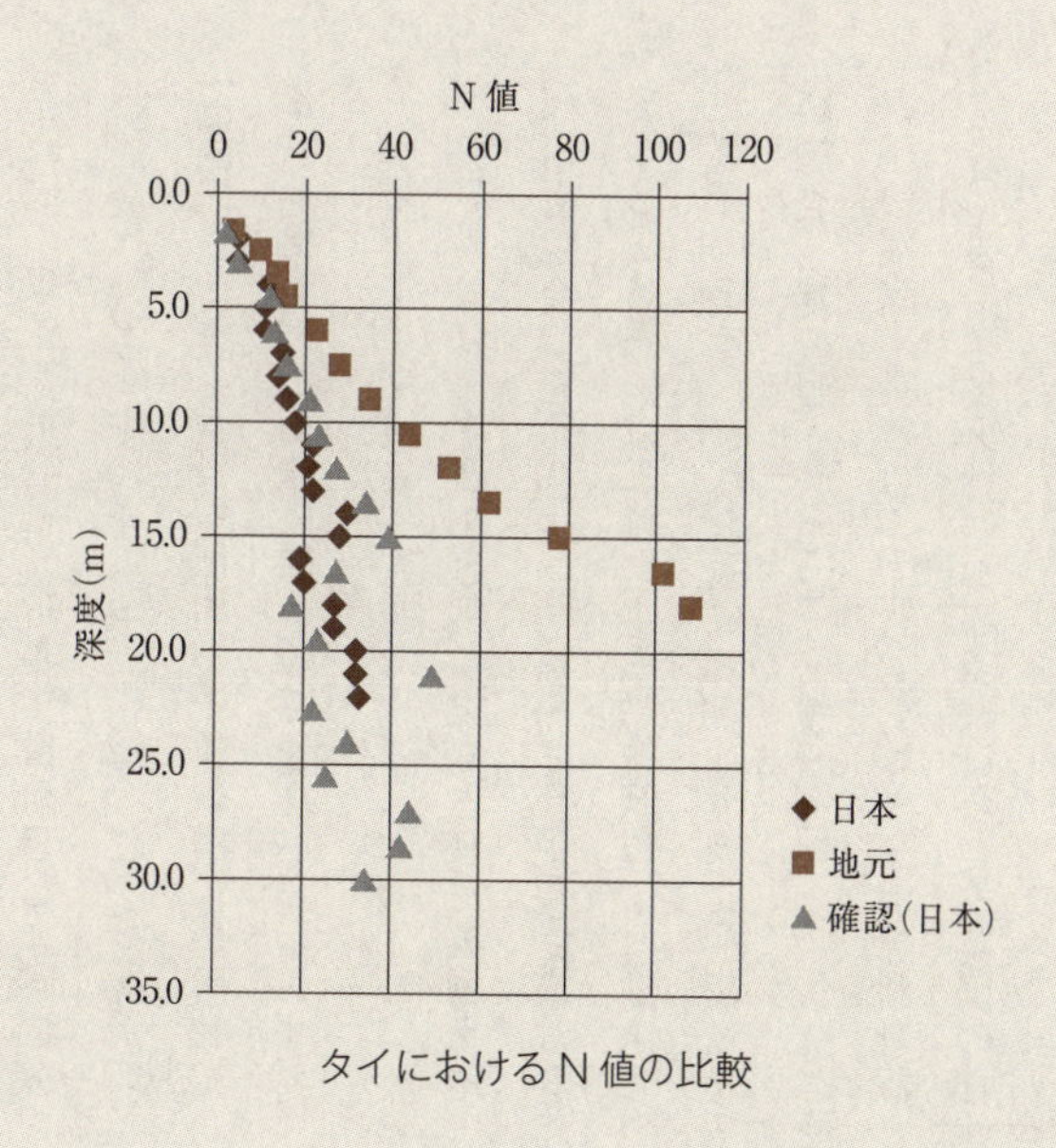

タイにおけるＮ値の比較

コラム8　英国のチャータード・エンジニア制度

UK（英国）の技術者資格である「チャータード・エンジニア」（CE：Chartered Engineer）についてご紹介します。CEはわが国の「技術士」や米国における「プロフェッショナル・エンジニア」（PE：Professional Engineer）に相当し、それぞれ相応のステータスがありますが、資格取得要件や資格取得に至るまでの環境条件は大きく異なります。

CEの意味するところですが、英国では「国王と枢密院」による統治機構が共存しています。国王と枢密院は、ノルマン王朝の宮廷政治に起源を持ち、17世紀までは政府そのものでした。枢密院は現在も英国女王の諮問機関として、国王大権の行使に関する助言や法人格付与に関する勅許状（Royal Charter）の審議を行っています。国王の勅許状によって設立された機関が「Chartered Institute」あるいは「Chartered Corporation」です。歴史的には13世紀前半から現在まで1000以上の機関が設立されています。

1231年設立のケンブリッジ大学、1600年設立の東インド会社、近年ではBBC（英国放送協会）、ロイヤルオペラハウス、高等教育の「University」名称の使用や学位授与の裁可権などは、枢密院が王権に基づいて管理しています。

英国における最初のプロフェッショナル・エンジニア協会は、1818年に設立された英国土木技術者協会（Institution of Civil Engineers）で1828年には王権による勅許状により法人化されています。初代会長はスコットランド高地道路調査・建設（1802–1830）やカレドニア運河建設（1801–1822）、メナイ橋建設（1818–1826）など多岐にわたる英国の社会資本整備に多大な貢献をしたトーマス・テルフォード（Thomas Telford・1757-1834）です。ちなみに英国機械技術者協会（Institution of Mechanical Engineers）は、1847年にジョージ・スティーブンソン（George Stephenson）を初代会長として設立され、1930年に勅許状により法人格が付与されています。

これらの学協会は大学教育のカリキュラムの認証やCEの認定・登録のほか学生育成のためのプログラムの作成や産業界との交流、表彰制度を運営しています。まさに英国のCEは「女王陛下の007」ならぬ「女王陛下の技術士」なのです。

CEの学歴資格は、「Engineering Council」のUK-SPECに示される以下のルートを経なければならないと規定されています。

1．各々の「Professional Engineering Institute」に認定された大学カリキュラム等優位の学位（Bachelors Degree with Honours in Engineering or Technology）に加え修士号あるいは博士号）を保有するもの

2．各々の「Professional Engineering Institute」に認定された大学カリキュラムMEngの学位を保有するもの

3．一般的なルートの学歴を保有しないものは、それと同等であることを示さなければならない

CEのステータスは「社会における責任と貢献」となっています。学術レベルの基準を満たした候補者は、実際の仕事を通じて、(A)既存の技術や新たな技術を最適化し応用できること、(B)問題に対し理論的で実現可能な方法を応用できること、(C)技術的・商業的リーダーシップを発揮できること、(D)効果的な対人能力を有すること、(E)専門家としての規範を示すこと－を要求されます。

CEの認定ですが、UK-SPECでは、単に知識あるいは経験の評価ではなく、能力（Competence）を評価することとしています。候補者は、希望する「Professional Institution」に

設置されている「Professional Committee」（PRC）に登録申請書と業務経験論文を提出し、書類審査を経て適格者は面接試験（Professional Review Interview）に進み、これに合格・登録して晴れて「Chartered Engineer（CE）」となります。

このようにCEは、工学の大学4年、修士2年、初期技術者教育IPD（Initial Professional Development）を何年か積み、口頭試問を受けて付与される資格です。月並みな表現ですが、合格率は平均すると9割です。英国には35の技術者協会（Licensed Institutions）がありますが、合格率が100％の協会もあるそうです。

では、合格率が90〜100％ということは、そのレベルはどうなのでしょうか。プロフェッショナルとして高いレベルの技術者になるように試験ではなく、企業が学協会の協力のもとに研修プログラムを策定し、それをもとに人材を育成しているのです。研修プログラムを有しない企業に所属する技術者は学協会に相談することになっています。

また、9割、10割の分母は修士2年の修了生で、修士を出た人は全員がCEになることを目指しています。このあたりが日本の技術士制度、大学の制度と異なり、同様にFE（Fundamental Engineer）試験からPE試験を経て登録される米国のPEとも違うことが窺えます。

英国はコンサルタント発祥の地といわれていますが、インハウスエンジニアが直営で設計を行う州もあります。インハウスエンジニアも民間のコンサルタントと同様にCEの資格を保有する者が責任のある仕事を担っています。

CE登録後のCPDは年間50時間と規定されていますが、厳密な審査はしていないようです。技術者自身の質を高めるためのCPDですので、レベルアップというアウトカムで判断することとしています。この資格を取得して技術者として一人前ということですので、一人前に扱われることが資格取得の最大のメリットともいえます。

ＣＥは審査なしでＩＰＥＡ国際エンジニアと同等にみなされる「カテゴリー１」と呼ばれますが、日本の技術士や米国のＰＥのように試験で技術者資格を与えている制度の場合、「カテゴリー２」と呼ばれ、資格取得後に技術者自身が主体となって実施した業務経歴の２年間と７年間の実務経験の期間を証明し、審査を受けて国際エンジニアとして登録することができます。

ＣＥはＥＵ他国の技術者資格と相互認証があり、その意味ではＣＥの方が国際的に通用するとの認識ですが、英国のＥＵ離脱によりＣＥ資格の扱いについても注目したいところです。

（本橋　遼）

（参考文献）
・英国機械技術者協会日本事務所　Michael Ebina CEng FIMechE：英国チャータード・エンジニアの紹介、日本技術士会国際委員会資料、２０１６
・日本技術士会国際委員会副委員長　鮫島信行：日本技術士会ＩＰＤ研究会における報告
・井上雅夫：日米欧比較に基づく道路橋設計照査制度に関する研究、東京大学博士論文、２０１２

コラム9　米国のプロフェッショナル・エンジニア制度

PE（Professional Engineer）制度とは

米国は連邦制度で、資格の認定権限は州にあります。20世紀初頭までは、誰でも技術者として働くことができましたが、1907年にワイオミング州が初めて技術者資格法を制定しました。現在では、公衆の安全を守るために、エンジニアリングサービスを提供する権限をプロフェッショナル・エンジニア（PE：Professional Engineer）のみに与える法律（PE法）をすべての州（50州）が有しています[1]。

日本の技術士制度は、このPE制度をモデルとして創設されました。しかし、PEは業務独占資格であるのに対し、技術士は業務独占資格ではなく名称独占資格であることが大きな違いです。PEはほかの業務独占資格である医師、弁護士などと同様に専門家として社会から評価されています。

1960年代に至るまで、長大吊橋は米国の独壇場でした。それを支えた著名な技術者として、アンマン（Othmar Ammann）とスタインマン（David Steinman）がいます[2]。スタインマンが米国PE協会（NSPE：National Society of Professional Engineers）を1934年に立ち上げ初代会長となりました。彼は、設立総会の演説において、協会の目的を、①無資格の実務者から有資格の技術者を差別化して守る、②技術者の地位向上、③非倫理的行為の禁止、④不適切な報酬の禁止としました[3]。

PEは、職能団体である米国PE協会への帰属意識がまずあり、その次に会社への帰属意識があるといわれています[4]。これは、名刺にも表れていて、会社での役職より上に資格名が記載されています。このような意識の背景には、米国PE協会による会員への倫理的要請が挙げられており［5］、協会の倫理綱領は、技術団体倫理綱領の国際的モデルになっています。会員は、この倫理綱領に従うことを名刺においてまず表明しているのです。

官民ともに終身雇用ではないことも前述の意識の背景にあるでしょう。米国の公務員制度は、ポジションシステムといわれ、特定のポストに対して採用、ポストに応じた資格・能力が重視されます。資格・能力が向上しなければ、上位のポストに就くことはできません。そして、給与は年齢給ではなくポストで決まります。

PE法に基づくPEによるエンジニアリングサービス独占は、官民の区別はありません。インフラ整備を行う発注者の職務単位の責任者のポストは、PE資格の取得が義務付けられます。これは、公務員の技術者にとってPE資格取得のインセンティブにもなっています。

PE資格を取得するには、米国エンジニア試験協議会（NCEES：National Council of Examiners for Engineering and Surveying）の実施するFE試験（Fundamentals of Engineering Exam）およびPE試験（Principles and Practice of Engineering Exam）に合格し、登録する必要があります。登録者数は現在約65万人となっています。なお、受験、登録、更新は各州の要件を満たす必要があります。

設計者および発注者の責任

PE法により、土木に限らずエンジニアリング全般において、図面に署名し印章（seal）を押す者はPEに限定されます。署名に大きな意味があります。

カリフォルニア州の例を見ると設計業務を受託したコンサルタント会社では、設計の責任者が図面右上隅に署名し印章を押します。そして、発注者の照査者（Design Oversight）は、図面左下隅に署名し、その隣に設計（設計計算）、レイアウト、ディテール、数量、仕様書の担当者および照査者（checker）が署名します。

技術者の法的責任は、先進国では共通して刑事責任および民事責任（瑕疵担保責任、不法行為責任）があります。刑事責任は人の死傷のみに対して発生し、組織ではなく個人が責任を問われます。民事の瑕疵担保責任は、契約者である組織が問われ、不法行為についてもまず組織の責任、次に個人の責任が問われます。

米国のPEは、個人的に不法行為責任が問われることを強く意識しています。米国PE協会のウェブサイトのトップ画面に専門家賠償責任のサイドメニューがあります。その中で一般論として、会社の代理としての技術者が業務において過失があった場合には、その過失により損害を受けた個人は、会社および（もしくは）技術者個人を告発する可能性があるとしています。「会社が契約した専門家賠償責任保険が個人の賠償責任についても対応するが、もし、告発があった時点において保険が有効でなければ、技術者個人が賠償責任を負う可能性があり注意が必要」と説明しています。また、図面に署名し、印章を押したPEが必ず責任を問われるというのではなく、裁判所は関係した各技術者について、注意義務違反の有無を調査するだろうとしています[1]。

発注者について、カリフォルニア州の賠償責任についての州法では、図面、設計を採用するとの実質的な証拠（substantial evidence）があると裁判所が判断する場合には、行政機関あるいは公務員は人的および物的損失に関する責任はないとしています[6]。条件が満たされれば、日本でいう国家賠償責任が州にはないとしているのです。

交通関係のインフラ整備を担うカリフォルニア州交通局は、州交通局が行う照査の基準を制定しています。コンサルタント会社が行う詳細設計を

5段階で照査すること、その時期と標準期間、照査の対象物、そして、照査責任者（図面左下隅に署名する者）はＰＥであることを定めています。

このような厳格な照査を行っているのは、前述の条件を満たすためでもあると思われます。

（井上雅夫）

（参考文献）

1．http://www.nspe.org/Licensure/WhatisaPE/index.html

2．川田忠樹：鋼構造の発展に寄与した人々（19）、ＪＳＳＣ No.31、１９９９

3．NSPE：75 Years of Professional Excellence, 2009

4．野城智也、札野 順、板倉周一郎、大場恭子：実践のための技術者倫理、東京大学出版会、２００５

5．伊勢田哲治：技術者のプロフェッショナリズムの倫理における役割、公開シンポジウム「テクノエシックスの現在」報告集、２００２

6．http://www.leginfo.ca.gov/

コラム10 復興支援事業におけるCM方式の具体例

CM方式は、CMR（コンストラクションマネージャー）が、技術的には中立性を保ちつつ発注者の側に立ち、設計・発注・施工の各段階において、設計の検討や工事発注方式の検討、工程管理、品質管理、コスト管理などの各種マネジメント業務の全部または一部を行うものである。

本方式を活用した復興支援事業を都市再生機構（以下、UR）が実施している。URは東日本大震災における復興支援として、被災自治体からの委託により、安全な市街地を整備する「復興市街地整備事業」などの事業を展開している。この事業において、不足している発注・管理などに携わる技術者の代わりに、民間ノウハウを活用するCM方式を展開して復興支援のスピードアップを図っているのである。実施されているCM方式は、市町村から総合調整などの委託を受けたURから、工事の施工に関わる調整・設計や施工方法の提案・施工に関するマネジメント一式について、CMRが請負契約で担うものである。

岩手県大槌町の事例では、URが「管理CMR」や「設計施工CMR」の選定支援や契約後の換地・工事などの技術支援を担当し、「管理CMR」が「設計施工CMR」や換地設計など等業務受注者に対する管理・調整を担い、「設計施工CMR」が工事施工などに関するマネジメント一式を担っている。石巻市では、URの技術支援・契約監理支援のもと、事業調整支援や発注者支援などを「管理CMR」、「施工CMR」が工事施工に関するマネジメントをそれぞれ担当している。事業主体（市町村）のニーズや現地の状況、設計の進捗や工事を取り巻く環境を分析しながら、URだけでなくCMRが担う業務にバリエーションをつけて運用しているのが特徴である。現在では、確実な業務推進やマネジメント効果の一層の発現に向けて、現場フォローアップ調査を実施している。今後の展開を注視したい。

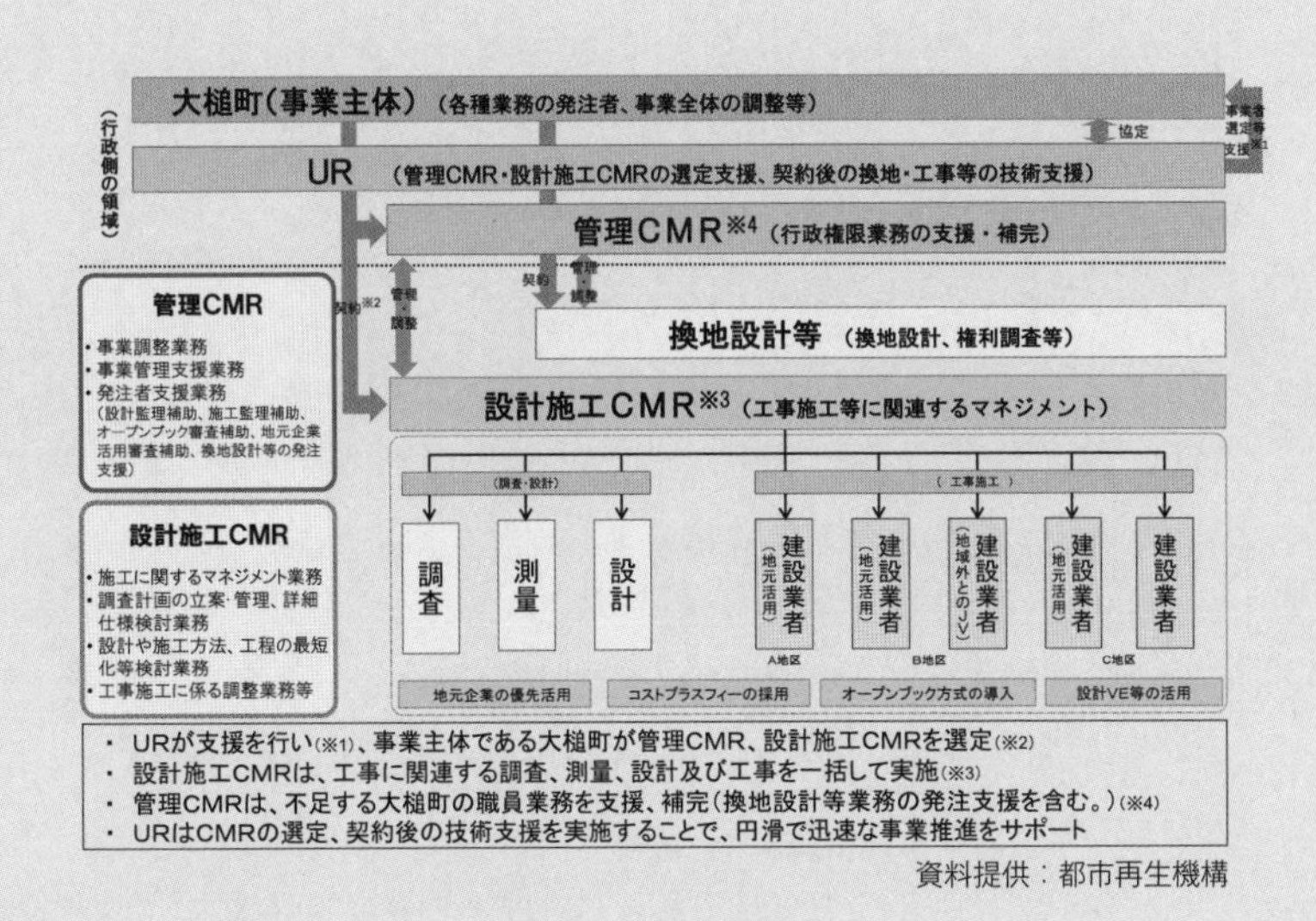

資料提供：都市再生機構

図　大槌町の事例

第4章

さらなる公共調達改革に向けて

第1章で述べたように、わが国の入札契約制度は、西洋諸国にならって1889年に制定された明治会計法によりその枠組みが定められた。その後、欧米をはじめ諸外国においては社会情勢の変化に応じて多様な公共調達方式の整備が進められた。しかし、わが国においては、明治以来、契約してから仕事に着手するという建設工事の調達を契約時に既に完成している物品の購入と同じ扱いとするなど、会計法令や戦後定められた地方自治法令による入札契約制度の基本的枠組みは変わっていない。

わが国においては、90年ぶりの大改革として1994年度以降大規模工事に一般競争入札を導入したほか、2005年に公共工事品確法を制定して以降、総合評価落札方式による一般競争入札へと大きく転換した。さらに、2014年に同法を改正し、多くの問題解決に舵を切った。わが国の公共事業調達の変遷を表4-1に示す。

公共事業調達については、これまでさまざまな改革が進められてきた。特に、2005年の公共工事品確法の制定と2014年の同法改正により、公共事業調達の改革は大幅に前進した。しかし、それでも問題が根本的には解決されていない。明治以来変わっていない会計法令などによる入札契約制度の枠組みと元下関係など価格が決まる社会構造を根本的に見直す必要がある。

公共事業を取り巻く厳しい環境を踏まえて、公共事業の調達は今後どうあるべきか、今後の改革の道筋を論じる。

表4-1　わが国の公共事業調達の変遷

時代	内容
8世紀-	手間請負の発生
17世紀	一式請負の発生と入札の導入
江戸末期	請負師（請負業者）の発生
1889年	大日本帝国憲法制定、会計法および会計規則制定
1900年	勅令により指名競争入札導入
1920年	道路工事執行令制定（最低制限価格制度など）
1921年	会計法改正（指名競争入札導入）（1922年会計規則改正）
1941年	刑法改正（談合罪を規定）
1946年	新憲法制定、会計法全面改正および予決令制定 （契約関係規定に大きな変更なし）
1947年	独禁法制定、地方自治法および地方自治法施行令制定
1948年	国鉄の調達に関するGHQ指令（-1952年）
1949年	建設業法制定（建設業登録制度）
1950年	中建審建議「入札制度合理化対策」
1952年	道路工事執行令失効
1961年	会計法改正（低入札価格調査制度など）（1962年予決令改正）
1963年	地方自治法施行令改正（最低制限価格制度など）
1968年	大津地裁判決（談合金を伴わない談合は合法）
1971年	建設業法改正（建設業許可制度）
1976年	建設省、低入札価格調査制度運用基準決定
1977年	独禁法改正（課徴金制度導入）
1981年	静岡建設業協会入札談合事件、公取委摘発
1988年	米軍横須賀基地工事入札談合事件、公取委摘発
1991年	埼玉土曜会事件、公取委摘発
1993年	ゼネコン汚職事件
1994年	大規模工事に一般競争入札導入
1998年	建設省、予定価格の事後公表開始
2000年	元建設大臣受託収賄逮捕 公共工事入札契約適正化法制定
2005年	公共工事品確法制定 独禁法改正（課徴金引き上げ、減免制度など） 大手ゼネコン「談合決別宣言」
2006年	国土交通省、ダンピング防止策を強化
2014年	公共工事品確法改正

（公取委：公正取引委員会の略）

1　西洋にならったはずのわが国の入札契約制度の今

第2章で、明治会計法制定の際に参考とした仏国会計法と伊多利国会計法がそれぞれ両国においてその後どのように変更されていったのか、現在では両国を含む諸外国ではどのような公共調達制度が適用されているのかを整理した。

明治会計法の制定当時、わが国が参考とした西洋の仕組みは、今や当時とは全く異なるものとなっている。一方、わが国では、交渉を規定せず予定価格による落札価格の上限を定めて競争入札に付することを原則とするという、明治会計法以来の会計法令などの枠組みは変わっていない。これがもたらす問題点が、ダンピングの激化や入札の不調・不落の発生といった形で顕在化するようになった。国会などにおいても予定価格の上限拘束の仕組みを見直すべきとの議論がある。

明治会計法案作成の際に参考とした仏国会計法および伊多利国会計法においては、「買」と「売」を同じ取扱いとしており、「公告による競争」すなわち「一般競争入札」を原則とし、例外として随意契約によることができる場合を別に定めた。また、交渉方式を定めなかった。しかし、フランスでは早くも1882年に交渉方式を通達により認めた上に、1964年には「買」のみを対象とする包括的なものとして初めての公共調達法典を制定し、交渉方式を位置付けたほか、最低価格以外の落札基準を導入した。イタリアにおいては、そもそも公共工事の調達を対象とした法令が1865年から存在していた。

そして、わが国が参考にした１８８４年の国家会計法は、１９２３年の国家会計法等の国家予算及び支出に関する法令とその施行のための法である１９２４年の国家会計施行法に引き継がれた。１９２３年の国家会計法等の国家予算及び支出に関する法令は１９７２年大統領令により書き換えられ、「買」と「売」が別の取扱いとされた。この時、「買」については政府の裁量により「交渉」することができるようになった。このようにして、フランス、イタリアのいずれにおいても、調達の目的物に応じて多様な方式を選択できるようにしている。

また、予定価格については、わが国が参考にした仏国会計法においては、必要な場合に定めて上限を拘束することとしていた。そして、１９６４年から２００１年９月までフランスでは、価格競争型入札の場合に厳格な上限拘束としていた。イタリアにおいては、わが国が明治会計法案作成の際に参考とした伊多利国会計法に上限拘束を前提とした規定があった。また、１９２４年の国家会計施行法に同様の規定が設けられているが、予定価格の上限拘束は競争の方法の一つとして示していたにすぎない。現在では、筆者が調べた限り、わが国のように予定価格の上限拘束を厳格に適用している国は見当たらない。多くの国においては、個々の発注において最低価格または最高評価値の入札の額が異常に高いもしくは低い場合に、それを審査することにより不適切な入札を排除したり、あるいは交渉方式により適正な価格による契約を行おうとする取組みがなされている。

わが国においては、財務省などが予算を管理するために予定価格制度が必要と主張しているが、わが国だけがなぜ予定価格の上限拘束の仕組みを持たなければならないのかは説明されていない。実際には、公共工事発注部局で、個々の発注単位で厳格に予算管理をしているのではなく、費目ごとや一連の事業を単位として予算管理をしている。各契約の変更増減や予算の流用などにより執行額を調整したり、繰越制度の活用などにより予算管理を行っているのが実情である。予算管理の手法について改善の必要があれば、予定価格の上限拘束の仕組みとは別に検討することができるものである。

欧米では、一般に事業の企画段階から設計、施工の各段階に至るまで当初の設定予算に適合するようにいかに完成させるかということに重きを置いている。アメリカのＧＳＡ（米国連邦政府調達局）では、各計画進行段階でコストチェックを行い、ある部分で予算を超過していれば、それを予算内に収めるよう設計ＶＥなどに取り組む。そして、実施設計で予算内に収まっていれば入札に進むというパターンが定着している。

近年わが国では、各事業の全体事業費の管理が厳しく求められる傾向にあることから、個々の契約単位というよりもむしろ事業全体の進行過程における予算の管理手法を確立することが重要になると思われる。かつて、欧米では、情実を防ぎ客観的、統一的な評価を行う観点から、交渉する権利をある程度放棄し、競争入札の手続きを信頼していた。すなわち、「公開入札」または「選択入札」が、自動的に最低価格入札者を落札者とする高度に競争的な方法であるとして伝統的に用いてきた。これは、主として不当な高価格、情実、賄賂を防ぐことにあった。しかし、その結果、特に規格化されていない製造物の供給や公共事業の契約については、最低価格というのは必ずしも経済的に最も効率的な回答であるとは限らないとされ、第2次世界大戦以降、入札方式はかなり変化してきた。そして、最低価格入札者を自動的に落札者としないようにするために、調達担当職員の責任を相当程度増加させている。また、ＯＥＣＤ（経済協力開発機構）の加盟国の多くで、「公開入札」を「選択入札」に切り替える傾向がある。

わが国のように、いまだに国の調達を会計法の中で「買」と「売」を同じ扱いで規定している例は見当たらない。わが国の入札契約制度が、現在となってはフランス、イタリア両国の制度から大きく隔たったものとなっており、その他の国にもほとんど例のない仕組みとなっている。また、筆者が調べた範囲では、いずれの国においても「買」すなわち調達の手続きとして「交渉」を定めている。

韓国と台湾は、日本の統治下にあったことからわが国と同様の入札契約制度を有していた。現在でも、わが国と類似の予定価格の上限拘束の仕組みが存在する。しかし、調達の目的物に応じて多様な方式を選択できるように制度が改正されており、「交渉」に関する規定もある。これらの国においては、「買」と「売」を分けており、物品、工事、サービスなどの目的物の性質に応じてさまざまな方式を用いることができる。

近年、民間の有する技術力を活用する観点から、より早期の段階で請負者が関与する方式など、ますます多様な調達方式が求められている。しかし、厳格な予定価格の上限拘束がいまだに存在することや、交渉方式が会計法令などに位置付けられていないことにより、現行のわが国の制度は、多様な調達方式の適用を困難にしている。「費用に対し最も高い価値」「ベストバリューフォーマネー」の達成が容易な仕組みにする必要がある。また、建設産業の健全な育成や建設技術の発展という観点からも、現在の制度は問題なしとはいえない。

また、わが国の会計法令（地方公共団体においては地方自治法）は、発注者側の積算に基づいて契約することを前提としており、価格は発注者側が決めるものとの考えが基本にある。しかし、海外では、受注者側の積算をベースに契約を行うのが通常である。わが国においても、民間工事の発注は、受注者側の積算がベースとなっている。今後は、公共工事の調達にあたっても、価格は市場が決めるものという発想に立って、元請・下請関係や労務賃金についての制度や社会構造を見直しつつ、公共調達制度を構築する必要がある。

1961年の会計法改正前は、公告が「契約の申込み」とされ、予定価格以下の入札は「承諾」とされていた。この会計法改正以降は、会計法上の公告は「申込みの誘引」であると解される。しかし、最低価格の入札者が自動的に落札するという原則は、実態としては変わらなかった。

公共工事の調達については、契約の相手方は、誠実でかつ当該工事に関して十分な資質と能力を持った相手方である必要があることから考えると、一般競争入札よりも指名競争入札や随意契約が優れている。逆に、一般競争入札の方が透明性に優れ、発注者の裁量の余地が少なく不正が起きにくい方式である。このため、どちらの方式を採用すべきかということが古くから議論の分かれるところだった。これは、日本以外の国においても同様であったと思われる。

しかし、近年は、能力がある者については無差別に参加の機会を与えるべきであるとか、競争性をできるだけ高めて発注者にとってより有利な契約相手を見つけるべき、さらには手続きの透明性を高めるべきといった要請が一層強くなっている。世界的にも入札は入口においては「公開」を原則とするのが時代的趨勢(すうせい)である。したがって、入札の入口においては「公開」としながら、その欠点をいかに少なくするかということが、重要なポイントといえる。

わが国において、2005年度後半以降、総合評価落札方式を適用した一般競争入札を大幅に導入したこと、さらには2006年よりダンピング防止策を徹底したことは、競争入札を「公開」としつつ一般競争入札の欠点を補うという観点で有効かつ適切な取組みであった。１９９４年度以降、指名競争入札の適用は減少傾向にあるが、最近では見直されて一部の地方公共団体で用いられるようになっている。入口を公開した上で入札者を選定するといった海外でいう「選択入札方式（または制限入札方式）」は、わが国でいう公募型指名競争入札に相当する。必要な場合にはこのような方式も適用し得ることとして選択肢を増やすことが望ましい。

公共工事の調達については、価格は市場が決めるものとの世界の一般的な考え方にならい、予定価格による上限拘束を廃し、交渉方式を会計法などの法令に規定すべきである。そして、「買」（調達）を「売」と異なる取扱いとして、目的物に応じてさまざまな調達方式を用意し、良質なモノを低廉な価格でタイムリーに調達し得るよう最も適切な方式を選択できる制度とする必要がある。また、民間が有する技術力や経営力の活用、より効率的な公共工事の実施という観点からも、多様な調達方式を整備することが重要だ。過去の歴史に学ぶとともに、諸外国の先進事例を参考にすることが、今後の公共調達制度の方向性を論じるためには有用である。

2 明治会計法制定以来変わらぬ枠組み

(1) 明治会計法以来変わらぬ5つのポイント

現行の入札契約制度の枠組みを定めた明治会計法は、導入当初は世界で最も先進的な制度を導入したものであった。法学者で東京大学名誉教授であった川島武宜が著書『日本人の法意識』[1]の中で「明治憲法下の法典編纂事業は、まず第1次には、安政の開国条約において日本が列強に対して承認した屈辱的な治外法権の制度を撤廃することを、列強に承認させるための政治上の手段であった」と述べ、さらに「法律を西洋的なものにするような現実的な或いは思想的な地盤が普遍的にあったからではなくて、不平等条約を撤廃するという政治的な目的のために、これらの法典を日本の飾りにするという一面があったことは否定できない」としている。このように、明治会計法は、わが国の実情を踏まえるというよりも西洋諸国の当時の標準型を取り入れたものであった。しかし、導入して以降、社会的混乱が生じるなど不都合な点が多く、政府は多数の勅令を定め随意契約の適用を拡大した。さらに、1900（明治33）年、勅令によって指名競争入札を導入した。1921（大正10）年には会計法を改正し、一般競争入札の例外として随意契約に加えて指名競争入札を明記した。

指名競争入札の導入と随意契約の拡大によって、実際には一般競争入札の適用は極めて少なくなった。

戦後GHQ指令によって一時期に国鉄が一般競争入札を導入したことを除けば、1993年のゼネコン汚職事件以降、大型工事に一般競争入札を導入するようになるまでは、会計法の一般競争入札適用の原則はほとんど空文化していた。その後、わが国の会計法による入札契約制度は、1961年に落札基準の例外規定や「買」の場合の低入札価格調査制度を創設するなどの改正が行われたほかは、大きく変わっていない。

明治会計法制定以来のわが国の会計法による入札契約制度の変遷を表4-2に整理した。この表で「1961年」の欄で、「買」と「売」を「『基本的に』同じ扱い」と記載したのは、1961年会計法改正において、「買」の場合にのみ、第29条の6第1項ただし書きに「低入札価格調査制度」が設けられたからである。つまり、「買」の場合の著しい低入札の場合を除いて「買」と「売」は同じ扱いであるということだ。この表から会計法などによる入札契約制度の枠組みは、次の5つの点において変わっていないことがわかる。

① 会計法規の1つの条文の中で「買」と「売」を基本的に同じ扱いとしている
② 公告による競争（一般競争入札）を原則としている
③ 交渉手続を定めていない
④ 価格の制限（予定価格）を必ず定めることとしている
⑤ 落札基準は最低価格とすることを原則としている

明治会計法は、仏国会計法と伊多利国会計法を参考にして、「買」と「売」を同じ取扱いとして予定価格の制限を設け、「買」の場合は最低価格（「売」の場合は最高価格）の入札が自動的に落札になるこ

表4-2　明治会計法制定以来のわが国の会計法による入札契約制度の変遷

	1889年（明治22年）	1900年（明治33年）	1961年（昭和36年）
法令	会計法	勅令制定 1921年会計法改正	会計法改正
入札契約方式	・競争入札 ・随意契約	・一般競争入札 ・指名競争入札 ・随意契約	・一般競争入札 ・指名競争入札 ・随意契約
「買」と「売」の扱い	同じ取扱い	同じ取扱い	基本的に同じ取扱い
予定価格	予定価格を必ず定め上限とする	予定価格を必ず定め上限とする	予定価格を必ず定め上限とする
予定価格の事前の守秘性	非公表	非公表	非公表
落札基準	最低価格	最低価格	原則は最低価格（例外として価格およびその他の条件が最も有利）

（注）別に2005年公共工事品確法により工事は原則総合評価

ととした。また、入札方式として、1900（明治33）年勅令第280号に続いて1921（大正10）年会計法改正により指名競争入札を追加したが、交渉方式を位置付けていない。契約時点で目的物が存在しない工事などの請負契約を物品購入などと同じ扱いとするのは極めて不合理である。その上、依然として「買」と「売」を基本的に同じ取扱いとして競争入札を原則としている。明治会計法制定以来枠組みの変わっていないわが国の入札契約制度は、「最も経済的に有利」な調達をするのに必ずしも適切でないだけでなく、不要な手間や時間を要するなど不合理な点が多い。

しかし、わが国の公共工事の入札においては、1993年以前は、信頼の置ける企業だけを指名するという従来型の指名競争入札方式が主に用いられていたことに加え、過当競争が大きな問題となることが少ない状況が長く続いたため、工事の品質に関する懸念が生じることが少なかった。明治会計法施行直後と、戦後のＧＨＱ指令により国鉄が一般競争入札を導入した時期を除き、安値受注による疎漏工事など品質に対する懸念が全国的に大きな問題となったのは、最近になってからのことだ。

(2) 顕在化してきた会計法の問題点

発注者が予定価格を設定するために行う積算は、それまでの市場の実勢価格をもとにして行うのが通常である。また、会計検査院は予定価格の積算の妥当性を厳しく審査するので、発注者は会計検査院に対して説明しやすい根拠を用いて積算を行おうとする傾向がある。このため、会計法に基づく予定価格の上限拘束の下では、発注者側の積算による予定価格の設定が市場の需給関係による価格の変動に追随できないことがあり、再入札の実施など入札事務の増大につながったり、ひいては工事完成時期が遅れるなど、さまざまな弊害を起こしてきた。

また、わが国では、会計法が「交渉」を規定していないため、随意契約の場合ですら発注者が予定価格を定めることになっている。競争入札と同様に受注者に札入れを行わせるのだ。そして、入札価格が予定価格以下とならなければ何度でも入札を繰り返し、予定価格以下の入札になって初めて契約金額が決まる。複数の候補がいるのでなく特定の契約相手が決まっているなら、価格を含む契約条件は「交渉」によって決めるのが合理的だ。しかし、予決令の第99条の５に「契約担当官等は、随意契約によろうとするときは、あらかじめ第80条の規定に準じて予定価格を定めなければならない」と規定している。第80条というのは一般競争入札における予定価格の決定方法を定めた規定だ。つまり、わが国では「随意契約」の場合であっても「一般競争入札」と同様に予定価格を定めることを規定している。このために、相手が一者であっても、発注者が定めた予定価格以下の入札となるまで何回でも札入れを繰り返させるという異様なことを強いている。

これは、競争入札で契約した工事などの「契約変更」の際も同様だ。施工現場の条件が設計と異なるような場合に工事内容を変更することになり、契約変更が必要だ。このような場合には、価格を含む契約の内容をあらかじめ取り決めたルールに従って変更するか、両者が協議をして価格を含め契約変更の内容を決定するのが合理的だ。わが国ではこの場合でも、発注者が予定価格を設定して、予定価格以下の入札となるまで何度でも受注者に札入れを繰り返させるという不可解なことをさせる。価格が折り合わない(何度入札しても落札に至らない)場合はどうするのか、工事をストップするのか、工事をストップした場合に被る損害が非常に大きいときはどうするのか。そのようなことを想定していないのか。極めて不合理な入札契約制度である。

2014年の公共工事品確法改正により、仕様の確定が困難な工事に対して技術提案・交渉方式が適用できるようになった。これは受注者選定プロセスにおいて交渉手続を導入することを可能にした画期的なものである。しかし、受注者が決まり契約内容が固まった後に、会計法または地方自治法による随意契約の手続きを踏むものであり、会計法・地方自治法の手続きに入ってから交渉手続を導入するものではない。

また、わが国の会計法令には、一般競争入札、指名競争入札といった入札方式は定めているが、工事請負施工契約(ランプサム、コストプラスフィー契約を含む)、デザインビルド契約/設計施工一括発注、フレームワーク合意方式、コンセッション契約といった調達手法(Procurement route)は定めていない。

欧米などの公共調達法令においては、入札方式だけでなく調達手法を含めて明示している。

(3) 国会での議論が活発化

交渉を認めず予定価格の上限を定めて競争入札に付することを原則とするという明治会計法制定以来のわが国の会計法令などの枠組みがもたらす問題点が、近年、急速に顕在化してきた。国会などにおいても予定価格の上限拘束の仕組みを見直すべきとの議論が活発になっている。

国会において初めて予定価格の上限拘束の見直しについて言及したのは、1993年6月4日の参議院建設委員会において参考人としての旧日建連の伊藤晴朗（はるお）専務理事の発言だ。伊藤専務理事は、入札制度に関する要望を述べた上で、「既に私どもが要望いたしました各項目、若干申し上げましたが、現行の法令制度の枠内で解決できない問題が含まれていることは承知いたしております。例えば、会計法における価格のみによる競争方式あるいは予定価格の上限拘束性など、必ずしも国際的には多くないやり方でございますが、建設事業の近代化のためにはこうした点につきましてもさらに一歩踏み込んだ御審議、検討をお願いしたいと思うものでございます」と述べ、さらに「価格のみによる競争方式、予定価格の上限拘束制などでございますが、公共事業とはいえやはり経済原則に基づく通常の商行為でございますので、そういった観点からのご検討をお願いしたいと思います」と発言した。

1993年の中建審建議「公共工事に関する入札・契約制度の改革について」は、大規模工事への一般競争入札の採用を求める一方で、公共工事の質を高めるために多様な入札・契約方式の導入を検討すべきと指摘した。これを受けて、1998年の中建審建議『建設市場の構造変化に対応した今後の建設業の目指すべき方向について』では、Ｉ［1］（多様な入札・契約方式）において、入札時ＶＥや技術提案総合評価方式などの新たな方式の試行的導入を求めた。この時、併せて、そのＩ［2］の3（予定価格の公表）において「また、予定価格の事前公表についても、…（中略）…透明性、競争性の確保や予定価格の上限拘束性のあり方と併せ、今後の長期的な検討課題とすべきである」と述べ、会計法令の見直しの必要性を婉曲ではあるが指摘した。

２００2年頃から、自由民主党の脇参議院議員が予定価格の上限拘束の見直しの必要性についてしばしば言及しているが、このほかに２００5年3月18日の衆議院国土交通委員会では、民主党の阿久津幸彦議員が、公共工事品確法案の審議において、「どうしても気になっている問題についてお答えいただきたいと思うんですが、公共工事のあり方について勉強していく中で、予定価格制度というものについて不思議な違和感を私は抱かざるを得ませんでした。予定価格制度というのは、日本にいる限りはあまりに当たり前だというふうに思っていたんですけれども、海外、特に欧米諸国をみると、予定価格制度、価格帯で若干使っているところはあるようですけれども、予定価格制度をきっちりとした形で定めている国はほとんどないというふうに聞いております」と発言し、公共工事の予定価格のあり方について国土交通大臣に問いかけた。そしてさらに、「私は、本当にフェアな技術的な競争をしていけば、その結果として価格もついてくるのかなと。それによって入札価格が安くなることもあるし、高くなることもあるし。ぜひ、これは今結論を出すという問題ではございませんけれども、この予定価格の問題もタブーとせずに、これからも国土交通委員会の場を通じて議論していただくことをお願い申し上げまして、私からの質問を終わらせていただきます」と発言した。

２００７年5月31日の参議院国土交通委員会では、予定価格の上限拘束の問題点を脇議員が取り上げた。「予定価を超えて契約できないって一体これは何なんだろうかと。…物の値段というのが契約の売手と買手の交渉で決まるのが、これが市場の原理ですね。正しい競争がなされて市場原理で物の値段が決まれば、誰かが予定価と実勢価格だからといって決めたからといって、それより下で必ず契約できるなんてことはあり得ないわけですね、実際の契約の現場では。国の現場だけなぜ予定価に上限拘束性を持たせているのかと。何でなんでしょうか、財務省」と問うた。これに対し、財務省の松元崇（たかし）主計局次長は「定められた予定価格の範囲内で契約を締結することが、予算の範囲内で年度内の支出が行われることを統制するためには必要不可欠であるという考え方に立つものでございます。ただ、仮に予定価格の設定が市場に合っておらず、予定価格の制限の範囲内の入札がなかった場合、こういう場合も考えられるわけでございますが、当初の入札において定めた予定価格などの条件を変更して、再度公告を行って入札をやり直すことができるということになっておりまして、予定価格の上限拘束性が適正な価格による契約を阻害しているということにはならないものと考えております」と答弁した。脇議員はさらに「実態上は上限拘束をもって適切な市場競争を公権力で抑えているという一面はあるんですね。…法的な不備ではないんですが、実態がそうなっているということにはいささか注意が要ります。…予定価に上限拘束を持たせているというのは予算管理上なんですね。…実勢価格と状況が違えば、いくら適正な競争があったって予定価より高いところでしか、要するに入札不調が起こることはいくらでもあるわけであって、…。そんなことを考えると、その実勢価というのも一つの価であっていいんだろうかと。少し幅を持たせてもいいんじゃないかなという考え方もないわけではないですね。…単なる参考値としてしまう考えだってあるんですよ。予定価をそれなりに考えながら予算管理をしていったって、契約上は参考値として上限拘束を持たせないという考えだってないわけではないと私は思っています。この辺はまた法的な位置付けをしっかり勉強していただきたいと財務省にお願いしておきたいと思います」と発言した。

脇議員は、2009年11月19日の参議院国土交通委員会でも、「会計法では予定価があって上限拘束掛けていますよね。上限拘束掛けるというのは、これは経済原則に外れた話だし、変な話なんですね。…市場価でその予定価が出て、それより上行っちゃいけませんよということは、必ず市場価より少しでも安く契約しなさいと。それを本当にまともにやっていったら、毎年減っていくはずなんですよ。今調べるのも、それなりの市場調査が行われて去年までやってきた結果を見ているわけだから、何らかの操作がない限りはそういうことになっちゃう。だから、上限拘束ということ自体もある種おかしな部分があって、ほかの分野と比べられない部分があると」と発言している。

翌2010年10月21日の参議院国土交通委員会では、自由民主党の佐藤議員が「予定価格というのは、…上限拘束なんですね。これ以下じゃ（ないと）契約してあげませんと、こうなっているんですね。多分これ日本の、日本独特のものじゃないかと思うんですけれどもね。…時間の掛かる議論かもしれませんが、予定価格の上限拘束というのは外さなきゃいけないかな、そう思うんですが、副大臣、どうでしょう」と質問した。民主党の池口修次国土交通副大臣は「一挙にこの上限拘束性をなくすんだというのも一つの議論だと思いますけれども、現在の国交省の議論としては、やっぱり予定価格というのをもう少し適正な価格ということで改善をできないのかということを主に今考えているということでございます」と答弁し、佐藤議員は「ぜひそういう方向で、予定価格、上限拘束やめましょうよという方向で今後の検討をしていただきたいと思いますし、…」と発言した。

また最近でも、２０１３年4月15日の衆議院予算委員会第３分科会において、公明党の中野洋昌議員が、「政府が積算した予定価格、もしこれを上回る金額の申込みをしたとしても落札できない、こういう会計法の仕組みになっておりまして、予定価格には上限拘束性がある、このようにいわれております。このために落札価格の低下を招いている、公共調達における入札においてデフレスパイラルに陥っているんじゃないか、こういうご意見もあるところでございます。この予定価格の上限拘束性の問題について、政府としてどのように考えているのか、ご意見を伺いたいというふうに思います」と質問した。これに対し、政府参考人の財務省の福田淳一主計局次長は「…定められた予定価格の範囲内で契約を締結することが予算の範囲内で年度内の支出が行われることを統制するために必要不可欠であるという考えに立つものでございます。…ただし、この予定価格自体は、予決令の中で取引の実例価格などを考慮して適正に定めなさいというふうに定めておりまして、…。要は、適正なコストを反映しろという定めになっておりまして、…」と発言した。中野議員は「やはり公共工事の入札の仕組み、さまざまな課題があるんじゃないか、こういうご指摘はあるところでございます。また今後議論を深めてまいりたい」と応じた。

このように、予定価格の上限拘束について国会での議論が活発化したのは、会計法が厳格に運用され一般競争入札が原則適用となり、独禁法による規制が大幅に強化されたために、明治会計法制定以来変わらない枠組みによりさまざまな点で不具合が生じてきたからと考えられる。

3　なぜ変わらない？　入札契約制度の枠組み

明治会計法制定以来長い間なぜ会計法による入札契約制度の枠組みが変更されなかったのか。以下においてその背景を分析する。

(1)　日本的建前論で運用される法律

最初に考えられる要因は、わが国においては、法律が日本的建前論で運用される傾向が強かったということだ。大日本帝国憲法が制定されて日本の法治国家の体裁が確立したが、明治期以前より政府と国民の関係は「本音」と「建前」の乖離があったといわれている。例えば、江戸時代には五公五民とか六公四民といった年貢率に従って収穫高の5割、6割を年貢米として納めることとされていたが、規則どおり年貢を取る代官は悪代官とされた。現在では道路交通について、かえって交通の流れを乱して危険と思われるような速度制限を課していることがある。日本の法令は、条文自体を建前論で厳しくしておいて、法律違反かどうかの裁量の余地を残しているものが多い。このため、法令を厳格に適用すると不都合であっても、改正せずに運用面で弾力的に工夫しようとする傾向がある。

一般競争入札を適用することが原則とされ（図4-1）、予定価格を上限として原則として最低価格の入札を落札とするという厳格な条文に対し、運用面では長年にわたって「指名競争入札」を主に適用してきた。また、談合に対する規制が外圧により強化されるまでは、入札前の調整行為を容認してきた。このような柔軟な運用を行うことによって、会計法の不都合な点が顕在化しないようにしてきた。このため、明治会計法制定以来の枠組みを変更しないまま今日に至ったといえる。

では、長期間にわたって指名競争入札方式が主に用いられてきたのはなぜか、さらには、予定価格の上限拘束の廃止を求める動きが起きなかったのはなぜだろうか。

(2) 双方にとって好ましかった指名競争入札方式

一般競争入札の原則

一般競争入札の原則は日本的建前と考えられ、運用面では長年にわたって、価格よりも品質重視の発注者と、過当競争を嫌う受注者の双方にとって好ましい指名競争入札が用いられた。

図4-1　一般競争入札の原則

品質が確保されればできるだけ安い価格で契約することが発注者の利益となる。しかし、公共工事は一定の予算のもとで発注行為を行っているので、発注者は、競争性を高めることにより価格を引き下げることよりも、所定の予算の範囲内で品質をきっちりと確保したいと考える傾向があった。指名競争入札は、不良不適格な企業を排除することによって工事の品質に対する懸念を生じにくくし、信頼の置ける企業と契約することを容易にする仕組みである。発注者にとって一般競争入札よりも好ましい方式だった。特に、入札に参加する者を公募などせずに発注者が決める「従来型」の指名競争入札は、発注者側の裁量権が大きい。経済学者である金本良嗣(よしつぐ)は著書[2]において「この裁量権は、安値での受注を拒否すると次回からの入札に指名しないなどの形で利用することができ、発注者側の交渉力を強める効果を持っている」としている。発注者側の強力な権限は、公共工事の品質を確保するのに効果があっただけでなく、優良な建設業者を育成することにも有効だった。災害時に緊急の復旧工事が必要な場合などのために、各地域における建設業者の技術力を維持発展させることが重要だ。指名競争入札方式は、後述するように予定価格制度が受注予定者を事前に調整しやすくする側面があったことと相まって、優良な建設業者を指名する行為を通じて、地域にとって必要な建設業を育成するという効果もあったと思われる。

また、建設業者にとっては、指名競争入札方式は過当競争に陥りにくい方式である。その上、受注予定者を事前に調整することも比較的容易であるため、一般的には建設業者にとっても好ましい方式だった。

予定価格制度

上限を定め事前非公表とする予定価格制度は、発注者は適正価格を上回らない範囲で契約できる一方、受注者は一定の利益を確保でき、双方の利害にかなっていた。

図4-2　予定価格制度

(3)　双方の利害にかなっていた予定価格制度

予定価格の上限拘束については、これまで法令に基づき厳格に運用されてきた。予定価格の制限を廃止するためには法令の改正が必要であったが、最近になるまで法令の改正を求める声は大きくならなかった。

内務省などでは、戦前は通常、公共工事の施工は請負に出すのではなく直営で行っていた。戦後、公共工事が増大するに伴って、工事の施工は順次建設業者が実施するようになり、昭和30年代からは請負工事が中心となった。このように官側が技術を有していた経緯から、わが国においては工事が請負化して以降も、公共工事の設計・積算は発注者の仕事であり、価格は官側が定めるものとの考えが残った。会計検査院が予定価格作成の根拠となる官側、つまり発注者側の積算の妥当性を検査することを重視しているのはこのためだ。公共工事においては、発注者側の積算が公式な価格とされるため、出来高の精算、工事の追加などの契約変更についても、変更増減額は発注者側の積算をベースにするという考えだ。

このように発注者側の積算を基本とすることは、発注者にとっては価格決定の主導権を確保できる。予定価格の上限拘束は、発注者が適正と考える価格を上回らない範囲で契約することを可能とする仕組みであるため、発注者にとって問題のない仕組みだった（図4-2）。加えて、従来型の指名競争入札方式のもとでは、予定価格の設定が受注者にとって低すぎる場合であっても、建設業者は無理をしてでも落札することが発注者の信頼を得ることになると考えた。このため、入札において不調や不落が発生することは、資材価格などの高騰が特に著しい時期を除いては稀だった。金本は「すべての入札価格が予定価格を上回って入札不調の事態になると、入札を何度もやり直したり、改めてほかの入札者を指名して再度入札を行ったり、さらには随意契約に移行して特定の業者に予定価格でも契約を強制することが行われる。その際に、予定価格での落札を拒否すると次回からの入札に指名しないという暗黙の脅しが用いられることがある」[2]としている。このように、会計法による予定価格制度は、長期間にわたって、発注者にとって問題はなく、むしろ好ましいものだったといえる。

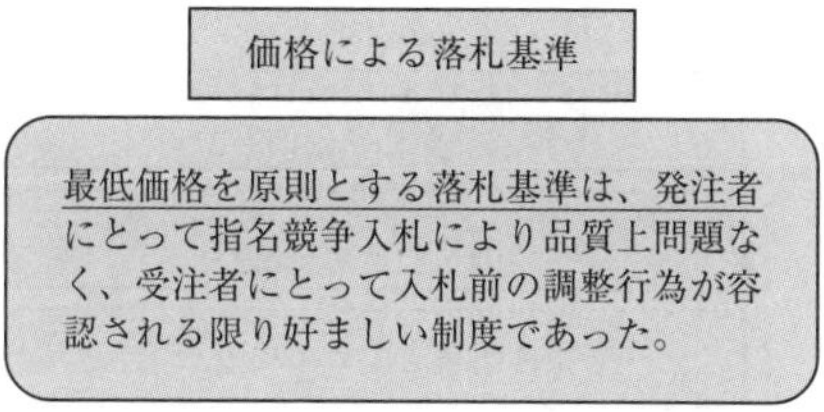

価格による落札基準

最低価格を原則とする落札基準は、発注者にとって指名競争入札により品質上問題なく、受注者にとって入札前の調整行為が容認される限り好ましい制度であった。

図4-3　価格による落札基準

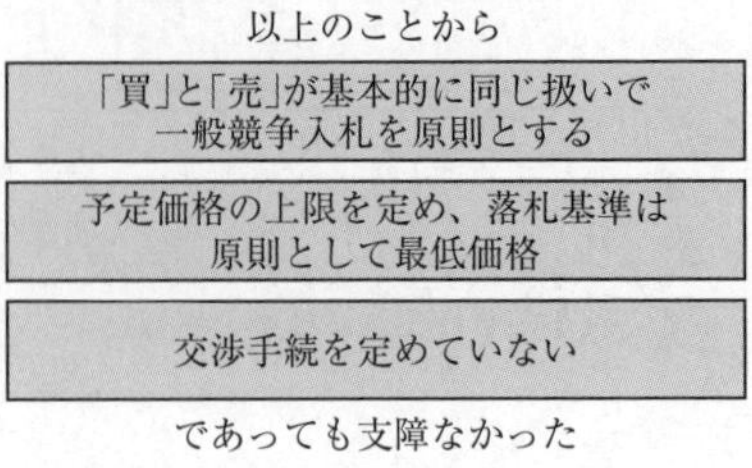

以上のことから

「買」と「売」が基本的に同じ扱いで一般競争入札を原則とする

予定価格の上限を定め、落札基準は原則として最低価格

交渉手続を定めていない

であっても支障なかった

図4-4　これまでの日本の公共調達

また、建設業者にとって、予定価格の上限拘束の仕組みは、発注者側の積算を公式なものとすることにより受注者側の実際の価格構造を明らかにしないでよいものである。その上、過当競争が生じなければ予定価格が適正である限り一定の利益を確保できるのであり、好ましい仕組みだった。さらに、予定価格を事前にある程度推測することにより受注予定者を事前に調整することが容易になるという側面もあったと思われる（図4-3）。

金本は日本の公共調達システムが有していた談合・指名競争・予定価格という3つの特徴について、「日本の公共調達では談合が阻止できない（あるいは、阻止しようとしない）ことを前提として、談合の弊害が最も少なくなるような制度」[2]であったとしている。

なお、国土交通省が予定価格の事後公表を開始したのは、まだ建設省であった１９９８年4月からであり、それ以前は公表されることはなかった。１９７５年2月27日の参議院建設委員会では、談合問題の新聞記事で予定価格と落札価格が近接していることを日本社会党の沢田政治議員が問題視し、その予定価格の値が事実と相違ないものかどうか政府に回答を求めた。それに対し、答弁に立った高橋弘篤建設大臣官房長は「予定価格については、落札後においても部外には出さないことにしているので、そのご質問は勘弁していただきたい」と答えた。予定価格は、落札後であっても国会で問われても公開しないという方針であった。１９９８年に予定価格の事後公表を決めるまでは、予定価格に対する落札価格の率（落札率）は、事後であっても明らかにされることはなかった。そのため、落札額が予定価格に近接していることが批判されることはほとんどなかった。社会の批判にさらされないことが、会計法令などの弾力的運用を長期にわたって可能とした一つの要因といえる（図4-4）。

(4) 迅速さを欠くわが国の立法メカニズム

一般競争入札の適用が拡大し、多様な入札方式が導入されるようになった昨今、会計法の見直しを求める声が大きくなってきた。しかしそれでも法改正は容易ではない。その要因として、わが国特有の立法手続と会計法の特性が挙げられる。

アメリカにおいては、すべての法律が議員立法であり、議会が実質的な法案作成の場であるのに対し、わが国においては、大半の法案が内閣によって提出される。アメリカに比べるとわが国の国会議員が有するスタッフは少なく立法能力が十分でない。アメリカのように議員が社会の要請を受けて法案を作成するという形態を取るのは困難と思われる。

ヨーロッパ諸国については、19世紀頃は法律の発案権が政府（君主）の手に独占されていたものが、議会の地位向上によって次第に議員にも与えられるようになったという経緯がある。ドイツやフランスにおいては、19世紀から20世紀への転換期に、従来議会とともに立法権を担っていた君主が退き、専ら議会が立法権力を独占するように憲法システムが作り出された。一方、イギリスのように議院内閣制を採用する多くの国では、政府立法が優位し、議員立法が衰退ないし減少を余儀なくされている。イギリスはわが国と同様に議院内閣制であり議員立法が少ない国だ。しかし、公共工事の調達制度は世界において最も先進的な国の一つだ。このことから、議員立法が優位でないことだけをもって、迅速な法制度の変更が困難な理由とはいえない。

わが国の法案作成のプロセスについてもう少し詳細にレビューする必要がある。明治会計法は、大蔵省が起草し内閣提出の法案として作成したものだ。政治学者である大森彌（わたる）は「『国の行政機関は、内閣の統括の下に、その政策について、自ら評価し、企画及び立案を行』うのであるが、その任務を具体化するのは所管課である」[3]としている。内閣提出法の場合は、それを所管する府省が明確に定まっており、所管の府省の中でそれを担当する課、すなわち所管課が決まっている。所管法を改正する発議を行うのは、所管課である。会計法の場合は、財務省主計局法規課が所管しており、内閣提出法の改正を実現するには、この所管課が提案しなければならない。大蔵省は、1955年7月27日の参議院建設・大蔵委員会連合審査会では、ローアーリミットを設けようとする建設業法一部改正の議員提案に対し「国家の会計制度というのは恒久制度であり、そのときの経済状態に応じて便宜的に動かしていくというのはよほど慎重に考えなければならない。また、税金によって賄われている国家の会計の根本に関する問題なので、そのときの経済の病理的な現象に対応して弾力的に適用していくということでは、納税者が安心できない」と発言した。それ以降も現在に至るまで、財務省は国会答弁において、明治会計法制定以来の国の会計法令に対する基本的考え方を変えていない。

以上のようにわが国において明治会計法制定以来、長い間会計法による入札契約制度の枠組みが変更されなかった背景としては、

① わが国においては、法律が日本的建前論で運用される傾向があること

② 長年にわたって運用されていた指名競争入札が、発注者側と受注者側の双方にとって好ましい方

式であったこと

③　落札価格の上限を拘束する予定価格制度についても双方にとって利害にかなっていたことが要因として挙げられる。さらに、わが国はアメリカなどと異なり議員立法よりも内閣提出法が主体であること、内閣提出法は所管である財務省主計局の担当課が提案するものであり、主計局が必要と認識する必要があることから、

④　わが国の立法メカニズムが迅速さを欠いていること

が指摘し得る。

それでは、なぜ低入札価格調査制度を位置付ける1961年の会計法改正が可能となったのであろうか。まず、①に示す「運用」が上手く機能すれば法改正の動きは大きくならなかったと思われるが、低入札の問題は落札の「基準」に関わる問題であるため、弾力的に運用することは困難だ。すなわち、最低価格の入札者を落札者とするという落札基準が明確であり、運用によってこれと異なる取扱いをする余地がなかった。このため、最低価格の入札者を落札者としないことができるという例外規定が必要だった。

②、③に示す「双方にとって好ましい」あるいは「双方にとって利害にかなっていた」ということからであれば、法改正の動きに至らなかったと考えられるが、著しい低価格による落札は、発注者側にとっては品質確保の面での懸念が生じるという観点から好ましくなかった。また、建設業者にとっては安値による過当競争により適正な価格で受注することが困難となる。受注できたとしても適正な利益を確保することが困難だ。著しい低価格による落札、すなわち安値受注は双方にとって望ましくなかったとい

える。

このようなことから、④に示す「迅速さを欠いている」わが国の立法メカニズムにあっても、10年前後の長い年月にわたる法改正の努力の成果として、１９６１年の会計法改正に至ったのである。このような立法行為は、国会で議決されて初めて実現するものであり、熱心な国会議員、あるいは実力のある国会議員の存在が重要な要素となる。当時の日本社会党の田中一議員、自由党の田中角榮議員らの熱心な取組みが、抵抗する大蔵省を動かして法改正を実現したといえる。

公共工事の調達において現行の会計法に不都合を感じるのが財務省以外の省庁である場合は、政府が会計法の改正を起案することは困難である。国土交通省が会計法の改正が必要と考えることがあっても、それを公式に外部に向かって発言するには、所管省である財務省と協議して意思統一を行わなければならない。仮に国会で財務省と国土交通省が異なる見解を述べれば「閣内不一致」として政府内の整合性が問われる。財務省は、各府省への予算配分権を有しているなど上位の立場にあることから、特に財務省が所管している法律に対して他省が財務省と異なる見解を公式に発することは極めて困難だ。このような事情から、現在でも会計法に基づく入札契約制度の枠組みを変更するのは大変困難な状況だ。

4　入札契約制度改革の課題

わが国では、建設市場が縮小すると建設業者は無理な低価格で受注する傾向がある。終身雇用が背景にあって、従業員の数を仕事量の実情に応じて大幅に変えることが困難なため、従業員や機械を遊ばせておくよりは受注高を確保したい、将来の受注を有利にするために受注実績を確保しておきたいといった考え方が厳然としてある。これは元請にも下請にも共通して存在すると思われる。また、わが国では元請が落札してから下請企業との契約価格を決めるのが通常である。上流から下流へと価格が決定され下請にしわ寄せが行きがちである。このため労務者の賃金が削られたり、不払いになるなどの問題が生じやすい。切り下げられた賃金が実勢価格となり、公共工事の場合はこれが予定価格算定のもととなる。そして、会計法、地方自治法などにより予定価格を上限として入札が行われて落札価格は年々低下するデフレスパイラルとなる。

技術力重視の調達方式とすることにより過当な価格競争を抑制し得ると考えられ、「総合評価落札方式」が品質重視・技術重視の競争方式の切り札として期待されていた。筆者自身、発注者の立場で総合評価落札方式の導入にあたっていた際には、従来の価格競争から総合評価落札方式への転換が健全な競争環境醸成につながるものと期待していた。しかし、現実には総合評価落札方式を導入しただけでは、無理な「価格競争」が緩和されることはなく、低入札の問題は解消しなかった。

著しい低価格による入札は、発注者としては、工事の品質への懸念が生じるため排除したいと考える。しかし、調査基準価格を下回った入札を排除すると判断するための根拠を明確にすることは、実際には相当困難である。わが国では、発注者側の積算により予定価格を定め、それを上限として契約価格が定まるという仕組みである。このような仕組みのもとでは、契約後の工事費の内訳も発注者側の積算が公式のものとなる。発注者側が施工技術を有していたという歴史的経緯からこういう方式が定着してきたといえる。契約後の契約金額の変更も発注者側の積算に基づいて設計変更を行った上で変更増減額の上限を定め、改めて入札により決定するものであり、最終契約額についても同様である。競争入札において、入札しようとする企業は、契約を履行するのに実際に掛かると思われる経費を積み上げて算定した価格でそのまま入札するのではなく、その価格を参考にしつつ発注者が定める予定価格を推定し、他社の動向などをにらみながら戦略的に自社の入札価格を決めているのが実情である。発注者は、受注者側の積算をもとに契約を行うのではないため、そもそも通常は受注者側の積算を精査していないのが現状である。このため、調査基準価格を下回る入札について調査を行い請負者の契約履行の可能性を技術的に判断することが極めて困難となっている。

わが国では1889（明治22）年に会計法令を制定して以来、予定価格による上限拘束のもとで競争入札により落札者を決定するという入札制度の枠組みは変わっていない。今となっては他国にほとんど例を見ないこの制度と相まって、長期の取引を前提とする元下関係などの社会システムにより、発注者側が決めた価格のもとに落札金額が誘導され、それが下請へ、さらには労働者の賃金の支払いへと、上流から下流へ向かって価格が決定される構造になっている。これが公共工事における健全な競争環境の醸成を妨げる要因となっている。

予定価格による上限拘束は、工事の需要が増大する局面では、応札者がいない不調やすべての応札価格が予定価格を上回る不落が発生しやすくなっている。厳格な上限拘束制度によるわが国特有の問題である。

5　企業評価制度の課題

公共工事の調達は、自動車や電気製品を購入するのとは全く異なり、目的物を使用して初めてその品質を確認できるものだ。契約時点で品質を確認できる物品の購入とは事情が全く違っており、その品質は受注者の技術的能力に負うところが大きい（図4-5）。このため、入札に参加しようとする企業を事前に審査して入札参加を認めるか否かといった競争参加資格審査や落札者決定のための技術審査などの「企業評価」が極めて重要になる。

わが国の現在の企業評価のプロセスとしては、まず、企業が建設業を営むことを認めるかどうかという第1のハードルとして「建設業許可」の仕組みがある。そして、公共工事を受注するには、2年ごとに国土交通大臣または都道府県知事の「経営事項審査」というのを業種別に受けなければならない。経営に関する客観的事項について審査を受けて、数値による評価を得る。これによって各企業は「経営事項審査点数」というのを与えられる。海外企業の参入を認めるような大規模な工事の一般競争入札に参

公共工事の特性
(一般の製造業にはない特徴)

- ■ **購入前にマーケットによる評価がない**
- ■ **単品受注生産**　−契約時点で工事目的物が存在しない
- ■ **現地生産**　−品質管理に工夫が必要
- ■ **不良があっても発見が困難**　−不可視部分が多い
- ■ **不良品と判明しても取り替えることは困難**

・不特定多数の国民が長期にわたり活用
・一般に施設の規模が大きく、工事段階および管理段階において環境への影響が大きい
・施設のライフサイクルにわたる長期間の品質確保が必要
・公的機関によって公的資金を主たる財源として整備

図4-5　公共工事の特性

加するようなときはこれが客観点数として競争参加資格の要件の一つとして使われる。つまり、ある一定以上の点数を持っていないと大きな工事の入札に参加できない。

また、国や都道府県、市町村などの発注機関のほとんどは「有資格業者名簿」を作成しており、各企業は各発注機関の名簿にあらかじめ登録しておく必要がある。各発注機関は、2年ごとに業種区分ごとに審査をして各企業の過去の工事実績や成績などをもとに点数（経営事項審査点数を客観点数というのに対しこちらは「主観点数」という）を算定し、客観点数と合計して総合点を算出、その大小によりA、B、Cなどの等級（ランク）に格付けする。発注機関によっては、主観点数を用いず、客観点数のみによって格付けしているところもある。

企業評価のプロセスの中で実施されているこれらの個々の評価方式は、それぞれが導入された時代や社会の要請が異なったものであり、これらが順次追加、個々に改定を繰り返し、現在のプロセス全体が出来上がっている。工事の品質確保をいかに担保するかということは、江戸時代に入札が行わ

れるようになって以来、常に重要な課題であった。現在の企業評価方式に発展してきた経緯をレビューし、今後の見直すべき方向を探ってみよう。

入札が導入され始めた江戸時代の1640（寛永17）年の美濃南宮神社造営の例では、請負人が契約を履行できない場合の罰則を厳しく定めていた。また、1671（寛文11）年の賀茂川堤普請の入札規定では、請負人が契約を履行できない場合の罰則を定めただけでなく、事前に保証を求めていた（第1章参照）。このように、事前に請負人の能力を十分に把握することができなかった時代においては、保証金や担保の差入れ、さらには保証人を立てるなどにより、工事品質が確保されない場合のリスク軽減を図っていたと考えられる。幕末・維新の時代から明治初期にかけては、指定請負人制度や、官庁建築工事の入札請負と定式請負にみられるように、過去の実績により信頼の置ける請負人のみを指名して契約相手を決める方式が利用された。

近代的な入札契約制度が確立したのは、西洋の会計法規にならって会計法令が制定されて以降だ。明治初期以降の企業評価方式の変遷を図4-6に示す。明治会計法制定により一般競争入札が広く適用されるようになると、入札参加資格審査の仕組みが整備されるようになった。しかし、財務面では保証金の納付を求めたが、技術的な契約履行能力の審査項目としては、2年以上その事業に従事していることを確認するに留まった。事前に企業の契約履行能力を評価しようとする企業評価方式として十分に機能するものではなく、保証金によって工事完成を担保しようとするものだった。しかし、小企業が多数乱立したり、手抜き工事などの多くの弊害が生じたため、政府は随意契約の適用範囲を拡大したほか、1900（明治33）年には勅令に指名競争入札に関する規定を定めた。それ以降は指名競争入札方式が

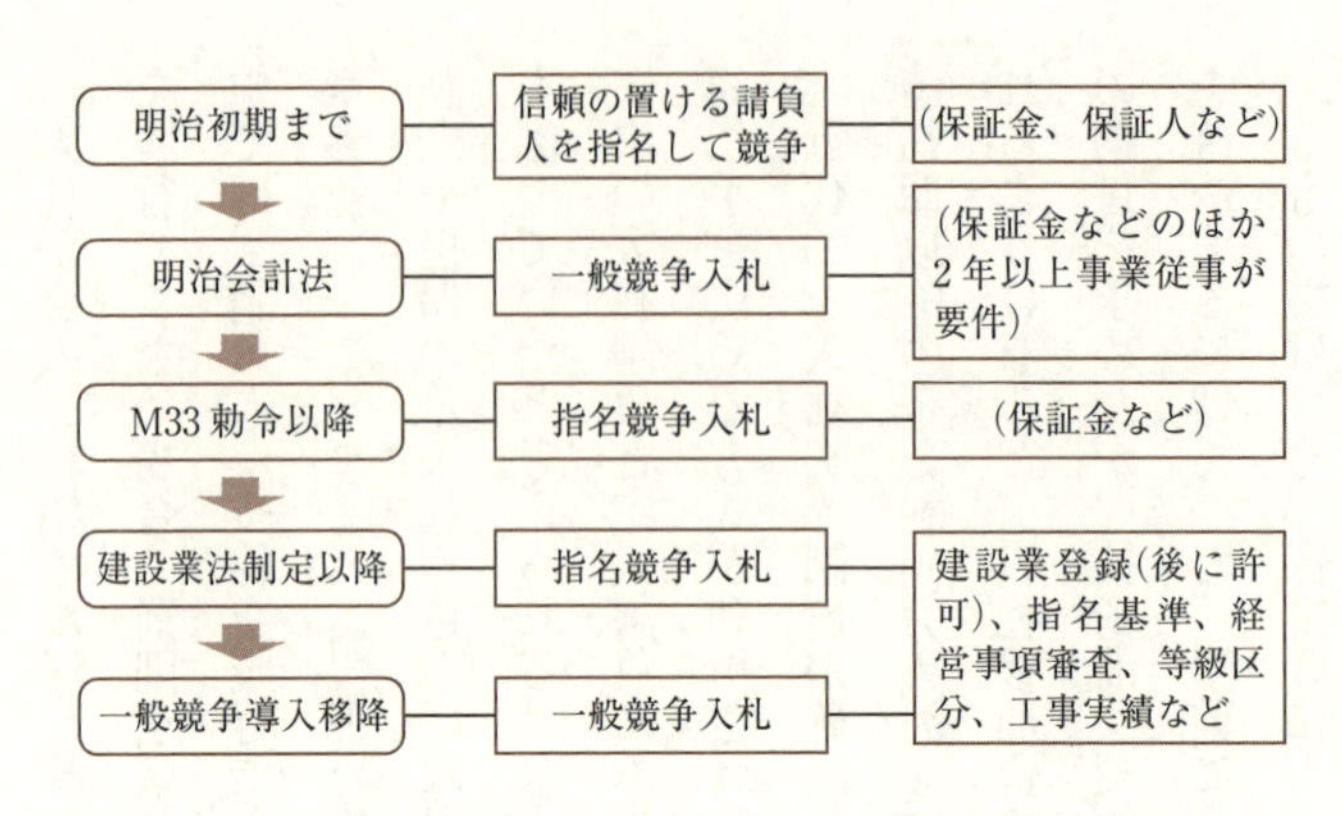

図4-6　明治期初期以降のわが国の入札制度と企業評価制度の変遷

多用されるようになり、指名業者選定の前段階の企業評価としては、1次スクリーニングとしての機能さえ果たせばよく、一般競争入札の競争参加資格の審査としての企業評価制度の構築には至らなかった。

戦後、建設業法が制定され、企業評価プロセスの第1段階である建設業登録制度、業種分類が整備された。1939年より商工省が担っていた建設業行政は、戦時統制の後、戦災復興院など紆余曲折を経て、1948年建設省発足以降は建設省、そして現在は国土交通省が所管している。戦時中の産業統制の延長上に建設業行政が構築されていったことから、商工省による1943年の大工工事業などの29業種が建設業法の業種区分につながった。1949年建設業法制定当初は、業種別許可制度でなく登録を一本とした建設業登録制度であった。その後、制定当初から不安視されていたとおり、不適格な業者を排除しきれないという問題が顕在化し、1972年より業種別の許可制へと法改正された。建設業法の制定以降、建設業者が市場に参入するための第1条件は、まず建設業法に基づく建設業登録（後に許可）を受けることである。民間発注の工事一般への参入の法的規制はこの建設業許可制度のみである。

また、１９５０年の中建審答申において、建設業者を入札参加に対してA、B、Cなどの等級に格付けすることの必要性が指摘された。こうして逐次、工事施工能力審査、等級格付け制度などの企業評価の枠組みが整備された、工事施工能力審査の客観的要素が後に経営事項審査制度に発展した。ここでは、経営事項審査に基づく客観点数と技術力を示す主観点数を合計した数値の大小で等級区分に分類するという考えをとった。発注する工事の規模によって、対応する等級に属する建設業者の中から入札に参加させる業者を指名するものである。当時、業種区分に加えて工事規模ごとの建設業者の等級別格付けの制度を設けたのは、工事の品質を確保しつつ、過当な競争が生じないよう受注量を配分することによって建設業者を育成しようと考えたものと思われる。経営事項審査制度の改正などが度々行われたが、これらは１９９４年の一般競争入札導入までは、基本的には指名競争入札制度を前提として、等級区分について発注者側と業界の要望を踏まえて修正を加えたものであった。これらの企業評価方式は、指名競争入札方式において入札に参加させる建設業者を選定する際のもととなるリストを作成するために用いられた。

不良不適格業者の排除方策の一つとして、建設業法による営業停止とは別に、各発注機関ごとに入札参加資格を停止する指名停止措置がある。主に用いられていた指名競争入札では、あらかじめ発注者が入札に参加する業者を指名していたことから、「指名」を停止すること自体が入札から締め出すという意味になっていた。一般競争入札ではあらかじめ業者を指名することはないので、入札に参加する資格を停止するという意味を持つ。一般競争入札が広く用いられるようになった現在でも、引き続き「指名停止」という言葉が用いられている。1981年の静岡建設業協会入札談合事件以降、建設省は中建審の2回の建議を受け、指名基準の公表、指名停止の合理化などの改革に取り組んだ。

1994年度以降、大型工事を中心に導入された一般競争入札の競争参加資格として、技術力を示す主観点数ではなく経営事項審査に基づく客観点数が用いられた。しかし、客観点数だけでは企業の契約履行能力を評価するのに十分でないため、企業の過去の工事実績などの要件を競争参加資格として加えることとした。このため、1994年より工事実績登録を行うコリンズの運用を開始し、企業の同種工事または類似工事の実績などの確認に活用した。

一般競争の競争参加資格に用いた客観点数は、企業の完成工事高や経営状況など、さまざまな評価値を総合した数字であり、算定方式の違いによっては結果が異なるものだ。入札参加しようとする者が、客観点数の要件に届かないために競争参加資格を得られないと不満を抱くことが多く、しばしば参加資格としての客観点数要件を引き下げるようとの圧力が強まる。国土交通省は、1994年度の一般競争入札の導入以降、度々客観点数要件を引き下げてきた。また、経営事項審査制度はいかように修正しても建設業者の不満を解消することは難しく、算定方式をこれまで頻繁に修正してきた。

2005年の公共工事品確法制定に伴い総合評価落札方式と併せて一般競争入札を大幅に導入した際には、経営面などの客観的な評価を表す客観点数と技術力を表す主観点数を合計した総合点により分類された等級区分を、入札参加要件として引き続き用いた。従前の指名競争入札において用いられていた等級制度を競争参加資格要件に活用したのは、一般競争入札に適した企業評価方式が整備されていなかっただけでなく、建設業者の入札参加機会の激変を避けるためだった。

それでは、わが国の公共工事調達における企業評価方式は、今後どのように見直す必要があるだろうか。まず、建設業を営もうとする者にとって最初のハードルが建設業許可制度である。建設業許可制度に期待されるのは、建設市場において自由な競争を促進する観点から市場への参入の障壁を極力小さくしつつ、無能力または不良な業者を排除することである。大小多岐にわたる建設業者をチェックし、不良な業者を排除するには限界があるが、民間工事への参入のチェック機能としてはこの仕組みに期待するほかない。今後、業種区分を適宜見直し、建設業許可の段階で審査するべき事項、許可の要件、許可を取り消す際の要件などをさらに見直す必要がある。

公共工事については、不良不適格業者の排除を建設業許可制度に依存するのではなく、発注者が有する工事実績情報を幅広く活用して、公共工事の入札参加資格者名簿などへの登録にあたっての審査において十分なチェックが行えるよう、コリンズの拡充などを含む制度の見直しが必要である。

公共工事調達における企業評価としては、本来、次の2つの要素をそれぞれ評価して、それぞれの項目が工事施工に支障がない水準に達していることを確認することが重要だ。

①　工事履行のために必要な資金調達力を有しているか、長期的な経営上の安定性を有するかといった観点からの企業（請負者）の財務力・経営力

②　資材や専門工事業者を確保する能力を含めて良質な工事を安全・確実に履行する能力を有するか、能力・経験の十分な技術者を有するかといった観点からの企業（請負者）の技術力

建設業許可に始まり、経営事項審査や各発注者による2年ごとの競争参加資格の審査、工事ごとの競争参加資格の確認、そして総合評価のための技術審査という一連のプロセスとしての企業評価方式は、

この観点から見直す必要がある。

経営事項審査制度は、公共工事の適正な施工と建設業者の能力に応じた受注を確保するために客観的な事項を評価する仕組みとされ、完成させた工事高や企業規模、経営状況、さらには技術職員数などを総合して一つの数字に表しているものである。本来は独立して評価すべき項目も含めて、客観的事項として便宜上一つの数値に統合したものであり、必ずしも企業の契約履行能力を評価し得るものではない。今後は企業の経営力・財務力の観点からの契約履行能力を審査するという目的を明確にして見直すことが必要と思われる。さらに、道路、河川などの土木施設は供用段階において適切に持続的に機能を発揮することが重要なことから、維持管理段階において不具合が生じた際の対応や災害時の復旧活動への貢献の度合いなどを企業評価の中に適宜取り込むことが必要である。

競争参加資格の確認および審査については、現行の仕組みの大部分は公共工事が指名競争入札により発注されていた時代に構築されたものであり、総合評価落札方式を用いた一般競争入札方式が主体となっている現在の状況では見直すべき点が少なくない。また、かつては公共工事の発注者が建設業者の施工実績などのデータを十分に保有していなかったが、コリンズの普及などにより公共工事発注者が企業の技術力の評価を行える体制が整ってきた現状では、企業の工事履行能力の審査が容易になってきた。この点からも企業評価方式を見直す環境が整ってきているといえる。また、指名停止措置も主として指名競争入札が採用されていた時代の制度であり、外国においてほとんど例をみないものである。むしろ、過去一定期間における不法行為などがないことを工事ごとの競争参加要件などとするほうがわかりやすいともいえる。企業評価方式全体の見直しの中で検討する必要がある。

総合評価落札方式を用いる一般競争入札では、入札参加者から工事ごとの競争参加資格確認で工事履行に十分な経営力と技術力を備えていない者がきっちりと排除されるのであれば、従来の格付けを厳格に運用する必要はないといえる。しかし、地域振興の観点や地域の防災力維持の観点から地元企業の保護・育成を考えると、格付けの運用によって工事規模による企業規模の割当てをある程度考慮することが必要と思われる。中小企業への受注機会の確保を目的とする官公需法も考慮する必要がある。等級区分については、段階的に垣根を低くしつつ区分数を減らしながら、新たな企業評価方式に移行していくことを検討する必要がある。工事ごとの競争参加資格の確認や総合評価落札方式における技術審査においては、企業および技術者の過去の実績を含む技術力の審査を的確に行うことが重要であり、発注者側に適切な判断ができる技術力を有する者を配置することが必要だ。

これまで述べてきた観点から企業評価方式を見直す必要があるが、急激な変更による混乱や弊害が生じないよう段階的に改善策を講じることが重要だ。当面の改善にあたっては、以下の事項を考慮する必要があると考えられる。

①　等級格付けは、地方整備局などの地域ブロック単位で統一化を目指すこととし、地方整備局、都道府県、市町村などの発注者ごとに、競争性を増進する観点から等級区分数は最小限とする
②　格付けの工種分類（国土交通省では21工種）は、競争性を増進する観点から必要最小限とする
③　履行可能な企業が競争に極力参加し得るよう各工事の発注にあたって、等級制の運用を極力弾力化する
④　等級制の運用は、災害対応などのために地元企業数をある程度維持するよう配慮する

各国における公共工事の調達における企業評価方式は、それぞれの国において、それぞれの時代背景における社会的要請により形成されてきた。単純に比較したり優劣を論じることは困難である。しかし、公共調達において「公正さを確保しつつ良質なモノを低廉な価格でタイムリーに調達する」という目的を達成するために受注者の履行能力が重要なことは世界共通の認識である。近年欧米先進国においては、品質が重視される傾向に加えて、発注者と受注者の間に良好な関係を築き双方に利益をもたらすことが重視され、「バリューフォーマネー（費用に対する価値）」を高めようと調達方式の改善が進められている。このような傾向は、世界共通のものであり、公共調達における企業評価方式の見直しにあたって、海外の動向は学ぶべき点が多い。わが国で1967年から広く行ってきた「工事成績評定」が、今では世界的にも重視されるようになっている。

建設業の許可制度から競争参加資格の審査などの企業評価方式について、先進的な公共調達制度を有する主要国アメリカ、イギリス、フランスとわが国の対比を表4-3に示す。建設業の許可制度などについては、アメリカにおいては各州の所管とされており、州によって登録制、免許制などが整備されている場合がある。ヨーロッパの主要国について調べたところ、建設業の許可や免許の制度はなく、わが国の建設業法に相当する法律は見当たらないが、契約上の紛争処理、補償、不法行為などに対する法律の体系は存在する。

アメリカの連邦政府発注の工事については、企業評価の入口の仕組みとしては、SAMがある。ただし、わが国の建設業許可のような営業許可の性質は有していない。イギリスのコンストラクションライン、フランスの*FNTP*や*QUALIBAT*などと異なり、アメリカのSAMは発注機関として連邦政府のみ

表４-３　主要国の企業評価方式の比較

	日本 （国土交通省直轄工事）	アメリカ （連邦政府による工事）	イギリス	フランス
建設業許可などの制度	業種別建設業許可制度	各州の所管 （州により登録制、免許制、何もなしなど）	特になし	特になし
発注機関などへの登録、定期的な競争参加資格審査など	1)２年ごとに経営事項審査（経審） 2)経審による客観点数と発注機関による主観点数の合計により業種別に格付けして発注機関ごとに有資格業者名簿などに登録	連邦工事についてはSAMに登録 （毎年更新）	事前審査システムであるConstructionlineへの登録（義務ではない）	土木工事については*FNTP*による全国公共工事業者登録簿への登録
競争参加資格確認および総合評価など （工事ごと）	WTO政府調達対象工事の総合評価落札方式の場合、 1)価格 2)客観点数 3)過去の実績 4)技術的優位性 などを総合評価	２段階選択方式によるデザインビルドの場合、第１段階で 1)経験および技術的能力 2)履行能力 3)既往業績などを評価 第２段階で価格のほか技術的評価項目 1)設計概念 2)マネジメント手法 3)主たる技術者 4)技術提案などを総合評価	制限方式の場合、選択段階では 1)経済･財務状況 2)技術的または専門的能力 落札段階では、最も経済的に有利であることが落札基準である場合、 品質、価格、技術的優位性、環境要素などを総合評価	制限方式の場合、選択段階では 1)経済・財務状況 2)技術的または専門的能力 落札段階では、最も経済的に有利であることが落札基準である場合、 品質、価格、技術的優位性、美観、機能、環境要素、維持費、費用対効果、アフターサービス、工期などを総合評価
工事完成後の実績報告など	工事実績をCORINSに登録（工事成績評定結果についてもデータベース化）	CCASSなどからCPARSを通じてPPIRSに集約	必要に応じ発注者による実績設定をConstructionlineに提出	土木工事については必要に応じ発注者による工事証明書を含む専門能力証明を*FNTP*に提出

ワークを軽減しようとするものであり、国、地方公共団体だけでなくさまざまな発注機関が利用可能である。発注機関にとって便利な一方、企業にとっても、登録することにより公共工事の事前審査要件を満たしていることを示すことができ、ビジネスの機会を拡大するのに有効である。フランスにおいては、公共工事の発注者が企業の能力を事前に審査するための書類を求めることができるとされており、*FNTP*や*QUALIBAT*への登録が活用されている。

既往の業績に関するデータベースの活用については、各国とも歴史は古くない。アメリカでは、連邦政府レベルで統一的なルールが確立したのは1990年代から2000年代にかけてのことである。わが国においては、工事実績、工事成績評定などのデータベースは極力長期間にわたって保存しようと考える傾向にあるが、アメリカの連邦政府においては、企業業績の記録は6年間だけ保存することとしている。州政府においては、各州によって扱いが異なるが、業績評定結果の有効期限は、78%の州道路部局が3－5年としているとの報告がある。イギリスのコンストラクションラインにおいては、過去3年以内に完了した実施例を2件以上示し、その業績評定に基づいてノーテーションとして契約上限額が定められる。フランスの*FNTP*による専門能力証明（*Identification Professionnelle*）においては、過去5年以内の工事3件を示し、そのうち1件は過去3年以内のものとしている。

アメリカの公共工事調達の事前審査項目をみると、経営面の事項のほかに、建設業者の既往の業績と過去の工事実績といった技術力に関する事項が取り込まれている。また、工程遵守、業者の調整および協力のレベル、品質、安全管理などが重要な要素として業績評定が行われている。フロリダ州では、評定結果を用いて建設業者の入札に参加し得る工事の総額を規制している。

わが国の経営事項審査や発注者による等級区分の格付けは世界的に珍しく、わが国特有の制度である。イギリスにおいては、ノーテーションとして業種ごとに企業の財務力と実施例の情報をもとに契約１件当たりの上限額が示されるが、下限を定めるものではない。

工事ごとの参加資格の確認などについては、いずれの国においても企業の財務面の情報のほか、既往の業績を含む工事実績の提出が義務付けられている。評価項目の設定の考え方は各国に大きな違いはないといえる。主要先進国においては、高度な技術力を要する工事についてはデザインビルドや、２段階の選択方式がよく用いられるようになっている。さらに、早期の設計段階で施工者が技術協力を行うＥＣＩ方式などの新たな方式が加わっているほか、イギリスなどヨーロッパを中心に発注事務軽減などのために企業グループと契約条件などを事前合意しておいて個別の仕事ごとに契約を締結することを可能にするフレームワーク合意方式の普及が進んでいる。

アメリカをはじめ世界各国は既に、狩猟民族的な一見限りのビジネス感覚では良質な建設工事の調達ができないことに気付き、実績重視で「長い付き合い」を大事にする農耕民族的ビジネスを取り入れ始めた。わが国では、入札にまつわる不祥事が起きるたびに主観（技術判断）を排除し客観（価格）至上主義に陥る傾向がある。目先の安さにとらわれて「安かろう悪かろう」ではなく、「良い買い物」をすることが発注者の責任であると自覚すべきである。長い付き合いを大事にする農耕民族型ビジネススタイルを育んできたわが国こそ、自信を持って日本流の「成績評定」「受発注者協議」を海外に宣伝すべきではないか。透明性を確保しつつも「信用」や「実績」を重視する傾向は、むしろわが国の社会が本来有していた長所でもある。公共調達において目指すべき方向と考えられる。

先進的な公共調達制度を有する主要国の企業評価制度を調査した結果を整理すると以下のとおりである。

① 建設業の許可などの制度よりも公共工事に参画するための登録制度が一般的である
② 工事1件当たりの受注の上限額、または工事の受注総額を定めている事例はあるが、わが国のように工事の受注額の上限と下限を設定することにつながる等級区分の制度はない
③ 2年ごとの評価制度とはしていない
④ 工事ごとの競争参加資格の確認において、経営力と技術力は分けて評価している
⑤ 既往の業績を重視する傾向が強くなっている

わが国においては、経営事項審査による客観点数と技術力評価による主観点数を合計した数値を用いて企業を等級別に格付けしているが、調査した主要国ではいずれの事例においても、企業の財務情報などの経営力評価と過去の工事実績などの技術評価を合計した数値を用いて、企業1件ごとの工事の受注可能額の下限・上限を定めるような例は見当たらない。公共工事の入札に際して、当該工事を適切に履行し得るかどうかという観点から、各要素を分けて評価することが必要と考えられる。

会計法などの法令の抜本的見直しと併せて、企業評価方式は、工事の履行に必要な企業の経営力と技術力を合理的に評価して優良な企業を選別するという観点で見直しを行う必要がある。そしてさらに、履行能力を十分に有する者の中から、品質と価格の両面から総合的に優れた企業を1社定めるための総合評価落札方式をはじめとする品質重視の受注者選定方式が適切に機能するような評価方式を構築する

ことが重要である。

わが国の企業評価方式は、指名競争入札における業種ごとの等級区分を行うことに主眼が置かれたため、さまざまな種類の数値を統合して1つの数値としている。今後の企業評価制度の見直しにあたっては、競争性を確保しながら発注者にとって最も有利な契約相手を見つけるという観点から、段階的に現在の等級区分の見直しを進め、企業の財務力・経営力の評価と技術面での履行能力を分けて評価する仕組みに移行していく必要がある。

6　土木学会における公共調達改革の方向性

土木学会建設マネジメント委員会では、根本的な公共調達改革が必要と考え、2010年から公共事業改革プロジェクト小委員会（委員長：木下誠也）を設置し、公共事業執行システムの将来像を研究した。そして、2011年に研究成果をとりまとめ、『公共事業調達法』の提案を行った。

これは将来のあるべき姿を示したものであり、実現可能な仕組みをさらに検討しようと、2012年から公共事業執行システム研究小委員会に引き継いだ。そして、その研究途上において2014年6月公共工事品確法が改正されたため、2014年8月のとりまとめにおいて公共工事品確法の改正を踏まえたさらなる改革の道筋を提案した。この報告において、公共工事発注者の役割の見直しや公共工事の価格決定構造の転換などの課題を示した。

これに続いて建設マネジメント委員会は、公共工事発注者のあり方研究小委員会を設置、これら2つの課題を検討し、2016年8月に研究成果を報告した。

(1) 公共事業改革プロジェクト小委員会

2011年8月に小委員会報告書[4]を公表し、公共事業執行システムの将来像として、「I事業のマネジメントの概念の導入」を行い事業単位の予算・時間のマネジメントを確立すること、個々の調達に関して「II価値（VFM）の高い公共調達の実現」を図ることを提言した。小委員会参加メンバーは次のとおりである。

［土木学会建設マネジメント委員会公共事業改革プロジェクト小委員会の構成］

委員長　木下誠也（愛媛大学）　副委員長　小澤一雅（東京大学）

委　員　芦田義則（JICE）、大上和典（国総研）、加藤和彦（清水建設）、金銅将史（国総研）、三百田敏夫（オリエンタルコンサルタンツ）、田村哲（長大）、中牟田亮（日本工営）、早川裕史（長大）、林幸伸（日本工営）、松本直也（建設経済研究所）、森望（国総研）、安谷覚（国総研）、横田芳治（JICE）、吉田純土（国総研）

（五十音順。各委員の所属は委員在任時点のものを記載（略称））

建設技術の発展と建設産業の育成の観点から健全な建設市場を形成することが必要である。そのためには公共調達の基本的枠組みは、国だけでなく地方公共団体なども共通とすべき事項が多いと考えられることから、地方公共団体を含むすべての公共工事発注者を対象とした公共調達制度とすることが望ましいと考え、次に示すような公共事業調達法を新たに制定することを提案した。ここでは、Ⅱの『公共事業調達法』の提案を枠内に示し、筆者の私見により解説する。

(A) 法律の目的

国、特殊法人等及び地方公共団体が行う公共事業に係る工事、サービス及び物品の入札及び契約について、透明性のある手続きのもとに競争性と公正さを尊重しつつ、その履行にあたって品質、経済性、効率性及び適時性を確保することによって、社会基盤の適正な整備及び管理、建設技術の発展ならびにサービスを担う建設コンサルタント、測量業、地質調査業等及び工事を請け負う建設業等の健全な発達を図り、もって国民の福祉の向上及び国民経済の健全な発展に寄与することを目的とする。

世界の主な国・地域の公共調達法における基本理念をみてみよう。まず、フランスの２００６年の公共調達法典をみると、第1条のⅠに「公共契約は、公共調達へのアクセスの自由、参加者の公平な扱い、手続きの透明性の原則が尊重される」として、透明性のある手続きのもとで公正さを確保すべきことを示した上で、「これらの原則は、効果的な公共調達、公的財源の適切な利用を確実にするものである」として、財源を効果的に活用するべきことを記述している。

イタリアの２００６年4月の公共調達法によると、第2条第1項において、「公共工事、サービス及び物品の契約の履行については、品質、経済性、効率性、迅速性及び正確さを確保しなければならない。また、契約は、適切な手続きに基づき、自由競争、平等、無差別、透明性、均衡、そして公開性を尊重しなければならない」と規定している。

アメリカのＦＡＲ（連邦調達規則）の規定では、１・１０２節（連邦調達規則体系の基本原則）にて、「連邦調達体系の理念は、公共の信頼を得て公共の目的を満足しつつ、最も価値のある製品又はサービスをタイムリーに顧客に提供することである」とした上で「連邦調達体系は、(1)…によって提供する製品又はサービスのコスト、品質及びタイムリーさについて顧客を満足させるものである」と定められている。

このように、主要国の公共調達ルールをみると、キーワードとして「透明性」「競争性」「公正さ」が指摘されている。そして、調達にあたって品質や経済性、効率性とタイムリーさ（適時性）を確保することが重視されている。同様の文言は、わが国の公共工事入札契約適正化法や公共工事品確法にも明記されている。わが国の会計法にはこのような言葉は記載されていないが、公共調達ルールとしては当然理念として明確にすべきと考える。

一方、社会基盤の適正な整備・管理、災害対応、建設技術の発展や建設コンサルタント等や建設業などの育成について言及している例は、海外の公共調達ルールにはみられなかった。しかし、わが国のように災害が頻発するような国においては、建設産業の健全な発展なくして国土を保全することはできない。建設技術を維持・発展させ、技術と経営に優れた建設産業とその担い手を確保・育成することも発注者の重要な責務と考えれば、公共事業調達法の理念として書き込むことは当然であろう。

(B) 法律の範囲

国、特殊法人等及び地方公共団体が行う公共事業に係る工事、サービス及び物品の入札及び契約ヨーロッパでは、ＥＵ公共調達指令が国だけでなく地方公共団体を含めて広く公共発注者を一つの公共調達ルールの対象としている。そのため、ヨーロッパ各国の公共調達法なども同様に、国、地方公共団体などを一つの公共調達ルールでカバーしている。

各州の独立性が強いアメリカの場合は、連邦政府機関を対象とするＦＡＲなどの公共調達ルールと各州の公共調達法は完全に独立している。しかし、アメリカ法曹協会（ＡＢＡ）が各州向けにモデル調達規則をＦＡＲに準じて作成しているので、連邦と同様の調達ルールを定めているケースが多い。また、連邦の補助金によって州政府が道路整備を行う場合などは、州政府は連邦法の規制を受けている。わが国のように国の補助金を執行する場合であっても、調達などに関して地方固有の事務としているのは、むしろ世界的に珍しいと思われる。

特に、わが国においては、中・長期的に社会資本の質を確保する観点に加え、地域の防災力を確保する観点からも、技術と経営に優れた建設業者の育成や技術力の確保が重要である。公共工事の市場は、国だけでなく地方公共団体を含むすべての公共工事発注者が構成していること、建設技術の発展と建設産業の育成の観点においても、すべての公共工事発注者が共通して適切な調達行為を行う必要がある。

以上のことから考えて、公共調達ルールについては、国、地方公共団体の区別を問わず、基本的ルールの枠組みを共通して定めることを提案する。

(C) 受注者選定手続

① 一般競争入札

② 指名競争入札
(a) 公募型
(b) 非公募型
③ 交渉方式（技術競争、随意契約を含む）
④ 競争的対話方式

工事については、小規模で技術的難易度の低いものや特別な場合を除いて、原則として、一般競争入札又は公募型指名競争入札によるものとするほか、高度の技術を要するデザインビルド等については、競争的対話方式を適用する。

サービスについては、受注者の技術力によって成果の価値が大きく左右される設計等の建設コンサルタント業務は、原則として交渉方式を適用し、公募して技術提案を競って優位な者から順次交渉して契約相手を決定するものとする。

受注者選定手続については、各国によって呼称は異なるが、フランス以外の国では「一般競争入札」に相当する入札方式を有している。また、「選択」入札、「制限」入札という呼称でわが国の指名競争入札に類似する規定がある。入り口がオープンの「公募型」の指名競争入札は、むしろ技術を重視する大規模な工事の入札方式として用いられているが、わが国で従来行っていたような指名競争入札（「非公募型」のもの）は世界的にはあまり使われていない。しかし、小規模な工事向け、あるいは地方公共団体向けにメニューとしては「非公募型」の指名競争入札を残しておくのが現実的と考える。

交渉方式については、建設コンサルタント等の調達や技術的難易度の高い工事の発注を考えれば必須である。また、受注者が1者に限定されるケースは当然考えられることから、従来の随意契約も残しておく必要があると考える。

競争的対話方式は、交渉方式の一類型ではあるが、デザインビルドなどの調達において用いるのが世界の流れでもある。新たな調達方式としてぜひ導入したい。

また、工事請負施工契約（ランプサム、コストプラスフィー契約含む）、デザインビルド契約／設計施工一括発注、フレームワーク合意、コンセッション契約といった調達手法については、法令に定めがない。欧米などの公共調達法令においては、入札方式だけでなく調達手法を含めて明示している。これらの方式を制度として確立することが今後必要である。

(D)　落札基準

一般競争入札、指名競争入札及び競争的対話方式において、落札者を決定するための基準は、次のいずれかとする。

①　最低価格入札

②　経済的に最も有利な入札（入札価格だけでなく品質その他を含め総合的に優れたもの）

入札を行う場合の落札基準は、原則として②「経済的に最も有利な入札」とするが、工事については、小規模で技術的難易度の低いものその他特別な場合、サービスについては、単純で定型的な業務その他特別の場合、物品については、契約時点で目的物が存在し製品の評価がメンテナンスを含め市場において既になされている場合その他特別な場合については①「最低価格入札」とすることができる。

落札基準については、①「最低価格入札」のほか、価格および品質その他の要素を総合的に評価する②「経済的に最も有利な入札」の2種類を用意する。どちらを優先するかということについては、世界的には②を重視する傾向が強まっている。わが国においても、②を原則とし、小規模で技術的難易度の低い工事や単純で定型的なサービス、あるいは契約時点で目的物が存在し製品の評価がメンテナンスを含め市場において既になされているような物品など、限られた特別な場合についてのみ①の「最低価格入札」とすることが適当と考える。

(E) 異常な入札価格の取扱い

① 価格審査方式

価格審査を行うために、発注者は審査基準となる価格を設定する。発注者は、総合評価における最高評価値（又は価格競争における最低価格）の入札者の入札価格が異常に高い又は低い金額の場合は、これを審査し、その入札を無効とすることができる。また、必要な場合は、交渉することができる。

② 上限と下限

発注者は、契約価格の上限を設定することができる。この場合は、さらに契約価格の下限を設定することができる。

異常な入札価格の取扱いについては、②として従来型の「予定価格の上限拘束」を残し、さらに下限として「最低制限価格」を設定できることとした。そして、予定価格の上限拘束を外して入札価格を審査して落札の可否を決定する「価格審査方式」を新たに設けたい。これは海外において行われているものだが、過当競争に陥って低入札が発生しやすいわが国において、実際にどのように運用するかというのはなかなか難しい問題だ。海外の運用事例などもよく研究して、わが国における運用方式を研究したい。

(F) 企業評価方式

・受注者選定手続きにおいて重要となる企業評価は、(i)契約履行のための資金調達力や長期的な経営上の安定性の観点からの企業の経営力、(ii)契約内容を履行する際に必要な、これを良質・安全・確実に履行する能力を有するか、能力・経験の十分な技術者を有するかといった観点からの企業の技術力の2つの点から評価することが重要である。これらに加えて、維持管理等において不具合が生じた際の対応や災害時の復旧活動への貢献などが期待されることがある。

・企業の技術力の評価にあたっては、工事実績データベースを活用して、企業及び技術者の工事実績等を重視するものとする。

・調査設計業務、地質調査業務、測量業務等については、業務実績データベースを活用して、企業及び技術者の業務実績等を重視するものとする。

企業評価方式については、①契約履行のための財務力・経営力、②契約履行に必要な技術力という2つの観点から評価することとしたい。また、完成して維持管理の段階になってから不具合が生じた場合のアフターサービス的な対応とか災害時の復旧活動への貢献などについては、何らかの形で企業評価に加味したい。また、企業評価方式の重要なツールとして活用されているコリンズ、テクリスをこの法律に位置付けて、各発注者に対して活用を法的に義務付けるのが望ましい。

(G) 発注者の体制

・監督業務は、契約管理、検査等の業務に統合し、「買う」側としての発注者の立場を明確にするものとする。
・発注者は、原則として、十分な技術力を有する者を置かなければならない。

「買う」立場の発注者の位置付けを改めて定義するとともに、その場合に必要な発注者側の体制・技術力を明確化する必要がある。技術力が不足する場合は、能力を有する民間などの外部の技術者を活用して発注者側の技術力を確保しなければならない。

(H) 既存の法令との関係

① 会計法、地方自治法及び関係政省令

会計法及び地方自治法に対し、公共事業調達法は公共事業の入札、契約に関する特別法として位置づける。また、それぞれの関係政省令のうち公共事業の調達に係わることについては、別に政省令を定めるのが望ましい。

②　公共工事の入札及び契約の適正化の促進に関する法律
公共事業調達法の制定により関係する事項について調整を図り整合させる必要がある。

③　建設業法
公共事業調達法の制定により関係する事項について調整を図り整合させる必要がある。

④　公共工事の品質確保の促進に関する法律
公共事業調達法の制定により関係する事項について調整を図り整合させる必要がある。

海外で多くみられるのは、調達の対象を公共事業に限らず公共調達全般として公共調達法を制定しているケースだ。わが国も同様に公共調達全般を対象に公共調達法とすることも考えられる。しかし、この場合は、建設技術や建設産業の維持・発展を目的とすることは困難となるので、建設技術や建設産業の維持・発展の観点からの企業評価などに関する事項は別途の法律などに規定する必要が生じる。

公共事業を対象とした公共事業調達法であれば、既存の会計法や地方自治法などの契約に関する規定は存置することとなるので、公共事業調達法を会計法や地方自治法に対して公共事業の調達に関する特別法として位置付けることを提案した。

(2) 公共事業執行システム研究小委員会

2014年8月に小委員会報告書[5]を公表、発注者側の体制についてその現状と課題を明らかにし、各事業段階における事業執行システム上の課題を調査して今後の改善の方向性をとりまとめた。以下に筆者の私見を交えて要点を紹介する。なお、小委員会参加メンバーは次のとおりである。

[土木学会建設マネジメント委員会公共事業執行システム研究小委員会の構成]

委員長　木下誠也（日本大学）　副委員長　小澤一雅（東京大学）

委　員　五十川泰史（JICE）、井上雅夫（建設技術研究所）、大谷悟（国総研）、大野泰資（MURC）、加藤和彦（清水建設）、木下賢司（プレストレスト・コンクリート建設業協会）、小熊雅弘（大成建設）、小塚清（国総研）、小橋秀俊（国総研）、小林肇（国総研）、佐渡周子（国総研）、三百田敏夫（オリエンタルコンサルタンツ）高野匡裕（国総研）、田辺充祥（東京大学）、田村哲（元 長大）、天満知生（国総研）、中牟田亮（日本工営）、中山等（鹿島建設）、野口好夫（名古屋工業大学）、野村成樹（竹中土木）、早川裕史（長大）、福田敬大（JICE）、松本清次（クイント企画）、松本直也（建設経済研究所）、宮武晃司（JICE）、村岡治道（岐阜大学）、森芳徳（土木研究所）、森吉尚（JICE）

（五十音順。各委員の所属は委員在任時点のものを記載（略称））

2014年6月の公共工事品確法改正により、発注者の責務として、改正法の第7条1項1号に「公共工事を施工する者が適正な利潤を確保することができるよう、適切に作成された仕様書及び設計書に基づき、経済社会情勢の変化を勘案し、市場における労務及び資材等の取引価格、施工の実態等を的確に反映した積算を行うことにより、予定価格を適正に定めること」と定め、同条同項2号に「入札に付しても定められた予定価格に起因して入札者又は落札者がなかったと認める場合において更に入札に付するときその他必要があると認めるときは、当該入札に参加する者から当該入札に係る工事の全部又は一部の見積書を徴することその他の方法により積算を行うことにより、適正な予定価格を定め、できる限り速やかに契約を締結するよう努めること」と明記された。これらの規定により、予定価格の上限拘束による支障が生じにくいように措置された。民間側の見積りをベースに予定価格を設定するなどの方式を逐次拡大していくことによって、民間市場主体による価格決定が徐々に習熟し、現在の官主導の価格決定構造を逆向きに転換させることにつながると考えられる。

また、同条1項5号に「設計図書（仕様書、設計書及び図面をいう。以下この号において同じ）に適切に施工条件を明示するとともに、設計図書に示された施工条件と実際の工事現場の状態が一致しない場合、設計図書に示されていない施工条件について予期することができない特別な状態が生じた場合その他の場合において必要があると認められるときは、適切に設計図書の変更及びこれに伴い必要となる請負代金の額又は工期の変更を行うこと」とされ、契約変更が締結できない事態を避けるように促す規定が設けられた。

日本型の支払方式などの契約慣行や価格決定構造が変わらないまま法制度を転換しても、全体として仕組みが上手く機能しない可能性がある。入札方式と併せて積算や監督・検査、支払方式を含むコスト管理の仕組みを改革するとともに、わが国特有の価格決定構造を民間主体の価格決定構造へと発注者・受注者双方が習熟しながら転換していく必要がある。すなわち、賃金決定の仕組みや元下関係など、価格に関する商慣習や制度が国内外で大きく異なるが、予定価格制度の見直しと併せてさまざまな社会システムの改変にも取り組む必要がある。

改正法第18条には、技術提案の審査および価格などの交渉による方式が位置付けられ、高度な技術を要する工事などの仕様の確定が困難な場合に限定されるものの、初めて交渉方式が法定化された。さらに、第20条に地域における社会資本の維持管理に資する方式が規定され、維持管理において多様な入札契約方式を導入することが定められた。

発注者の体制については、改正法第22条に「国は、…発注者を支援するため、…発注関係事務の適切な実施に係る制度の運用に関する指針を定めるものとする」とし、第24条3項に「国は、…資格等の評価の在り方等について検討を加え、その結果に基づいて必要な措置を講ずるものとする」として、発注者の体制確保の方策が規定された。

発注者の役割としては、今後はむしろ発注者側の積算作業を簡素化し、受注者側からの技術提案を的確に求め、審査する能力を有することが重要であり、発注者と受注者の間で技術的対話を充実し、切磋琢磨しながら技術を磨いていくことが求められる。また、発注者には当初想定できなかった現場条件の違いなどについて受注者と協議を行ったり、工事の中間段階や完成時の検査において技術的判断をすることが重要となる。

しかし、受注者には資格・経験を有する技術者の配置を義務付けているのに対し、発注者側の監督員や検査員については特段の規定がない。発注者側にも技術力が当然、必要である。発注機関が担当する事業の種類や規模、難易度、調達方式などに応じて、発注者側に必要な技術力・体制を明確化することが重要である。そして、発注機関の技術力を的確に評価し、足りない場合は技術力を確保する方策を確立する必要がある。技術力を示す方法としては、民間資格を含む既存の資格制度などを十分に活用するほか、不十分な場合は新たな資格制度を設けることが有効と考えられる。特に十分な体制を有しない市町村など、技術力の脆弱な発注機関については、発注者側の体制を外部機関が的確に評価し、必要な技術支援を確実に行う支援体制づくりが必要である。

「買う」立場としての発注者責任を明確にし、発注者側の技術力を確保する一方、「売る」立場となる受注者が工事目的物の品質を保証することも重要となる。受注者による品質証明を確実なものにするために適切な仕組みを検討する必要がある。また、今後の公共工事における検査・支払いは、「施工プロセスを通じた検査」と「出来高部分払方式」の組合せを基本とする仕組みへ転換することが望ましい。これらの仕組みは発注者と受注者双方にとって好ましい効果を期待できる。

迫り来る巨大災害に備えて、インフラ整備を着実に進めるとともに、良質な建設産業・建設技術を維持・発展させることが、日本の今後の持続的な成長を可能にすると考えられる。公共工事品確法改正が有意義な効果をもたらすよう運用されるとともに、引き続き望ましい姿に向けて公共事業執行システムの改革が進められることを期待する。

(3)　公共工事発注者のあり方研究小委員会

前述の２０１４年８月の公共事業執行システム研究小委員会報告書を受けて、公共事業執行システムのさらなる改革を進めるためには、

(ⅰ) 発注者のあり方を明確にすることにより事業の種類・規模や発注方式に応じて必要な発注者の体制を確保すること

(ⅱ) 入札から支払いに至るコスト管理の仕組み、現場の最前線で働く技能労働者の賃金決定の仕組み、そして元下関係など価格に関する商慣習や制度を見直すことにより予定価格制度の見直しと併せて価格決定構造を民間主体のものへと転換すること

が必要であることを認識し、これら2つの課題について同年10月より公共工事発注者のあり方研究小委員会において研究を開始し、2016年10月に報告書[6]をとりまとめた。以下に筆者の私見により要点をとりまとめる。なお、小委員会参加メンバーは次のとおりである。

［土木学会建設マネジメント委員会公共工事発注者のあり方研究小委員会の構成］

委員長　木下誠也（日本大学）　副委員長　小澤一雅（東京大学）、福本勝司（大林組）

委　員　五十川泰史（JICE）、井上雅夫（建設技術研究所）、入江靖（JICE）、尾浦猛人（国総研）、大野泰資（MURC）、加藤和彦（清水建設）、小熊雅弘（大成建設）、小塚清（国総研）、清水将之（JICE）、杉谷康弘（国総研）、鈴木篤（国総研）、高野匡裕（建コン協）、天満知生（国総研）、中村直人（大林組）、中山等（鹿島建設）、野口好夫（名工大）、野田厳（SCOPE）、野村成樹（竹中土木）、早川裕史（長大）、春田健作（京都府）、深澤竜介（経済調査会）、藤井敦（国総研）、古本一司（国総研）、松本直也（東日本建設業保証）、南昌宏（建設物価調査会）、村岡治道（岐阜大学）、森吉尚（JICE）、森芳徳（国総研）、山本忠（鹿島建設）、和田祐二（経済調査会）

（五十音順。各委員の所属は委員在任時点のものを記載（略称））

(i) 発注者のあり方と体制確保

発注者の役割

国・地方公共団体などの公共工事発注者（発注者）にとって、調査・計画・設計から入札契約、施工監督・検査などに至る工事発注関連業務そのものは、課されている役割の一部であり、多くの発注者にとって社会資本の整備・管理のプロセス全体を見れば発注者の役割は極めて広範多岐にわたっている。2014年の改正公共工事品確法に明記されたように、適切な維持管理を含め、工事に関連して施工技術の維持向上、災害対応を含む地域維持、建設業などの適正な利潤の確保、そして建設業などの担い手の中・長期的な育成・確保も発注者の責任に含まれる。

発注者の責任を果たすためには、事業執行や維持管理などの総合的な業務に関わる技術力の確保とその向上を図るため、行政職員に対する研修や他機関による支援体制の充実などが重要である。発注者が必要な技術力を内部に直接確保することができない場合は、適切な対価を支払って外部勢力を活用する必要がある。

発注者の技術力確保策

① 発注者の技術力確保の必要性

発注者が内部に全体を総括する十分な技術力を確保することの得失は、次のように考えられる。

（利点）

・発注者の目的に照らして適切に建設事業の企画立案から計画策定、設計、施工、管理までの一連の

流れを進めやすい

・外注する場合に、外注する仕事の配分、業者選定、監督・検査などを適切に行える

（欠点）

・技術力を要する業務が継続的に存在しない場合は、技術者を雇用する人件費が負担となる可能性がある

以上のことから、建設事業を継続的に実施する発注者においては、内部に全体を総括する技術力を有することが少なくとも必要である。発注者が維持管理の責任をも有している場合は、維持管理を適正に行うために必要な全体を総括する技術力を有することが必要である。細部にわたるまですべてを実施し得る測量、地質調査、設計、施工などのすべての実施体制を保有することは現実的とはいえず、民間に存在するこのような技術力を有効に活用することが重要となる。発注者内部にどのような分野のどの程度の水準の技術者を有するべきかどうかというのは、各発注機関が担う建設事業の規模や技術的難易度、管理段階における技術力の必要度などによって異なる。

また、発注方式として従来型の設計施工分離方式のほかに、設計施工一括方式（デザインビルド）やCM方式、PFI方式などさまざまな方式が用いられるようになっており、どの方式を選定するかを判断する技術力が重要となっているだけでなく、どの方式を採用するかによって、発注者側に求められる技術力が異なってくる。

アメリカでは、これまでに設計および施工に関する業務について発注者内部で行う実施コストと外注コストを比較する研究が多くなされており、多くの報告が、一般的には内部で行うほうが外注よりも安

いと結論付けている。しかし、外注するかどうかの意思決定における最も重要な要素はコストではなく、事業の迅速化、業務量の調整などのほかの要素が支配的であるとのことである［7］。

国などの地方組織は、年間数百億円から数千億円の建設事業を継続的に実施することから、重要な公共施設の管理を継続的に実施するためにも高度な技術を要する。さらに、地方公共団体などに対する支援の観点からも技術力を保有する必要がある。

都道府県、政令市や大規模な市町村については、国に準じて全体を総括する技術力を有することが必要である。都道府県については、市町村などに対する指導や補助金交付などの観点からも、技術力を保有することが必要である。小規模な市町村などにおいては、実施する建設事業の規模や管理対象の規模が比較的小さいが、維持管理を含めて継続的に技術力が必要なことを考えると、全体を総括する技術力を有することは一定程度必要である。

② 発注者の技術力補完のための方策

発注者の実力を超えて規模が大きい、あるいは技術的難易度の高い建設事業や維持管理を実施しなければならないときは、不足する技術力をどのように補完すべきであろうか。

第1に考えられるのは、より技術力を有する別の機関に事業実施権限や管理権限を移管してしまうことである。市町村管理の施設を都道府県などに移管するとか、都道府県管理の施設を国に移管するなどである。施設を移管せずに、道路整備において国（国土交通省）が権限代行により事業を実施するなどの方法もある。

第2に考えられるのは、発注などに関わる業務をすべて外部機関に任せる方法である。地方公共団体が下水道の建設、工事監督管理、災害支援を地方共同法人日本下水道事業団に委託するのがこれにあたる。委託先の外部機関は、技術力を有する公共公益的機関である。

第3に考えられるのは、中途採用によって経験を有する技術者を確保したり、人事異動により技術力を有する機関から出向者を受け入れたりする方法が考えられる。

第4に考えられるのは、発注者側の業務の一部に民間企業を活用する発注者支援業務などの活用である。発注者側の業務について、発注側の人員が足りない部分に民間から支援技術者を派遣してもらう方法もある。全体を総括する高いレベルの技術者を確保することが今後の課題である。

第5に考えられるのは、発注側の業務の一部を含めて民間企業に事業監理や契約監理を責任を持って実施するCM方式（第1章参照）であり、大きく分けてピュア型とアットリスク型の2方式がある。東日本大震災の復興道路「三陸沿岸道路」の事業において東北地方整備局が採用し、官民連携により大きな成果をもたらした「事業促進PPP」は、これを応用した方式と考えられる。なお、CM方式（ピュア型）の契約図書として「監理業務標準委託契約約款」および「監理業務共通仕様書」が2016年7月に土木学会によって制定・公表された。

第6に考えられるのは、包括的民間委託や指定管理者制度を活用してインフラの管理、運営などを民間に委託する方式やインフラの建設、維持管理、運営などを民間の資金、経営能力および技術的能力を活用して行うPFI方式、コンセッション方式などである。

これらの補完方策を検討するには、発注者が保有する技術力を認識した上で、事業の実施などに必要な技術力を把握する必要がある。平時には補完の必要がない組織でも大規模災害発生時などにおいては、発注者として十分な実施体制を構築できないことがあり得る。このような場合には、民間企業などの外部勢力の活用などの技術補完を臨機応変に講じる必要がある。

技術者の責任の明確化

建設事業や維持管理を行うにあたっては、発注者内部の技術者や外部において発注者を補完する技術者、あるいは設計などを担当する建設コンサルタント技術者など、各技術者の役割を明確にして責任分担を明らかにする必要がある。そして責任に応じた報酬のあり方を検討する必要があるほか、瑕疵などがあった場合の補償について、受託額に対して過大な金額となることのないよう現実的なルールの確立が必要である。

海外においては、技術者の責任と権限が明確で、責任の重さに応じて報酬も引き上げられているのが一般的である。例えばアメリカでは、設計者が自ら設計・計算した成果品に押印して責任の所在を明確にする。複数の設計者が分担して設計する場合は、設計図書に責任分界点を明確に記載して担当箇所に押印する。工事図面には、設計段階から工事竣工時まで記録として担当者と日付が記載されることになり、内容に変更があった場合には、変更内容をチェックした者の記録（ＰＥの押印）が変更箇所に残される。

わが国においても、発注者の内部・外部を問わず、関係する技術者の責任分担を明らかにし、責任の内容に応じて、技術者に求める能力を明確化して十分な報酬を支払う仕組みを構築することが望ましい。また、利害関係者との調整、工事の監督・検査などの発注者が有していた権限を委任することについて、責任の範囲やそれに伴う報酬を明確にする必要がある。

技術者の技術力評価方策

建設事業や維持管理の実施にあたって、発注者が自ら技術力を要する任務を行う場合や外部機関に委任する場合でも、任務を担う技術者が必要な技術力を確保する必要がある。このためには、各技術者の役割分担を明確にするとともに、各技術者の能力を適正に評価し「見える化」しておくことが望ましい。有能な技術者が能力に応じて適切な対価を得るよう処遇する観点からも、また、人材確保の観点からも、技術者評価の仕組みが重要である。

技術者の技術力を評価する方策として、技術者情報に関するデータベースの整備と資格制度の活用が考えられる。設計などを担う建設コンサルタント技術者に関しては制度がある程度整備されているが、発注者内部の技術者についてはほとんど未整備の状態である。発注者内部の技術者の能力をこれらの仕組みにより「見える化」することができれば、発注者組織の技術力を明らかにすることにつながり、技術力補完の必要性の検討にも有用である。また、発注者内部の技術者が転職・退職により民間側に異動した場合に、速やかに人材活用する点からも有用である。

①　経験・実績・業績のデータベース化

発注者内部の技術者や外部勢力として発注関係業務に従事する技術者について、発注関係業務の経験や実績・業績をデータベース化することが有効と考えられる。発注者内部については、外注に際しての調査職員、監督職員などの技術者を記録することが考えられる。ただし、具体的な外注を伴わない経験・実績・業績をどう扱うか、個人の業績や能力をどのように判断するか、データの信頼性をどう担保するかなどの課題を解決する必要がある。

② 資格の活用

発注者に必要な技術力は、対象とする事業の規模・技術的難易度や担当する業務によってさまざまである。発注者に対して受注者と同等の能力を有していることを求めるのであれば、受注者に要求する資格を保有していることを発注機関の担当者にも求めることが考えられる。また、発注業務に関する資格として公共工事品質確保技術者資格やこのほか国土交通大臣が認定するさまざまな民間資格がある。

資格制度の活用を検討するにあたっては、発注者側と受注者側の立場の違いについて考慮することが必要である。発注者側の職員は、事業者としてそのプロセス全体を適切にマネジメントする能力が求められる。コスト・品質・工程の管理だけでなく、人事管理や関係者との調整能力、合意形成能力など多岐にわたる技術力が必要である。通常のプロジェクトマネジメント資格で求められる能力に加えて、インフラ事業に特有の技術力が求められる。

既存の資格だけではカバーすべき技術力を判断できない場合には、既存の資格の保有に加えて、「プロセス全体を適切にマネジメントできる総合的な能力」を経験や業績によって確認することで既存の資格を補完する方策が考えられる。また、特定の専門領域で極めて高度な技術力を有する技術者を公正に資格認定できる団体を活用して、適切に資格制度を運用できるような仕組みを構築することも考えられる。

(ii) 予定価格制度と価格決定構造の見直し

現行の予定価格制度と価格決定構造の課題

現行の予定価格制度は、工事目的物の調査・設計・積算において発注者の無謬性が前提となっている。

つまり間違いのない完璧な調査設計に基づき、間違いのない積算により作成された予定価格であることを前提としている。一方で、予定価格算定のための積算においては、当該現場に最も相応しい価格を算定しているのではなく、あくまでも標準的な価格である。そのため条件明示が極めて重要な要素となる。また、現状の制度では、発注者が設定する上下限（予定価格と低入札価格調査基準価格（最低制限価格））の範囲内でなければ落札できないという問題がある。予定価格を上回る金額でも低入札価格調査基準価格（または最低制限価格）を下回る金額でも落札することができないため、その金額の範囲内に入札額が誘導される。したがって、受注者は自らの積算とともに、発注者の積算も行う必要がある。自らの適正な原価を算出することを行わず、発注者の積算の予測だけをもとに入札額を決めている場合すらある。

さらに、発注者が標準的と考える工法での積算額が上限となるため、幅広い技術提案ができないという問題がある。低入札価格調査基準が下限となるため、大幅なコストダウンが可能な工法などを考えても、価格競争上有利になるわけではないため、そうした発想が生まれにくい。どうしても歩掛どおりの施工を行っていれば無難との意識となる可能性がある。わが国では発注者側が決めた価格のもとに落札価格が誘導され、それが下請へ、さらには労働者の賃金の支払いへと、上流から下流へ向かって価格が決定される社会構造になっている。一方、海外では下流から上流へと、積み上げられた民間側の積算をもとに競争が行われ落札価格が定まるのが通常と考えられる。

技能労働者の賃金水準を確保する方策として、地方公共団体によっては、地方公共団体などが発注する工事などに関して労働者の賃金の最低基準額を保証するべく公契約条例を定めている場合がある。例えば、２０１０年に公契約条例を定めた千葉県野田市では、４０００万円（２０１５年－）以上の請負契約工事において公共工事設計労務単価の85％以上の賃金の支払いを義務付けている。また、１０００万円以上の業務委託においては市の職員の賃金などを基準として適正な賃金の水準確保を図っている。

フランス、イギリス、アメリカでは、賃金条項を含む労働条項を規定する公契約法が19世紀から制定されてきた。公契約法の一つであり、公共建設工事に特化したアメリカのデービス－ベーコン法では、２０００ドル以上の公共工事におけるすべての労働者を対象として、賃金のみならず、保険や有給休暇まで規定している。実効性担保の方法として、違反企業には3年間、公共工事に参加できないという厳罰が科せられる。一方で、わが国はＩＬＯ第94号条約（公契約における労働条項に関する条約）を批准しておらず、これまで公契約法を求める動きがあったものの制定には至っていない。

予定価格制度の見直し

土木学会建設マネジメント委員会公共事業改革プロジェクト小委員会が２０１１年8月に提案した公共事業調達法案においては、予定価格による上限拘束に代えて、価格審査の充実とオープンブック方式の導入などが検討課題であるとした。その上で、異常な価格による契約を防止するため、次の２つのいずれかによることとした。

①　審査基準価格の設定
②　上限と下限の設定

将来の姿としては①を目指したいが、当面の措置として、現状と同様の②を残している。

①のケースで、審査基準価格を受注者の見積りをもとに定め、受注者積算をベースに契約を締結すれ

ば、アメリカなどの海外の契約方式に最も近い形となり、予定価格の上限拘束による弊害や、発注者積算の課題は大幅に解決する。また、元下契約や労務賃金については、震災復興支援においてURが展開したCM方式で用いられているようなオープンブック方式の導入などにより、しわ寄せを防止することはある程度可能である。従来のように発注者積算を用いる場合は、平均値としての発注者積算に何らかの変動幅を加えて上限の審査基準価格を定めるのが適当と思われる。この場合、予定価格の上限拘束による弊害は解消するが、発注者積算の課題がすべて解消するわけではない。

上限を厳格に拘束する②のケースで、上限価格を受注者の見積りをもとに定め、受注者積算をベースに契約を締結すれば、予定価格の上限拘束による弊害を緩和し、発注者積算の課題を解決することができる。また、元下契約や労務賃金については、オープンブック方式の導入などにより下流へのしわ寄せを防止することはある程度可能である。上限拘束による弊害がすべて解消されるわけではないが、会計法令などの改正が困難な場合の次善の策としては検討に値する。

発注者積算から受注者積算への契約のベースの転換

これまでのように発注者積算を契約のベースとするのでなく、受注者積算を契約のベースとすることができ、かつ、適正な元下契約のもとに労務賃金が適正に支払える仕組みが整えば、落札価格が市場で決定されるような健全な競争環境が形成される可能性が生まれる。そして、そのような競争環境が形成されれば、受注者にとっては、過当競争に陥らずに無理のない価格で受注でき、優良な企業が勝ち残れるようになる。

このほか、発注者・受注者双方にメリット・デメリットが考えられる。これらを勘案した上で、次の事項に配慮して健全な競争環境を醸成することに留意しなければならない。
・積算基準に含まれる日当たり施工量の情報がなくなると、適正な工期を算定するための手法が別途必要になること
・数量総括表の契約項目（工事工種体系ツリー）は発注者の積算体系に合うものであるが、受注者の見積項目として適合しない可能性があること
・発注者の積算基準が設計書を補完している面があるが（発注者の想定している現場条件が推測できる）、設計書への条件明示をより詳細にする必要があること
・会計検査対策として、なぜ積算手法を変え、その積算手法が妥当であるかの説明が必要であること
・下請金額や労務賃金が適切に支払われることを担保する仕組みが必要であること
発注者は提案技術をもととした受注者の実行予算（工事原価＋一般管理費ほか）により算出した「予定価格」を精査するため、提案技術、施工方法、品質確保や工期設定の妥当性などを評価した上で、積算の妥当性を精査する必要がある。そのため、発注者には従来にも増して高度な技術力・マネジメント力が要求されることとなる。このため、契約のベースの転換にあたっては、国土交通省をはじめとする大規模な公共工事を継続的に発注している機関が中心となって試行実施を拡大していくことが適当である。

適正な元下契約や労務賃金の支払いを担保する方策

適正な元下契約のもとに、労務賃金を適正に支払える仕組みが整えられた中で受注者積算を契約のベースとすることができれば、健全な競争環境が形成される可能性がある。発注者が受注者である元請

と契約する時点で元下間の契約内容が明示され、労務賃金を含めて元下契約が適正であることが確認できれば、適正な元下契約や労務賃金を担保することにつながる。さらに、事前に明示されたとおりに下請への支払い、労務賃金の支払いが適正に行われたことが確認できれば確実なものとなる。オープンブック方式により、工事コストの透明性向上を図ることが考えられる。

この際に、労務単価については、職種技能評価別で、かつ、技能労働者の支払金額と社会保険を保証した、また、下請会社の必要経費を勘案した単価に改善していく必要がある。労働者への支払金額を保証した労務単価を設定することは、過当競争による技能労働者へのしわ寄せを防止し、ダンピングの防止にもつながるものと考えられる。アメリカのように公契約法を整備して労務賃金の最低額をきめ細かく定めることも検討に値する。あるいは、建設業に関わる技能労働者に限って法制化することも考えられる。法制化が困難な場合は、個々の建設工事契約において労務賃金の最低額を義務付けて契約上支払いを保証させるという方法も考えられる。

元下契約や労務賃金制度を見直すこのような取組みは、従来の元下関係を大きく覆す可能性があるが、一方で、技能労働者の高齢化が進み、技能労働を提供する零細な下請事業者の廃業が増加している現状では、元下関係が適正な方向へ改善（社会保険と適切な賃金水準を担保）することにより、将来の建設業の担い手（特に技能労働者）を確保することにもつながると考えられる。

１９７０年に旧日建連が「労働力プール化構想」を提案し、元請、下請専門団体を網羅する運動が進められたが、結局は業界全体の合意が得られなかった。激化する災害に対して災害復旧や復興に備えつつ、老朽化したインフラストックを今後、維持・補修・修繕していくには、それぞれの地域に、継続的に建設業の担い手が必要であり、「労働力プール」のような受け皿と仕組みは有効であると考えられる。今後の元下関係の価格決定構造の転換を検討する上で、

・専業下請業者に協力して、技能労働者の常用化を促進する
・職種別・ブロック別あるいは都道府県別に労働力プールを設置して、常用労働者を、常用関係を保持したままプールに参加させる。一人親方や一般の労働者も自由意志により参加できる
・請負契約、賃金、雇用条件などの基準を定めこれを保証し、福利厚生の安定、技能訓練の拡充を行う。職種別・技能ランクごとに賃金・処遇を取り決める

という提案は、改めて参考になるものと考えられる。

7　わが国の公共調達改革の道筋

(1)　発注者・設計者・施工者の技術の結集

公共工事は、発注者・設計者・施工者が技術を結集して「良質なモノを低廉な価格でタイムリーに」実施しなければならない。ゼネコン汚職事件をきっかけに入札契約制度の大改革がなされた1993年より以前は、情報公開が発達していなかったこともあり、公共事業の執行プロセスが不透明で関係者の談合体質がしばしば批判を浴びた。しかし、改革以前には、指名制度を通じて技術力重視で信頼できる

企業が発注者により選定されていた。不透明という問題はあったが、設計段階から施工者が営業活動として施工面のノウハウをインプットするという技術の結集がなされた面もあったと思われる。当時は欧米からみて、日本の建設工事は生産性が高いという見方もあった。しかし、1993年の改革以降は、プロセスにおける「客観性」が重視されるようになり、入札における競争性や客観性は高まった半面、発注者・設計者・施工者の間で対話が不十分となり技術の結集がなされにくくなった。調査計画から設計、施工、維持管理のあらゆる段階で発注者・設計者・施工者が技術を結集することが良質な社会資本整備の観点から極めて重要である。特に最近は、従来のように白地に新たに構造物を建設するというよりも、老朽化した施設の更新や再開発といった複雑なケースが増えており、早い段階から発注者・設計者・施工者といったすべての関係者がノウハウを持ち寄ることが一層重要になっている。

一方で、欧米先進国は、一般競争入札が中心であった時代に低価格で受注した企業が利益を確保しようと変更増額要求が激化し、発注者・受注者間の紛争が絶えなくなったり、手抜きが頻発、弁護士費用でかえって高い買い物になるなど、価格競争に辟易し始めた。日本では発注者と受注者間のトラブルが少ないことを羨み、発注者・受注者間の話し合いのためにわざわざ経費を計上して話し合いの場を設けるパートナリング制度を設けたり、よい仕事をした企業が将来また受注しやすいように成績評定制度を導入したり、技術重視で受注者を選定するための交渉方式などを拡大するといった「主観」重視の改革を進めた。わが国では元々当たり前のように行っていたことを欧米各国が公共調達制度の中に透明性を確保して取り入れるようになった。また、発注者・設計者・施工者が技術を結集することが重要であることを認識し、例えば設計段階で施工者のノウハウをインプットするような入札契約方式を導入したり、施工段階でも発注者・設計者・施工者の三者協議の場を設けるパートナリングを導入するようになった。２００４年以降ＥＵ公共調達指令にも位置付けられたフレームワーク合意方式では、異業種の企業からなるグループと契約条件などを事前合意しておいて個別の仕事ごとに契約を締結できるようにして発注者・設計者・施工者の対話も行いやすくしている。

２０００年以降は、欧米において建築分野を中心にＢＩＭが急速に普及し始めた。これは、「コンピューター上に作成した３次元の建物のデジタルモデルに、材料などの仕様情報やコストなどの属性データを加えた建築物のデータベースを設計、施工から維持管理までのあらゆる工程で共有して活用する」というものだ。建築と共通する部分から順次土木構造物へも拡張が進められている。欧米ではコストや工程の管理を含む完成度の高いＢＩＭの導入が進んでおり、これからは事業のライフサイクルの維持管理を含む３次元化が進められる段階である。３次元で可視化された設計が、調査計画から設計、施工、維持管理のあらゆる段階で共有し得ることになるので、発注者・設計者・施工者による技術の結集が一層容易になると考えられている。

わが国は、一度崩壊してしまった発注者・設計者・施工者の技術の結集の仕組みを今度は透明性のある形で改めて再構築する必要がある。２０１４年に公共工事品確法が改正されて、技術提案・交渉方式や維持管理に資する弾力的な調達方式が可能となり、技術の結集がしやすくなった。ＢＩＭについては、わが国では国土交通省が、「Building」を「Construction」に置き換えてＣＩＭと称して、２０１２年度からモデル事業を開始し、２０１６年度にＣＩＭ導入ガイドラインを策定する段階に至った。ＣＩＭ導入と併せて発注者・設計者・施工者が協同する仕組みづくりを進める必要がある。

(2) 発注者のあり方と体制確保

公共事業の発注者の役割は、これまであまり明確にされてこなかった。各発注機関は、それぞれ人事配置において適材適所の人材を充てて事業執行に配慮してきたと思われるが、それでも大規模な公共工事を発注する頻度が少ない小規模な地方公共団体などにおいては、発注者としての技術力が脆弱な場合が多い。そのような技術力が不十分な発注者に対しては、不透明ながらも建設コンサルタント、建設会社などが不足分をカバーして全体として大きな問題が生じないようにする社会的補完システムがある程度機能していた。法令などによる制度整備がされていたわけではなく、日本特有の自然発生的な互助システムが機能していたと思われる。

しかし、近年、談合や汚職といった不祥事が多発したことから、法令などを建前どおりに運用するべきとの機運が拡大しており、不正防止の観点から発注者・設計者・施工者の間のこのような互助システムが機能しにくくなっている。今後は、発注者の役割を明確にし、発注者の技術力が不足する場合は、きっちりと対価を支払って能力を有する民間など外部の技術者の支援を受ける必要がある。

公共事業の執行において発注者の役割は極めて重要である。発注者にとって、調査・計画・設計から入札契約、施工監督・検査などに至る工事発注関連業務そのものは、課されている役割の一部であり、多くの発注者にとって社会資本の整備・管理のプロセス全体をみれば発注者の役割は極めて広範多岐にわたっている。２０１４年の改正公共工事品確法に明記されたように、適切な維持管理を含め、工事に関連して施工技術の維持向上、災害対応を含む地域維持、建設業などの適正な利潤の確保、そして建設業などの担い手の中・長期的な育成・確保も発注者の責任に含まれる。発注者側の技術者は、事業のプロセス全体の最適化を考慮しつつ、流れに沿って、①調査・計画、②設計・積算、③施工、④維持管理の各段階を適切に実施する能力が要求される。各段階で外部からの支援を受けることは可能であるが、主体的に考えて決定するのは発注者の役割である。

①調査・計画段階は、技術の良否が事業の死命を制する極めて重要な段階である。関連するほかの施設管理者や住民などの利害関係者から理解を得るための調整や説明が必要であり、さまざまな条件を踏まえて最適な計画を作成する必要がある。つまり、工学的知見に基づき、地形、地質、想定される外力に対して安全でかつ経済効率性の高い良質な社会資本を整備することが求められる。発注者が最も技術力を発揮すべき段階である。計画策定のために必要な図面の作成や地質調査、地形測量、その他の調査は地質調査会社や測量会社、あるいは建設コンサルタントに発注することが多い。技術判断において外部からの支援を求めることは可能であるが、主体的に考え、計画を決定するのは発注者の重要な役割である。

②設計・積算段階において、実際の設計は建設コンサルタント等に発注することが多い。このため、設計業務の委託において、技術力の十分な建設コンサルタント等を選定することが必要である。委託にあたっては、発注者と設計者の責任分担を明確にする必要がある。工事費の積算については、従来型の積上げ積算は非常に精緻なため外部からわかりにくく、また多大な労力を要するとの問題があり、最近では施工パッケージ型積算に移行している。積算作業の多くの部分を外部勢力による補助業務に頼っているが、発注者として積算の適否を判断し得る能力が必要である。

また、工事発注に向けて、予算額を踏まえながら、発注時期、発注ロット、発注方式を決定する必要がある。実現しようとしている事業の目的や現場固有の状況を踏まえ、効率的に施工することができる手順（施工計画）などを考慮した上で総合的判断により発注手続を決定することが必要であり、発注者の技術力が工事の成否を左右する。適切な発注計画を定め、良質なモノを低廉な価格でタイムリーに調達する観点から最も適切な入札・契約手続を選定することが発注者の責務である。

③施工段階における建設業者の選定においては、適正な予定価格と調査基準価格（または最低制限価格）の設定、技術提案の評価において発注者側の技術力を要する。

要求される工事の品質、工程、安全を確保するよう、監督体制の確保が重要であり、発注者は、工事全体を管理し、設計および施工の技術を理解し、契約内容を把握して個々の工事が仕様書どおりに進められるよう確認しなければならない。監督行為の責任範囲が不明確であると、検査にあたって厳格な合否の判定などを困難にする場合があり得る。的確な検査や成績評定は発注者の技術力が十分であることが前提である。

④維持管理の段階では、発注者は、構造物の本来の機能を確実に発揮することができるように管理する必要がある。構造物の老朽化などにより必要な補修や更新について、所管する施設全体を見わたして優先順位付けや予算措置を行うなどの総合的マネジメント力が重要である。維持管理の日常業務は委託することが可能であるが、ＬＣＣ（Life Cycle Cost）を考えた維持・管理業務全体のマネジメントは発注者の責務である。

以上の流れは、設計を終えてから建設業者を決めて施工に進む「設計・施工分離方式」を前提として各段階における発注者の役割を整理したものだ。しかし、発注者・設計者・施工者という関係者の技術結集のためには、従来からよく用いられているこの設計・施工分離方式だけでなく、設計の早期の段階から施工者のノウハウをインプットするなどの多様な発注方式を用いることが必要になる。そうすると、事業全体の流れを統括する発注者の役割がますます重要になる。発注者は設計・施工に関してある程度の知識を持ちつつ仕事全体を上手くやりくりする高度なマネジメント能力を持つことが求められる。

発注者が担当する事業の種類や規模、難易度、調達方式などに応じて発注者側に必要な技術力・体制を明確化することが重要である。そして、発注機関の技術力を的確に評価し、足りない場合は、マネジメント業務の責任と権限を明らかにして外部技術者にそれを委ねなければならない。外部に委ねる仕事の範囲とボリュームによって発注者が自ら有すべき技術力と体制は異なる。外部技術者に重大な責任と権限を委ねる場合は、それを担える能力を有する者を選び、それに相応する報酬を支払わなければならない。従来以上の基準単価を設定することも考えなければならない。そのような高度なマネジメント力を有する技術者を選定するためには、人材の登録制度や新たな資格制度の創設も検討する必要がある。特に十分な体制と技術力を有しない市町村など、技術力の脆弱な発注機関については、発注者側の体制を第三者が的確に評価し、必要な技術支援を確実に行う技術力補完の仕組みが必要である。

改正後の公共工事品確法においては、第７条第３項において「発注者は、発注関係事務を適切に実施するため、必要な職員の配置その他の体制の整備に努めるとともに、他の発注者と情報交換を行うこと等により連携を図るように努めなければならない」と規定されている。また、第21条第１項に「発注者は、その発注に係る公共工事が専門的な知識又は技術を必要とすることその他の理由により自ら発注関係事務を適切に実施することが困難であると認めるときは、国、地方公共団体その他法令又は契約により発注関係事務の全部又は一部を行うことができる者の能力を活用するよう努めなければならない。この場合において、発注者は、発注関係事務を適正に行うことができる知識及び経験を有する職員が置かれていること、法令の遵守及び秘密の保持を確保できる体制が整備されていることその他発注関係事務を公正に行うことができる条件を備えた者を選定するものとする」、同条第4項において「国及び都道府県は、発注者を支援するため、専門的な知識又は技術を必要とする発注関係事務を適切に実施することができる者の育成及びその活用の促進、発注関係事務を公正に行うことができる条件を備えた者の適切な評価及び選定に関する協力、発注者間の連携体制の整備その他の必要な措置を講ずるよう努めなければならない。」とそれぞれ定められている。

今後さらに発注者の役割を明確にし、資格制度などの整備を含め発注者側技術力の評価方法を明らかにするとともに、能力を有する民間など外部の活用を含めた発注者側の技術力の確保策を確立して、公共事業の企画立案段階から、設計、施工、そして維持管理にわたる公共事業執行プロセス全体を通じた品質確保のための法制度の整備が望まれる。

(3) 価格決定構造のあり方

わが国では2013年から予定価格の算定に用いられる設計労務単価が政策的に引き上げられた。2014年の公共工事品確法の改正では、企業の適正利潤の確保や経済社会情勢の変化を考慮して予定価格を設定すべきとされた。こうした取組みにより予定価格の上限拘束による支障は軽減されるが、市場における健全な競争を通じて落札価格が適正に決められるようにするには、元請業者の応札価格が、所定の賃金を保障し、適正な下請価格に基づいて決められなければならない。

アメリカでは、公共建設工事に関して労働者の賃金を含む労働条件が職種別能力に応じてデービス－ベーコン法などによりきめ細かく定められており、価格が下流から上流に向かって決定される仕組みが構築されている。このように下流から上流へと決まる価格決定構造とするには、賃金決定の仕組みや、元下間の商慣習の見直しが必要になる。公共工事の契約において労務賃金や下請への支払いについて発注者が関与することも一つの方策と思われる。

発注者側と受注者側の双方の意識改革により価格決定構造の転換を図るとともに、会計法、地方自治法などの入札契約制度の抜本的見直しが欠かせない。労務者の賃金水準を確保した上で、入札では労務賃金の値下げではなく、入札参加者のマネジメント力、品質管理能力、施工方法・施工技術で差別化することによって生産性および効率性向上につなげ、全体労務費の削減や下請コスト削減による競争を実現することが今後の課題である。

(4) 公共事業調達改革の道筋

世界の政治・経済の情勢が不透明な一方、異常気象や天変地異の危機が高まっている中で、戦略的社会資本の整備を進めて、着実にわが国の防災力・成長力を高める必要がある。そのためには、担い手を確保して生産性の高い良質な建設事業を実施することが必要であり、公共事業の調達制度改革がその鍵を握っている。健全な競争環境の中で、発注者・設計者・施工者がそれぞれの役割を果たしながら、効率的に良質な社会資本整備・保全を可能にする必要がある。

２００５年の公共工事品確法の制定、２０１４年の同法改正により公共事業の調達改革は着実に前進している。今後さらに、計画・調査や設計といった事業の上流段階を含めて公共事業全体の品質を確保し得る社会構造と法整備が重要となっている。

【注釈】（出典）

［1］ 川島武宜：日本人の注意識，岩波書店，1967
［2］ 貝塚啓明，金本良嗣：日本の財政システム，東京大学出版会，1994
［3］ 大森　彌：官のシステム，東京大学出版会，2006
［4］ 土木学会建設マネジメント委員会公共事業改革プロジェクト小委員会報告書，2011
［5］ 土木学会建設マネジメント委員会公共事業執行システム研究小委員会報告書，2014
［6］ 土木学会建設マネジメント委員会公共工事発注者のあり方研究小委員会報告書，2016
［7］ Caltrans Division of Research and Innovation: Comparing In-House Staff and Consultant Costs for Highway Design and Construction, 2011

おわりに

本書は、筆者が2012年に発刊した「公共調達研究－健全な競争環境の創造に向けて なぜ、世界に例をみない制度になったか－」(日刊建設工業新聞社発行)を加筆・修正し、新たに書き下ろしを加え、再刊に際して書名を改めたものである。

筆者は、これからの公共事業執行システムの改革の道筋をみつけるべく、2006年以降、東京大学の小澤一雅教授の指導のもとに国土交通省（当時）の佐藤直良、松本直也、芦田義則、木下賢司、丹野弘、田中良彰の各氏らとともに月に1度勉強会を開催し研究を進めた。筆者は特に公共事業調達制度の改革をテーマとして2011年に学位論文をとりまとめた。その成果の多くを本書に取り入れた。

また、土木学会建設マネジメント委員会においては、世界に誇れる公共事業執行システムを構築すべきとの問題意識のもと、2010年から公共事業改革プロジェクト小委員会を設置して研究を進め、2011年8月に小委員会報告書において新たな『公共事業調達法』を提案した。2012年から公共事業執行システム研究小委員会において引き続き研究を進め、2014年8月の公共工事品確法改正を踏まえたさらなる改革の道筋を提案した。この報告において示された①公共工事発注者のあり方の検討、②公共工事の価格決定構造の転換という2つの課題に取り組むべく、2014年に公共工事発注者のあり方研究小委員会を設置し、2016年8月研究成果をとりまとめた。これらの研究成果についても本書に活用させていただいた。

（一財）国土技術研究センターには、建設コンサルタント業務調達方式の海外比較について（２０１０年度）、国内外の比較・分析による中小建設工事調達方式の研究（２０１２年度）、中小建設業の維持に配慮した建設生産システムのあり方に関する研究（２０１３年度）および建設生産システムにおける価格決定構造に関する研究（２０１４、２０１５年度）について研究開発助成によりご支援いただいた。

第2章や第3章のコラム欄では、それぞれの分野の専門家の方々に国内外における昨今の調達事例やトピックなどをご執筆いただいた。コラムを執筆いただいた方々に感謝の意を表する。また、編集にあたってご協力をいただいた方々を以下に紹介し、感謝の意を表したい。

相澤隆生、井口達也、大西一宏、久保周太郎、郷農一之、髙瀬健三、髙橋暁、千葉二、中山かおり、八瀬河郁子、藤原憲男、宮﨑清博、山本聡、利藤房男、渡部英二（五十音順、敬称略）

最後に、刊行にあたって原稿企画からはじまり関係者ヒアリングや原稿校正など並々ならぬお世話になった（一財）経済調査会出版事業部書籍編集室の吉沢毅室長、青柳涼子さんをはじめとする関係者の皆さまに心から御礼申し上げる。

平成29年1月吉日

木下　誠也

【参考文献】

・芦田義則，佐藤直良，木下誠也，松本直也，大場敦史：不調・不落の発生原因に関する分析，土木学会論文集 F4（建設マネジメント）特集号，2010
・飯吉精一：建設業の昔を語る，技報堂，1968
・五十畑弘，木田哲量：公共工事建設生産システムに関する史的考察，土木学会論文集，No.674/Ⅳ-51，2001
・市江澄子，三浦眞弓：官公庁事典，産業調査会事典出版センター，1997
・大蔵省財政金融研究所財政史室：大蔵省史－明治・大正・昭和－ 第1巻，大蔵財務協会，1998
・大蔵省百年史編集室：大蔵省百年史 上巻，大蔵財務協会，1969
・大阪建設業協会のあゆみ：http://www.o-wave.or.jp/public/profile/profile01.html
・太田博太郎：日本建築史論集Ⅰ 日本建築の特質，岩波書店，1983
・亀本一彦：公共工事と入札・契約の適正化，国会サービス関連情報 レファレンス No.632，2003
・川上貢：近世建築の生産組織と技術，中央公論美術出版，1984
・看聞日記 乾坤，宮内省図書寮，1932
・菊岡倶也：わが国建設業の成立と発展に関する研究 明治期より昭和戦後後期，芝浦工業大学博士学位論文，2005
・木下誠也：公共調達研究 健全な競争環境の創造に向けて－なぜ、世界に例をみない制度になったか－，日刊建設工業新聞社，2012
・木下誠也，佐藤直良，松本直也，田中良彰，丹野弘：公共工事の入札契約制度の変遷と今後のあり方に関する考察，土木学会建設マネジメント研究論文集 Vol.15，2008
・木下誠也，佐藤直良，松本直也，芦田義則，沢田道彦：公共工事の入札契約における企業評価の変遷と今後のあり方に関する考察，土木学会建設マネジメント研究論文集 Vol.16，2009
・木下誠也，佐藤直良，松本直也，芦田義則：会計法における公共工事入札制度の歴史的考察，土木学会論文集 F4（建設マネジメント）特集号 Vol.66 No.1，2010
・木下誠也，佐藤直良，松本直也：公共工事入札契約制度における企業評価方式の国際比較，土木学会論文集 F4（建設マネジメント）特集号 Vol.67 No.4，2011
・近世史料研究会編：正宝事録 第1巻，日本学術振興会，1964
・工藤重義：會計法論，巌松堂書店，1917
・建設業法研究会：建設業法解説 改訂10版，大成出版社，2005
・建設業法研究会：新訂3版 建設業経営事項審査基準の解説，大成出版社，2006

・建設業を考える会：にっぽん建設業物語 近代日本建設業史，講談社，1992
・建設経済研究所：建設経済レポート No.63，2014
・建設経済研究所：建設経済レポート No.64，2015
・建設省：公共工事の品質確保等のための行動指針，全日本建設技術協会，1998
・建設省五十年史編集委員会編：建設省五十年史，建設広報協議会，1998
・公正取引委員会事務局官房参事官室：談合入札に関する各国の規制－OECD 制限的商慣行専門家委員会報告書「談合入札」についての概要，1977
・国会会議録
・国土交通省：建設コンサルタント業務等におけるプロポーザル方式及び総合評価落札方式の運用ガイドライン，調査・設計等分野における品質確保に関する懇談会，2011
・国土交通省：入札契約適正化法に基づく実施状況平成 22 年度調査（平成 22 年 9 月 1 日現在の状況），2011
・国土交通省直轄事業の建設生産システムにおける発注者責任に関する懇談会 中間とりまとめ，2006
・国幣大社南宮神社社務所編：国幣大社南宮神社史 巻三 史料 寛永度 造営文書 上，国幣大社南宮神社社務所，1946
・沢本守幸：公共投資 100 年の歩み，大成出版社，1981
・鈴木一：変わる建設市場と建設産業について考える，建設総合サービス，2004
・鈴木満：入札談合の研究 第 2 版，信山社，2001
・闞豊：鉄道改良工事における技術的提案を活用した積算システムの開発，東京大学博士論文，2010
・大正 10 年 2 月 4 日衆議院議事速記録第 10 号及び大正 10 年 2 月 18 日衆議院議事速記録第 15 号
・大正 10 年 2 月 21 日貴族院議事速記録第 13 号及び大正 10 年 3 月 23 日貴族院議事速記録第 24 号
・高見勝利：「議員立法」三題，レファレンス，2003
・竹内理三編：鎌倉遺文 古文書編 第 6 巻，東京堂出版，1974
・武田晴人：談合の経済学，集英社，1994
・津田靖志ほか：建設業団体史，建設人社，1997
・土木学会建設マネジメント委員会公共調達制度研究特別小委員会：建設マネジメントシンポジウム 公共調達を考える シリーズ②，土木学会，2008
・長尾義三：物語日本の土木史 大地を築いた男たち，鹿島出版会，1985
・日本建設情報総合センター，コリンズ・テクリス：
http://ct.jacic.or.jp/corporation/know/outline/index.html
・日本工學會：明治工業史 建築篇，日本工學會，1927

・日本土木建設業史Ⅱ編纂委員会編集：日本土木建設業史Ⅱ，日本土木工業協会，2000
・日本土木工業協会：日本土木建設業史・戦前編，1981
・萩原久太郎：帝國會計法規，公令館，1889
・羽仁五郎校訂：折たく柴の記，岩波書店，1939
・福田淳一編：平成19年改訂版 会計法精解，大蔵財務協会，2007
・福山敏男：日本建築史の研究，桑名文星堂，1943
・藤井聡，宮川愛由：公共調達制度の歴史変遷に関する研究，土木学会論文集，Vol.72 No.4，2016
・佛國會計法，大藏省報告課，1887
・法令の解釋統一に關する質問主意書，提出者 森田茂ほか4名，1931
・正木篤三編著：本阿彌行状記と光悦，1993
・吉盛一郎：経営事項審査制度と税法を基調とした建設業会計に関する基礎的研究，九州大学博士論文，2006

巻末資料

1．工部省製作寮入札規則（明治7年）

工部省製作寮入札規則（明治7年）

第一則

建築及び物品等の払下げは勿論諸修築の請負共入札開封の上其価不相当の最低ある時は更に入札せしむべき事。

第二則

払下げ物落札取極の上は其金高十分の一より多からざるの金額を以て結約の証とし、直に上納せしむべき事。

第三則

結納の後落札人より違約するに於ては最初納めたる金額悉違約償金として収入すべき事

第四則

諸修築落成期限を要するもの落成結納の後其期日に至り落成せざる時は、過怠一日に付請負金高百分の二より多からざるの金額を以て違約償金となし、下付金の内より引去り収入すべき事。

第五則

請負結納の上落札人より取消等申立違約するに於ては工事の着手未着手に関はらず、第四則に準じ、落札当日より違約するまでの間、償金一日に付請負金百分の二より多からざるの金額上納可申付事。

第六則

前凝の旨趣は入札人へ告諭し了承せしむべき事。

第七則

違約及び過怠の償金を収入せんと欲するときは予め長官へ申請し許可の後処分すべき事。

第八則

収入せし償金は総て毎一月取纏本省会計局へ可相納事。

（菊岡倶也：わが国建設業の成立と発展に関する研究，芝浦工業大学博士学位論文，2005）

2．工部省営繕局入札定則（明治8年）

工部省営繕局入札定則（明治8年伺出）

入札定則甲号　諸修築の請負及び各種材品等の購求

第三則　入札広告の上注文簿披閲を乞ふ者あるときは入札人名簿に住所姓名を留め、局中に於て披閲謄写せしむべき事。

第四則　開札当日入札人を会集せしめ、局長面前に於て之を開緘し、其価額低価を以て落札とすべし。尤相当の価額同数に出る者あるときは之を抽選に付し、落札人を決すべき事。但、価格不相当の節は再入札に付すべし。

第五則　落札決定の上は三日間を限り締約の証として当府下居住にて身代慥かなる證人二名以上を出さしむべし。尤証人身代等取調の上慥かならざるに於ては更に證人を出さしむるか、又は落札を取消す事あるべき事。

第六則　落札確定の上其本人より破約取消等申出るとも一切聞届くべからず。尤も止むを得ざるの事故等これあるに於ては違約償金として請負金百分の二より多からざる金額を上納せしめ許可すべき事。

但著手の後半途にして破約するに於ては請負金高十分の一を収納すべき事。

第七則　諸営築の落成及び各種材品の納方等当初に締約せし日数期限に至り、落成又は其物品皆納せざるときは、過怠一日に付請負金高百分の二より多からざる金額を以て違約償金と為し、下付金の内より引去り、収入すべき事。

第八則　工業経営中及び落札に至るとも建業録に悖り不堅固の廉あるに於ては何ヶ度も取直さすべし。且、納材品は時々其注文簿或は見本品と比較検査して若し劣悪の材品等納むるに於ては何ヶ度も引替さすべし。尤取直し引替等に付請負期限の日延は一切相成らざる事。

第九則　諸請負人へ前金貸渡の儀は一切許可すべからず。尤修築並に納済の歩通りを以て内借金を願出るの節は其工程及納数の価額を計算し、其金高の八分通り以内を内借せしめ、総落成及び皆納検査済精算の上残金下げ渡すべき事。

第十則　石造及び煉化造の家屋は落成の後より三ヶ年間木造の家屋は一ヶ年間の中に非常天災の外築造の粗悪に由り毀損の箇所等出来するに於ては請負人へ無代價を以て堅固に修覆せしむべし。尤請負本人死亡するか、或は他国へ轉居し不在等に至ては請負證人より修覆方相辨へさすべき事。

(菊岡倶也：わが国建設業の成立と発展に関する研究, 芝浦工業大学博士学位論文, 2005)

3．佛國會計法（明治 20 年大蔵省翻訳）

佛國會計法

千八百六十二年五月三十一日

第一編　公金の會計（ドニエー、ピュブリック）

第二章　立法會計

第六欵　費用の精算

第三節　物品

第六十八條　政府の名を以て行ふ賣買約定は總て競争及ひ公告を以てす

第六十九條　左の條々は随意の賣買約條（マルジェー、ド、グレ、ア、グレ）を以て定む可し

第一　費用の總額一萬「フランク」を超過せさる物品供給、運搬、工作又は數年に渉る約條にして其一歳の費額三千「フランク」を超過せさるもの

第二　時宜に依て政府の所作の秘密を要する時の物品供給、運搬、工作但し是等の約條は前以て奏聞を為し皇帝の允許を請ふ可し

第三　事業免状を有する者の製作に属する物品

第四　外に所有人の無き物品

第五　試験を受けたる工學士の外へ製作を委任す可らさる技術製品、精巧物件

第六　試行（タメン）の名義を以て行ふ製造、物品給與

第七　其種類の特別なると其使用の殊別なるに依て其産出する場所より購入し産出人より直接に納むる物品、食料

第八　入札に出す可らさる又は承引し難き價値を請求せられたる物品供給、運搬、工作

但し随意賣買約條に付するも官廳にて最高價を定め且知らしめ得る時は此最高價を超す可らす

第九　臨時に生して明白なる至急の場所に於て入札の時日を費す可らさる物品給與、運搬、工作

第十　官許周旋人の媒介を以て市場の相庭にて定むる船舶借入れ並に積荷保険

第十一　特別の法律を以て規則を定めたる國産の烟草及ひ硝石の購入

第十二　國用金の運搬

第七十條　數年間に渉る兵器製造新造の為め政府の名を以て定めたる随意の賣買條約は其施行に充つる第一の定額議定の後に非れは無効なり

第七十一條　程限なく競争（セリ）に出して不都合ある物品供給、工作、製造等に係る競争賣買約條には制限を立て豫子て官廳にて其力を知り且注文書中に要求する抵當を出す者の外關かるを許さす

第七十二條　官廳にて用ふる外國煙草の供給方は特別の規定に從ふ

第七十三條　競争賣買を許可さらる、為め又は約條施行の責に任する為め物品供給人より出す可き抵當の種類と大小及ひ約條を怠る時官廳にて該抵當を處分する方法は注文帳を以て定む

第七十四条　競争賣買約條を行ふ告知は一ヶ月前より掲紙（ハリフメ）其他の公告方法を以て公布す但し至急を要するものを除く

該告知書には左の件々を載す可し

第一　注文帳を示す場所

第二　競争賣買約條の訂定を擔任する官吏

第三　競争賣買約條の訂定を行ふ場所、日限、時刻

第七十五条　請負書は集會に於て封書を以て出す若し最高價又は最低價を長官又は代理官にて豫定する時は之を封して集會を開く時几上へ置くへし
第七十六條　數個の請負人同一の價値を出す時は此價定めの價よりも低下なれは其場に於て該入札人をして再入札或は燭火競争を以て再競争を為さしむ
(譯者曰燭火競争とは小蠟燭を灯して其火の消ゆるまて競争せしめる方法なり但是れは官林樹木拂下け等の時糶上（セリア）けを為す時に用ゆ)
第七十七條　各競争約條の結果は其模様を述る調書を以て検證す可し
第七十八条　一旦定めたる競争約條の價値よりも低下を以て申込む者あれは之を受るの日限を注文帳中に定め若し此日限内に（但し三十日を超すへからす）何れも一割の低價を以て申込者出る時は最初の約條人と低價申込人とにて再競争を為さしむ但し低價申込人は其申込前に競争約條に加はる為め注文帳に定むる所の約束を充たささる可からす
第七十九條　競争約條及ひ再競争約條は卿或は令の批准を請はさる可からす該批准を得て後有効決定のものとなる但し特別に許可せられ之を注文帳面に掲載する例外のものは此限に非す
第八十條　随意の賣買約條は卿若くは之に付ての代理官吏に依て定めらる該約條は左の條件を以て取行ふへし
第一　注文帳の末に付する記名約束書を以てす
第二　約條を願ふ者の記名せる請負書を以てす
第三　商業の慣習に従ひ往復書を以てす
直ちに物品を取引して其價千「フランク」を超さゝる工作なれは一片の覺書を以て右三者に代へ又物品供給なれは請取書を以て之に代ゆるを得可し
卿の代理に依て定めらるゝ随意の賣買約條及ひ右に定めたる程限内にて行ふ購買若くは工作は卿の認可を受く可し但し天災に依て已を得さるの場合、特定又は成規の許可に據て定むるものを除く是等の場合は右の賣買約條に若くは購買、工作の認可指令中に掲くへし
第八十一條　右の規則は植民地又は佛國及ひ「アルジエリー」の外にて行ふ賣買約條に適用す可からす又官廳にて官工に付し或は日雇を以て行はさる可らさる工作に適用す可らす

（国立国会図書館　佛國會計法，大藏省報告課，1887）

4. 白耳義國會計法典（明治20年大蔵省翻訳）

白耳義國會計法典

第一　會計組織法令

千八百四十六年五月十五日

但し千八百五十七年四月八日千八百六十七年十二月廿八日及ひ千八百七十一年七月廿八日の法令を以て改正せる所あり

第二章　一般の会計

第二款　支出

第十九條　各省長官は一年度を超す所の工事の注文又は物品の購入約條を為すを得す

但し家屋借入又は保存工事の約條にして數年に渉る可きものは格別の事とし之に係る費用は其年の豫算定額を以て支拂ふへし

又工事の重大なるを以て一年間に落成し難きものなれは數年に渉る約條を為すを得せしむと雖も着手の年度より五年以上に渉るを許さす　官廳用の印刷製本の請負なれは五年期を以て約條し得るの權を長官に附與せられたり（千八百六十二年十二月廿日の法令參看）

第二十條　本條の規則は千八百八十一年七月廿八日の法令（第十六號法勅）を以て變更せられたり

工事の注文又は物品の買入約條を訂定する時既に成就して承諾せる工事又は物品の代價を内金拂に為すヿに定む可し

第廿一條　政府の名を以て命す工事又は物品の買入は公告して競争せしめ且請負を以て行はしむ可し但し法律を以て定めたるもの並に下文に掲くる諸項は此例に非す

第廿二條　左の諸項は相對を以て注文するを得へし

第一　工事の吩咐物品の買入にして其費用の總額一万「フランク」を超へさるもの又五年の年限を以て注文し其一歳の費用三千「フランク」を超さゝるもの

第二　政府の所為を秘密にす可き場合に於て命する工事運送又は物品の買入約條但し豫め特別の奏問を為して國王の許可を受く可きものとす

第三　専賣免許又は輸入特權を有する者の製造物品の買入

第四　惟一人の有する物品

第五　格段なる技術家又は工人に命して作らしむ可き工藝上の製造品

第六　試に為さしむる工事製造及ひ物品供給

第七　特有の性質及ひ特別の用所あるに因り産出の所より購入す可き物品又は生産人より直接に購入す可き物品

第八　競争に附す可らさる物品買入、運輸及ひ工作但官廳にて最高價を定めて之を知らしむる時は之を程度と為さゝる可らす

第九　非常の場合に於て急遽を要し競争の日限を超す可らさる物品買入、運送及ひ工作

（国立国会図書館　白耳義国会計法典，大蔵省報告課，1887）

5. 伊多利國會計法（明治20年大蔵省翻訳）

伊多利國會計法

千八百八十四年二月十七日法律

第一編　官有財産及其賣買貸借

第三條　總て政府の収入となり又は經費となるへき官有財産の賣買貸借は公の手續によるへし但し特別の法律を以て示したる場合及ひ次の二ヶ條に掲けたる場合は取除とす

第四條　左の場合に於ては公の手續を踏ます私の契約に據るを得へし

第一項　專賣特許を受たる物品又は競買に附すへからさる特別の性質を有する物品を買入るゝとき

第二項　豫知すへからさる事情により生したる分明避くへからさる場合に於て物品を買入運搬又は其他仕事をなさしむるに公の手續に據るの暇なきとき及ひ國家の安危に關する場合に於て至急に城砦軍艦に兵糧弾薬等を買入るゝとき

第三項　物品及ひ食料品を買入るゝとき其性質又は特別使用の目的により製造所に就き又は製造人より直接に買上ることを要するとき

第四項　特別の職工に命するに非れは製造し得へからさる美術品機械及ひ精巧の物品を注文するとき

第五項　住居に供する家屋及ひ其附属物を借入るゝに當り特別の事情により競借を適當とせさるとき

第六項　公賣買に附するも望人なきとき又は望人あるも其價格政府に於て定めたる制限に達せさるとき但し此場合に於ては私の契約を以て賣買するを得ると雖も公賣買に附する為め豫め定めたる箇條及ひ價格の制限を政府の不利益になる如く變更するを得す

第五條　公の手續に據り賣買貸借することを不適とする所の特別取除の事情あると否とに拘はらす左の場合に於ては私の契約に據るを得へし

第一項　一万「フランク」を超へさる所の費用又は一ヶ年二千「フランク」を超へさる所の費用にして五ヶ年以内に政府より仕拂を終るもの但し他に同目的に供する為め賣買貸借を為したるものあるときは其費用を合併して本項の制限に超過するを許るさす

第二項　食料品及ひ不用の家具を賣拂ふとき概算價格八千「フランク」を超へさるもの但し第一項但書の計算は本項に適用す

第三項　耕地家屋橋梁及ひ他の不動産を貸下るとき其毎年収入一千「フランク」を超へさるものにして貸下年限六ヶ年以内なるもの但し右不動産は既に貸下あるものなるときは其貸下料及ひ期限と新に貸下る所の貸下料及ひ期限と合併して本項の制限に超過するを許さす

第四項　軍馬を買入るゝとき

第五項　行軍練習の為め損害を與へたる作物等を買上るとき

第六項　試驗の為にする耕作製造或は物品

第七項　慈惠院に於て養はれたる貧民救助の為其貧民を雇役し又は其製造したる物品を買入るゝとき

第六條　數年に跨る物品買入の約束を為すに物品供給人に於て何時にても政府の需用に應し該物品の一定の分量を供給するを要し又は一定の分量を何時にても製造するの資力を有することを要するときは三日間官報に公告の後右の約束に應するの資格を有することを證明したる志願者に非れは供給人として入札を為さしむへからす

第七條　物品買入運搬又は他の仕事の約束を為すに既に為し遂けたる事業及ひ供給したる物品に應し仕拂を為すの外決して前拂を為すことを約束すへからす右前拂の禁令は第五條第七項の場合若くは信用堅き商社にして手附金を受取されは仕事或は物品供給を為さゝる習慣のものと約束することあるとき若くは軍艦銃砲の製造を注文するときには適用せす

第八條　賣買貸借を為すに當り保證等の為め請負人より差出す所の金員に對し利子或は銀行手数料を拂ふことを約束すへからす

第九條　公の手續により契約する所の賣買貸借にして四万「フランク」を超過するもの又は私の契約に據る所の賣買貸借にして八千「フランク」を超過するものは參事院に通知し其意見を問ふへし

參事院は賣買貸借の適法なるや其處分の宜を得たるや否に付其意見を陳ふるものとす故に各省大臣は參事院の請求に應し證明説明に係はる書類を送付すへきものとす

參事院の意見書は各省大臣より會計檢查院に送付し賣買貸借の事項に付該院の承認登記を求むへし

第十條　各年度の終に會計檢查院は參事院に於て意見を附し檢查院に於て承認登記したる總ての賣買貸借の事項の計算書を立法院に通知すへし

計算書には賣買貸借の各項毎に其目的期限豫算價格及ひ約束の價格請負人の姓名及ひ住所を示し又公の手續により約束を為せしや私の契約によりしやを示すへし若し私の契約によりたる場合に於ては本法の第四條及ひ第五條中何れの項に該當したる理由に基くやを示すへし

第十一條　賣買貸借は總て其事の委任を受けたる官吏の面前に於て別に定むる所の規則により決行すへし此手續を踏さる賣買貸借は公正の効力を有せさるものとす

第十二條　賣買貸借は其事に主任せる省の大臣又は右大臣の委任を受たる官吏の決議承諾を經及ひ會計檢查院に於て該院の決議により登記したる上にて初て確定するものとす

賣買貸借に附したる物品の性質により又は賣拂ふたる場所の遠隔なる等により直に落札人へ渡すことを要するときは其事に關せる首席の官吏に於て承認を為し確定を言渡すへし然れとも此首席官吏をして承認を為し確定を言渡さしむるの權は參事院の意見を聴きたる上各省大臣の決議に基き會計檢査院に於て登記したる後に非れは附與すへからす又此場合に於ては賣買貸借契約書の寫一通は賣買貸借により生したる収入又は經費の證明書に添附すへし

第十三條　官有不動產の讓渡は其時々特別の法令を以て之を定むるものとす

政府に對する負債及ひ租税不納の為め官沒に歸したる物件にして官有財產に編入すへきものにあらさるものを政府の利益の為に讓渡及ひ交換するとき若くは現に實行せらるゝ所の法律の明文により處分せらるへきものにして水を引く為に官有不動產の一部を讓渡するとき若くは廢棄したる國道又は不必用となりたる道路の一部分を讓渡するときに限りては前以て參事院の意見を聴きたる上にて勅令を發し之を官報に掲載して之を定むることを得

官有の船舶を讓渡すときは歳計豫算法又は特別の法令を以て定むるものとす

第十四條　若し前以て參事院の意見を問はさる賣買貸借を實行中其賣買貸借も修正を加ふることを必用とし之か為め第九條に示したる金額の制限を超過することあるときは最後の仕拂を為す前に其賣買貸借の事項を參事院に通知し其意見を問ふへし

第十五條　若し既に參事院の意見を問ふたる賣買貸借にして前以て豫知せられさりし所の理由に基き取消又は修正を必用とするときは再ひ同院の意見を問ふへし

第十六條　總て事務の性質により經費の取扱（レージス、バル、エコノミー）を要するものは特別の條規を設け參事院の意見を聴き勅裁を經たる後其條規に據り決定處分すへし

條規中に豫知せられさる非常の場合に於て若し經濟の取扱を要する經費四千「フランク」を超過するに至るときは參事院の意見を問ふことを必用とす

豫定したる經費四千「フランク」以下にして實驗の上豫定の高にて不足することを發見するときは第十四條の明文に從ふへし

（国立国会図書館　伊多利國會計法，大藏省報告課，1887）

6. 会計法（明治 22 年）

会計法（明治 22 年 2 月 11 日法律第 4 号）

第 8 章　政府の工事及物件の売買貸借

第 24 条　法律勅令を以て定めたる場合の外政府の工事又は物件の売買貸借は総て公告して競争に付すへし　但し左の場合に於ては競争に付せす随意の約定に依ることを得へし

第1　一人又は一会社にて専有する物品を買入れ又は借入るるとき
第2　政府の所為を秘密にすへき場合に於て命する工事又は物品の売買貸借をなすとき
第3　非常急遽の際工事又は物品の買入借人を為すに競争に付する暇なきとき
第4　特殊の物質又は特別使用の目的あるに由り生産製造の場所又は生産者、製造者より直接に物品の購入を要するとき
第5　特別の技術家に命するに非されは製造し得へからさる製造品及機械を買入るるとき
第6　土地家屋の買入又は借入を為すに当り其の位置又は構造等に限ある場合
第7　五百円を超えさる工事又は物品の買入借入の契約を為すとき
第8　見積価格二百円を超えさる動産を売払ふとき
第9　軍艦を買入るるとき
第10　軍馬を買入るるとき
第11　試験の為に工作製造を命し又は物品を買入るるとき
第12　慈恵の為に設立せる救育所の貧民を傭役し及其生産又は製造物品を直接買入るるとき
第13　因徒を傭役し又一因徒の製造物品を直接買入るるとき及政府の設立二係る農工業場より直接に其の生産又は製造物品を買入るるとき
第14　政府の設立したる農工業場又は慈恵教育に係る各所の生産製造物品及因徒の製造物品を売払ふとき

第25条　軍艦、兵器、弾薬を除く外工事製造又は物件買入の為に前金払を為すことを得す

7. 会計規則（明治22年）

会計規則（明治22年5月1日勅令第60号）

第7章　政府の工事及物件の売買貸借

第1款　総則

第67条　契約に拠り工事の既済部分又は物品の既納部分に対し完済前に代価の一部分を支払はんとするときは各省大臣は特に検査の官吏を命して事実を調定し其調書を作らしむへし
支払命令官は前項の調書に拠るにあらされは支払命令を発することを得す

第68条　（略）

第69条　工事又は物品供給の競争に加はらんとし若くは其契約を結はんとする者は其工事又は物品の供給に二年以来従事することを証明すへし
工事又は物品供給の競争に加はらんとし若くは其契約を結はんとする者は現金

又は公債証書を以て保証金を納むへし

第70條　前條の保証金は左の制限に拠り各省大臣之を定むへし

第1　競争に加はらんとする者は其事項の見積代金の百分の五以上

第2　契約を結はんとする者は其事項の代金の百分の十以上

第71條　（略）

第2款　競争契約

第72條～第74條　（略）

第75條　各省大臣若くは其委任を受けたる官吏は其競争入札に付したる工事又は物件の価格を予定し其予定価格を封書とし開札のとき之を開札場所に置くへし

第76條　（略）

第77條　開札の上にて各人の入札中一も第七十五條に拠り予定したる価格の制限に達せさるときは直に入札人をして再度の入札を為さしむることを得

第78條　落札となるへき同価の入札を為したる者数名あるときは同価の入札者をして直に再度の入札を為さしむへし　再度の入札を為すも尚ほ同価の入札あるときは直に抽選を以て落札人を定むへし

第79條　競争の落札者請負の契約を結はさるときは更に競争を行ふへし

第80條～第81條　（略）

第3款　随意契約

第82條　（略）

第83條　随意契約の場合に於ては各省大臣の見込により請負人の保証金を免除することを得

8. 明治33年勅令第280号

明治33年6月28日勅令第280号

政府の工事又は物件の購入にして無制限の競争に付するを不利とするときは指名競争に付することを得

前項により契約を為したるときは事由を詳具し直に各省大臣より会計検査院に通知すへし

9. 道路工事執行令（大正9年）

道内務省令第三十六號

道路法第三十一條ノ規定ニ依リ道路ノ工事執行方法ニ關スル件左ノ通リ定ム

大正九年七月八日

内務大臣　床次竹二郎

道路工事執行令

第一條　道路工事執行ノ方法ハ直營及請負トス

第二條　左ニ掲クル場合ニ於テハ直營ト爲スヘシ

一　請負ニ付スルヲ不適當ト認ムルトキ

二　急施ヲ要シ請負ニ付スルノ暇ナキトキ

三　請負契約ヲ締結スルコト能ハサルトキ

四　特ニ直營ト爲スノ必要アリト認ムルトキ

第三條　請負ニ付セムトスルトキハ一般競爭入札ニ付スヘシ

第四條　左ニ掲クル場合ニ於テハ三名以上ヲ指名シ競爭入札ニ付スルコトヲ得

一　一般競爭入札ニ付スルヲ不適當ト認ムルトキ

二　急施ヲ要シ一般競爭入札ニ付スルノ暇ナキトキ

三　一般競爭入札ニ付スルモ入札人ナキトキ又ハ落札人ナキトキ

四　特ニ指名競爭入札ニ付スルノ必要アリト認ムルトキ

第五條　左ニ掲クル場合ニ於テハ随意契約ニ依ルコトヲ得

一　競爭入札ニ付スルヲ不適當ト認ムルトキ

二　急施ヲ要シ競爭入札ニ付スルノ暇ナキトキ

三　競爭入札ニ付スルモ入札人ナキトキ又ハ落札人ナキトキ

四　豫定價格國道、府縣道、地方費道又ハ道路法第十七條但書ノ規定ニ依ル市ノ市道ニ在リテハ二千圓未滿郡道、準地方費道、道路法第十七條但書ノ規定ニ依ラサル市ノ市道又ハ道區道ニ在リテハ千圓未滿町村道ニ在リテハ五百圓未滿ナルトキ

五　競爭入札ニ付スルコト能ハサルトキ

第六條　左ノ各號ノ一ニ該當スルモノハ入札人若ハ請負人又ハ其ノ代理人トナル事ヲ得ス

一　無能力者

二　破産若ハ家資分散ノ宣告ヲ受ケ復權セサル者又ハ身代限ノ處分ヲ受ケ負債ノ辨濟ヲ了ヘサル者

三　六年ノ懲役又ハ禁錮以上ノ刑ニ處セラレタル者

四　六年未滿ノ懲役又ハ禁錮ノ刑ニ處セラレ其ノ執行ヲ終リ又ハ執行ヲ受クルコトナキニ至ル迄ノ者

五　責付又ハ保釋中ノ者

六　入札又ハ請負ニ關シ不正ノ行爲アリタル後二年ヲ經過セサル者

道路管理者ハ特別ノ事由アル場合ヲ除クノ外市區町村ト請負契約ヲ締結スルコトヲ得ス

第七條　一般競爭入札ハ入札期日ヨリ五日前入札ニ必要ナル事項ヲ公告スヘシ

第八條　入札人ハ左ニ掲クル要件ヲ具備スルコトヲ要ス但シ道路管理者ニ於テ相當ト認ムル學識經驗ヲ有スル技術者ヲシテ工事ヲ擔當セシムルモノニ在リテハ此ノ限ニ在ラス
一　引續キ二年以上土木請負業ニ從事スルコト
二　其ノ他地方長官ノ定ムル要件
第九條　入札ヲ爲サムトスル者ハ入札金額ノ百分ノ三以上ノ入札保證金ヲ納付スヘシ但シ指名競爭入札又ハ豫定價格二千圓未滿ノ工事ニ付テハ之ヲ減免スルコトヲ得
第十條　左ノ各號ノ一ニ該當スル入札ハ之ヲ無效トス
一　本令、本令ニ基キテ發スル命令又ハ道路管理者ノ定ムル入札條件ニ違反シタルトキ
二　入札人又ハ其ノ代理人ニ以上ノ入札ヲ爲シタルトキ
三　入札人協定シテ入札ヲ爲シタルトキ
四　入札ニ際シ不正ノ行爲アリタルトキ
第十一條　入札人中豫定價格以内ニシテ豫定價格ノ三分ノ二ヲ下ラサル最低價格ノ入札ヲ爲シタル者ヲ以テ落札人トス但シ設計附入札ニ在リテハ設計及入札金額ニ依リ落札人ヲ定ム
同一ノ入札アリタルトキハ抽籤ヲ以テ落札人ヲ定ム
落札人ナキトキハ直ニ再入札ニ付スルコトヲ得
第十二條　落札人ハ落札ノ通知ヲ受ケタル日ヨリ五日内ニ道路管理者ト請負契約ヲ締結シ契約書ヲ作成スヘシ
落札人前項ノ期間内ニ請負契約ヲ締結セサルトキハ落札ハ其ノ效力ヲ失フ
第十三條　請負人ハ請負金額ノ百分ノ十以上ノ契約保證金ヲ納付スヘシ但シ指名競爭入札又ハ随意契約ノ方法ニ依リ請負契釣ヲ締結スル場合ニ在リテハ之ヲ減免スルコトヲ得
第十四條　入札保證金及契約保證金ハ國債證券、地方債證券、勸業債券、農工債券、拓殖債券、興業債券其ノ他道路管理者ニ於テ適當ト認ムル有價證券ヲ以テ代用スル事ヲ得
前項ノ場合ニ於テ國債證券ハ其ノ額面金額ニ依リ其ノ他ハ該地方ニ於ケル前月市場價格ノ十分八ヲ以テ之ヲ換算ス
第十五條　入札保證金ハ入札終了後之ヲ還付ス但シ落札人ニ對シテハ契約保證金納付ノ際之ヲ還付ス
契約保證金ハ工事完成後之ヲ還付ス但シ契均ニ依リ擔保義務終了迄其ノ全部又ハ一部ヲ留保スルコトヲ得
第十六條　請負人ハ道路管理者ノ承諾ヲ得スシテ工事ノ執行ヲ他人ニ委託スル事ヲ得ス

第十七條　請負人ハ工事ノ執行ニ付道路管理者ノ指揮監督ニ從フヘシ

第十八條　請負人ハ工事竣功シタルトキ道路管理者ノ檢査ヲ受クヘシ

第十九條　請負人天災事變其ノ他正當ノ事由ニ依リ契約期間ニ工事ヲ竣功スルコトヲ能ハサルトキハ道路管理者ニ期間ノ延長ヲ求ムルコトヲ得

第二十條　契約期間内ニ工事ヲ竣功セサルトキハ遲延日數一日ニ付請負金額千分ノ一ノ違約金ヲ徵収ス

前項ノ違約金ハ請負金額中ヨリ之ヲ控除ス

第二十一條　左ニ掲クル場合ニ於テハ道路管理者ハ契約ヲ解除スルコトヲ得

一　契鈞期間内ニ工事竣功ノ見込ナキトキ

二　工事ノ執行ニ付不正ノ行爲アリタルトキ

三　正當ノ事由ナクシテ管理者ノ指揮監督ニ從ハサルトキ

四　本令、本令ニ基キテ發スル命令又ハ契約ニ違反シタルトキ

第二十二條　前條ノ規定ニ依リ契約ヲ解除シタルトキハ工事ノ既成部分ニ對シ道路管理者ニ於テ相當ト認ムル金額ヲ交付ス契約無效ノ場合亦同シ

第二十三條　入札ニ付不正ノ行爲アリタルトキ又ハ第十二條第二項ノ規定ニ依リ落札其ノ效ヲ失ヒタルトキハ入札保證金ヲ没收ス

第二十一條ノ規定ニ依リ契約ヲ解除シタルトキハ契鈞保證金ヲ没收ス請負人ノ責ニ歸スヘキ事由ニ依リ契鈞無效トナリタル場合亦同シ

前二項ノ規定ニ依リ没收シタル保證金ハ道路管理者タル行政廳ノ統轄スル公共團體ノ收入トス

第二十四條　道路管理者ハ請負人ニ對シ工事ノ出來形ニ相當スル金額ノ十分ノ八以内ノ假拂ヲ爲スコトヲ得

第二十五條　本令ニ規定セサル事項ハ地方長官ノ定ムル所ニ依ル

第二十六條　道路法第十八條第二項ノ規定ニ依ル管理者竝道路管理者ニ非サル者ニ於テ工事ヲ執行スル場合及北海道拓殖費ヲ以テ工事ヲ執行スル場合ハ本令ヲ適用セス

第二十七條　本令ハ工事ニ要スル物件ノ購入、借入又ハ勞力供給ノ場合ニ之ヲ準用ス

附則

本令ハ大正九年十二月一日ヨリ之ヲ施行ス

10. 会計法（大正10年）

会計法（大正10年4月7日法律第42号）

第7章　契　　約

第31条　政府に於て売買賃借請負其の他の契約を為さむとするときは勅令を以て

定めたる場合を除くの外総て公告して競争に付すへし
国務大臣前項の方法に依り競争を為すを不利と認むる場合に於ては指名競争に付し又は随意契約に依ることを得但し不動産売払に付ては此の限に在らす

11. 会計法第31条第2項の適用に関する閣議決定事項（大正11年）

会計法第31条第2項の適用に関する閣議決定事項
（大正11年1月大甲第155号内閣総理大臣通牒）

第一　各省大臣は左に掲くる事由に因り一般の競争に付するを不利と認むる場合に限り会計法第31条2項の規定に依り指名競争に付することを得
一　当事者相連合して不当競争を為さむとする虞あること
二　不誠実又は不信用の者競争に加入し不当の競争を為すの虞あること
三　特殊の構造又は品質を要する工事製造又は物件の買入にして検査著しく困難のものなること
四　契約上の義務に違背あるときは政府の事業に著しき支障を来すの虞あること
第二　各省大臣は左に掲くる場合に限り会計法第31条2項の規定に依り随意契約に依ることを得
一　現に契約履行中の工事製造又は物品の供給に関連するものにして之を他の者をして分割履行せしむることを不利とするとき
二　随意契約に依るときは時価に比し著しく有利なる価格を以て契約を為し得へき見込あるとき
三　買入を要する物品を多量にして分割購入を為すに非されは買占其の他の事由に因り其の価格を騰貴せしむるの虞あるとき
四　急速に契約を為すに非されは契約を為すの機会を失ふの虞あるとき又は著しく不利なる価格を以て契約を為ささるへからさるの虞あるとき
五　前項各号の場合に於て指名競争に付することを不利とする特殊の事由あるとき
第三　前二項に掲くる場合の外一般の競争に付するを不利と認むへき特殊の事由あるときは所管大臣大蔵大臣と協議して指名競争に付し又は随意契約に依ることを得

（大蔵省編纂：明治大正財政史 第二巻，経済往来社，1959）

12. 大蔵省令第33号（大正11年）

大蔵省令第33号（大正11年4月1日）

会計規則第96条の規定に依り一般の競争に加らむとする者に必要なる資格に関

する件左の通り定む

第１条　工事、製造又は物品供給の一般競争に加らむとする者は一年以来其の工事、製造又は物品供給の業務に従事することを証明すへし　但し合名会社、合資会社及び株式合資会社に在りては其の業務執行社員の一人、株式会社に在りては其の会社を代表する取締役の一人、組合に在りては其の業務を執行する組合員の一人一年以来其の工事、製造又は物品供給の業務に従事することを証明したるときは此の限に在らす

工事、製造又は物品の供給を営む合名会社、合資会社及び株式合資会社の業務執行社員、株式会社を代表する取締役又は組合の業務を執行する組合員たりし者に付ては其の在任期間中当該工事、製造又は物品の供給に従事したるものと看做す

第２条　工事、製造又は物品供給の一般競争に加らむとする者は前条に規定するものの外左の事項を証明すへし

一　個人に在りては二年以来其の毎年納めたる地租、第三種所得税及営業税の合算額見積入札金額千分の一を下らさること

二　法人又は組合に在りては出資額又は払込資本金額見積入札金額を下らさること　但し法人にして二年以来其の毎年納めたる地租、第一種所得税及営業税の合算額見積入札金額千分の二を下らさることを証明したるとき又は合名会社、合資会社及び株式合資会社にして其の無限責任社員の一人、組合にして其の組合員の一人前号に該当することを証明したる場合は此の限に在らす

第３条　工事、製造又は物品供給に関する営業を承継したる場合に於ては前営業者の当該営業に従事したる期間及納付したる税額は承継人の従事する期間及納付したる税額に之を通算す

第４条　本令の規定に依り証明を要する事項は当該官公署の認証ある書面を以て之を立証すへし

第５条　公共団体に於て、工事、製造又は物品供給の一般競争に加らむとするときは本令に定むる資格を有することを要せす

第６条　各省大臣特別の事由ありと認むるときは一般の競争に加らむとする者は資格に付大蔵大臣と協議して本令の規定に特例を設くることを得

第７条　朝鮮、台湾、樺太、関東州、南洋群島又は外国に於て工事、製造又は物品供給の一般競争に加らむとする者に必要なる資格は朝鮮総督府所属の経費に付ては朝鮮総督、台湾総督府所属の経費に付ては台湾総督、樺太庁所属の経費に付ては樺太庁長官、関東庁所属の経費に付ては関東長官、南洋庁所属の経費に付ては南洋庁長官、各省所属の経費に付ては所管大臣の定むる所に依る

13. イタリア1923年国家会計法等の国家予算及び支出に関する法令

REGIO DECRETO 18 NOVEMBRE 1923, n. 2440 (*GU n. 275 del 23/11/1923*)
Nuove disposizioni sull'amministrazione del patrimonio e sulla contabilità generale dello Stato
1923年11月18日法2440号（1923年11月23日官報告示第275号）
官有財産の管理と国家会計全般に関する新規定

TITOLO I Del patrimonio dello Stato - Dei contratti.
Art. 3
Tutti i contratti dai quali derivi una entrata od una spesa per lo Stato debbono essere proceduti da pubblici incanti, a meno che, per particolari ragioni, delle quali dovrà farsi menzione nel decreto di approvazione del contratto, e limitatamente ai casi da determinarsi nel regolamento, l'amministrazione non ritenga preferibile la privata licitazione.

Sono escluse dal fare offerte per tutti i contratti le persone o ditte che nell'eseguire altra impresa si sieno rese colpevoli di negligenza o malafede. L'esclusione è dichiarata con atto insindacabile della competente amministrazione centrale, la quale ne dà comunicazione alle altre amministrazioni.

第1編　官有財産及び契約
第3条
すべて国の収入となり又は経費となるべき契約は公競争の手続きによるべし。ただし、特別な理由があり、契約承認命令書にその理由を明記した場合であって、政府が民間の競争に附すべきでないとして施行法に定めた場合については除く。

他の仕事において不誠実や不正があった者又は企業はすべての契約に参加することができない。この排除措置は、権能のある中央行政庁が議論の余地のない行為として宣告し、他の行政機関に通知する。

（Testo estratto dagli archivi del sistema ItalgiureWeb del CED della Corte di Cassazione）

14. 会計法（昭和22年）

会計法（昭和22年3月31日法律第35号）

第4章　契　　約
第29条　各省各庁において、売買、賃借、請負その他の契約をなす場合においては、すべて公告して競争に付さなければならない。但し、各省各庁の長は、競争に付

することを不利と認める場合その他政令で定める場合においては、大蔵大臣に協議して、指名競争に付し又は随意契約にすることができる。

15. 地方自治法（昭和22年）

地方自治法（昭和22年4月法律第67号）

第9章　財　産

第1節　財産及び営造物

第6節　雑　則

第243条　普通地方公共団体は、法律又は政令に特別の定がある場合を除く外、財産の売却及び貸与、工事の請負並びに物件、労力その他の供給は、競争入札に付さなければならない。但し、臨時急施を要するとき、入札の価格が入札に要する経費に比較して得失相償わないとき、又は議会の同意を得たときは、この限りでない。

16. GHQ指令（1948年）（英語）

GENERAL HEADQUARTERS
SUPREME COMMANDER FOR THE ALLIED POWERS
APO 500

AG 400.12（8 Nov 48）CTS-R　　30 December 1948
SCAPIN 1953

MEMORANDUM FOR：JAPANESE GOVERNMENT
SUBJECT：　Establishment of an Adequate Procurement Policy for the Japanese Government Railways

1. Reference SCAPIN 29, 15 September 1945, file AG 091, subject, "Production in Non-War Plants".
2. This directive does not modify or supersede reference in paragraph 1 and shall be interpreted as implementing the policy therein contained.
3. The Japanese Government will within thirty days submit to the Supreme Commander for the Allied Powers for approval a comprehensive plan for revising the present procurement policy and procedures employed by the Japanese Government Railways to insure：

a. That materials and services are procured at the lowest possible cost, under predetermined specifications and in the best interests of the Japanese economy.

b. That the procurement responsibilities of the various offices and bureaus of the Japanese Government Railways are clearly defined.
c. That all contracts for the procurement of materials, supplies and services shall be awarded to the lowest qualified bidder or on the basis of fair negotiation with competitive bidders.
d. That all bidding, advertising, canvassing and awarding of contracts are conducted publicly at all times.
4. The Japanese Government is authorized direct communication with Civil Transportation Section, General Headquarters, Supreme Commander for the Allied Powers, in preparing the required plan.

FOR THE SUPREME COMMANDER：

R. M. LEVY
Colonel, AGD,
Adjutant General.

＊Supreme Command for Allied Powers Instruction Note

17. 国鉄関係請負工事の競争入札制採用通知（昭和24年）

国鉄施設、信号通信関係請負工事の競争入札制採用について
（昭和24年9月公報通知）

国鉄施設、信号通信関係請負工事は、先般連合軍最高司令部から日本政府あての命令で、原則として一般競争入札により契約することとなったので、次の契約要領により実施されたい。

なお、この制度は、運用よろしきをえれば、国鉄の経営費の節減に大いに寄与し得るものと期待されるから、万遺漏のないようにされたい。

国鉄施設、信号通信関係工事契約要領

国鉄施設、信号通信関係工事契約については、一般競争入札による契約方式を採用する。その手続方法は次の通りである。

(1) 公告—入札の公告は、局報又は部報等に掲載して一般の周知を図る。
(2) 設計図、示方書、入札心得書—国鉄がこれを定め、入札に際してあらかじめこれを閲覧させる。
なお、必要に応じ、工事の現場を国鉄の技術者が案内し、視察させる。
(3) 予定価格—あらかじめ国鉄が適正な予算を算定し、終始秘密を保持する。
(4) 入札保証金—見積価格の100分の5以上とする。
(5) 契約保証金—契約価格の100分の10以上であって、契約担当役の指定した

金額。但し、場合により免除することがある。

(6)　違約金―契約不履行の場合は、違約金を徴収する。(延滞金を含む。)

(7)　落札者の決定―予定価格以下の最低入札者とする。

(8)　失格―入札に不正のあった場合又は落札者の責に帰すべき事由により契約の履行が不完全であった場合には、以後入札より除外又は停止する。

(日本鉄道建設業協会編：日本鉄道請負業史　昭和（後期）篇，
日本鉄道建設業協会，1990)

18. 中建審建議 建設工事の入札制度合理化対策（昭和25年）

建設工事の入札制度の合理化対策について

昭和25年9月13日
中央建設業審議会

建設事業の公共性並びに工事の特殊性に鑑みるとき、建設工事の入札については、建設業者の信用・技術・施行能力等を特に重視すると共に、あわせて公正自由な競争を図らなければならない。かゝる観点に立つとき建設工事については制限附の一般競争入札と指名競争入札を併用し、入札について合理的な規準を設ける必要があると考えられる。よって建設工事の入札については左の如き方法によるのが適当と認められる。

1　方針

本要綱の制限付の一般競争入札及び指名競争入札は入札参加申込の建設業者について能うる限り客観的基準に基きその資格を審査すると共に主観的要素を勘案して調整を加えて等級を附し、原則としてそれぞれの等級に準拠して工事入札参加者の決定又は指名をなすものであって、資格審査及び入札の方法においては大業者のみを偏重することなく、中小業者の保護助長に留意するものとする。

2　資格審査

1)　入札参加申込の建設業者については発注者において別に定める基準により参加資格の適否を審査し、入札参加者の名簿を作成する。

2)　1) によって有資格と認められた者については別に定める基準により、各工事別及び府県別に綜合建設業者については○等級に、管工事又は電気配線工事等の専門業者については○等級に区分し、各等級別に・発注の標準とする請負工事金額を定める。

3)　請負契約の履行について不誠実な者に対しては失格又は降級せしめることができる。

4)　本資格審査は1年間これを有効とする。

5)　本資格審査に関する業者から発注者への提出書類につき、建設業法に関係の

ある事項については建設省又は都道府県において証明をする。
(建設大臣登録業者について中央建設業審議会において2) についての参考資料を作成する。)

6) 本資格審査は各発注者において本要綱に準拠して措置するものとし、発注者の行った審査に不服のある建設業者は発注者に対して苦情を申立てることができる。

3 入札の方法

1) 入札の方法は制限付一般競争入札と指名競争入札の方法とを併用し予定価格の範囲内において最低価格の入札者を以て落札者とする。

2) 制限付一般競争入札は②により定められた当該等級該当業者による競争入札の方法による。但し事情により当該等級を基準とし、2以上の等級該当業者による競争入札の方法によることができる。

3) この場合において、発注者は特定の機会の有無、特定の技術者の有無等について入札資格を制限することができる。

4) 指名競争入札の方法によるときは2) に準じて適格者を選定し原則として5人以上の業者を指名する。

5) 特に軽微な工事その他特別な場合は1) に拘らず随意契約の方法により、等級を勘案して、適格者を選定することができる。

4 設備工事の分離契約

管工事・電気配線工事等の設置工事については現在のところ相当の規模のものについては、発注者において分離して入札に附することが適当である。

5 落札価格の制限

現在における入札ダンピング状況に鑑みるとき、建設工事の適正な施行を確保すると共に建設業全般の健全な発達を図る為には暫定対策として落札価格の制限をなすことは不可欠であると考えられる。よって左の如き方法によることが適当である。

入札価格が発注者の定めた予定価格について一定率未満の価格（例えば予定価格から固定費と利潤を減じた額未満）の場合はその入札は採用しないものとする。但しその入札者の提出する見積内訳書を審査して、入札価格の算出が正当な理由に基くと認められる場合はこれを採用することができる。

前記の趣旨の規定を「予算決算及び会計令臨時特例」中に設ける。

6 建設工事請負保証に関する保険制度の確立

本入札制度の実効を期するため速に建設工事請負保証に関する保険制度の確立を図るものとする。

註① 本対策は官公庁、公団・公社その他常時工事を発注する者に対して適用する。

② 2の2) により定める等級は綜合建設業者については5等級に管工事又電

気配線工事等の専門業者については4等級に区分し、各等級別に発注の標準とする請負工事金額を次の通りとする。

綜合建設業者		専門業者	
A級	5000万円以上	A級	300万円以上
B級	2000万円以上5000万円未満	B級	100万円以上300万円未満
C級	500万円以上2000万円未満	C級	50万円以上100万円未満
D級	100万円以上500万円未満	D級	50万円未満
E級	100万円未満		

③　②の等級及び発注の標準とする請負工事金額は中央建設業審議会において一般的標準として決定したものであって、地方的特殊性その他の事情によってこれによりがたい場合は、適宜発注者においてこれを変更することができる。

④　5の落札価格の制限のための規準となる予定価格についての一定率は或る程度の幅をもたせ、工事の種類等を勘案し発注の都度その幅の範囲内において、発注者が適宜これを決定することができる。

⑤　入札価格が予定家格の一定率未満の価格の場合の見積内訳書の審査は、その入札者から審査の請求のあった場合においてのみ実施するものとする。

（日本土木工業協会：日本土木建設業史Ⅱ，2000）

19. 会計法改正（昭和36年）

会計法の一部を改正する法律（昭和36年11月22日法律第236号）（抜粋）

会計法（昭和22年法律第35号）の一部を次のように改正する。

第29条を次のように改める。

第29条　各省各庁の長は、第10条の規定によるほか、その所掌に係る売買、貸借、請負その他の契約に関する事務を管理する。

第4章中第29条の次に次の11条を加える。

第29条の2　（略）

第29条の3　契約担当官、代理契約担当官、分任契約担当官、支出負担行為担当官、代理支出負担行為担当官及び分任支出負担行為担当官（以下「契約担当官等」と総称する。）は、売買、貸借、請負その他の契約を締結する場合においては、第3項及び第4項に規定する場合を除き、公告して申込みをさせることにより競争に付さなければならない。

前項の競争に加わろうとする者に必要な資格及び同項の公告の方法その他同項の競争について必要な事項は、政令でこれを定める。

契約の性質又は目的により競争に加わるべき者が少数で第一項の競争に付する必要がない場合及び同項の競争に付することが不利と認められる場合におい

ては、政令の定めるところにより、指名競争に付するものとする。

契約の性質又は目的が競争を許さない場合、緊急の必要により競争に付することができない場合及び競争に付することが不利と認められる場合においては、政令の定めるところにより、随意契約によるものとする。

契約に係る予定価格が少額である場合その他政令で定める場合においては、第1項及び第3項の規定にかかわらず、政令の定めるところにより、指名競争に付し又は随意契約によることができる。

第29条の4　～　第29条の5　(略)

第29条の6　契約担当官等は、競争に付する場合においては、政令の定めるところにより、契約の目的に応じ、予定価格の制限の範囲内で最高又は最低の価格をもつて申込みをした者を契約の相手方とするものとする。ただし、国の支払の原因となる契約のうち政令で定めるものについて、相手方となるべき者の申込みに係る価格によつては、その者により当該契約の内容に適合した履行がされないおそれがあると認められるとき、又はその者と契約を締結することが公正な取引の秩序を乱すこととなるおそれがあつて著しく不適当であると認められるときは、政令の定めるところにより、予定価格の制限の範囲内の価格をもつて申込みをした他の者のうち最低の価格をもつて申込みをした者を当該契約の相手方とすることができる。

国の所有に属する財産と国以外の者の所有する財産との交換に関する契約その他その性質又は目的から前項の規定により難い契約については、同項の規定にかかわらず、政令の定めるところにより、価格及びその他の条件が国にとつて最も有利なもの（同項ただし書の場合にあつては、次に有利なもの）をもつて申込みをした者を契約の相手方とすることができる。

第29条の7　～　第29条の11　(略)

20. 予算決算及び会計令改正（昭和37年）

予算決算及び会計令の一部を改正する政令（昭和37年7月31日政令第314号）
（抜粋）

予算決算及び会計令（昭和22年勅令第165号）の一部を次のように改正する。

第七章を次のように改める。

第七章　契約

第二節　一般競争契約

第二款　公告及び競争

（予定価格の作成）

第七十九条　契約担当官等は、その競争入札に付する事項の価格（第九十一条第

一項の競争にあつては交換しようとするそれぞれの財産の価格の差額とし、同条第二項の競争にあつては大蔵大臣の定めるものとする。以下次条第一項において同じ。）を当該事項に関する仕様書、設計書等によつて予定し、その予定価格を記載した書面を封書にし、開札の際これを開札場所に置かなければならない。

（予定価格の決定方法）

第八十条　予定価格は、競争入札に付する事項の価格の総額について定めなければならない。ただし、一定期間継続してする製造、修理、加工、売買、供給、使用等の契約の場合においては、単価についてその予定価格を定めることができる。

2　予定価格は、契約の目的となる物件又は役務について、取引の実例価格、需給の状況、履行の難易、数量の多寡、履行期間の長短等を考慮して適正に定めなければならない。

第三款　落札者の決定等

（最低価格の入札者を落札者としないことができる契約）

第八十四条　会計法第二十九条の六第一項ただし書に規定する国の支払の原因となる契約のうち政令で定めるものは、予定価格が一千万円（各省各庁の長が大蔵大臣と協議して一千万円をこえる金額を定めたときは、当該金額）をこえる工事又は製造の請負契約とする。

（契約内容に適合した履行がされないおそれがあるため最低価格の入札者を落札者としない場合の手続）

第八十五条　各省各庁の長は、会計法第二十九条の六第一項 ただし書の規定により、必要があるときは、前条に規定する契約について、相手方となるべき者の申込みに係る価格によつては、その者により当該契約の内容に適合した履行がされないこととなるおそれがあると認められる場合の基準を作成するものとする。

第八十六条　契約担当官等は、第八十四条に規定する契約に係る競争を行なつた場合において、契約の相手方となるべき者の申込みに係る価格が、前条の基準に該当することとなつたときは、その者により当該契約の内容に適合した履行がされないおそれがあるかどうかについて調査しなければならない。

2　契約担当官等は、前項の調査の結果、その者により当該契約の内容に適合した履行がされないおそれがあると認めたときは、その調査の結果及び自己の意見を記載した書面を契約審査委員に提出し、その意見を求めなければならない。

（公正な取引の秩序を乱すこととなるおそれがあるため最低価格の入札者を落札者としない場合の手続）

第八十九条　契約担当官等は、第八十四条に規定する契約に係る競争を行なつた場合において、契約の相手方となるべき者と契約を締結することが公正な取引の秩序を乱すこととなるおそれがあつて著しく不適当であると認めたときは、その理由及び自己の意見を記載した書面を当該各省各庁の長に提出し、その者を落札

者としないことについて承認を求めなければならない。

2　契約担当官等は、前項の承認があつたときは、次順位者を落札者とするものとする。

（最低入札者を落札者としなかつた場合の書面の提出）

第九十条　契約担当官等は、次の各号に掲げる場合においては、遅滞なく、当該競争に関する調書を作成し、当該各号に掲げる書面の写しを添え、これを当該各省各庁の長を経由して大蔵大臣及び会計検査院に提出しなければならない。

一　第八十八条の規定により次順位者を落札者としたとき。　第八十六条第二項に規定する調査の結果及び自己の意見を記載した書面並びに第八十七条に規定する契約審査委員の意見を記載した書面

二　前条の規定により次順位者を落札者としたとき。　同条に規定する理由及び自己の意見を記載した書面並びに当該各省各庁の長の承認があつたことを証する書面

第四節　随意契約

（随意契約によることができる場合）

第九十九条　会計法第二十九条の三第五項の規定により随意契約によることができる場合は、次に掲げる場合とする。

一　国の行為を秘密にする必要があるとき。

二　予定価格が百万円をこえない工事又は製造をさせるとき。

三　予定価格が六十万円をこえない財産を買い入れるとき。

四　予定賃借料の年額又は総額が三十万円をこえない物件を借り入れるとき。

五　予定価格が二十万円をこえない財産を売り払うとき。

六　予定賃貸料の年額又は総額が十万円をこえない物件を貸し付けるとき。

七　工事又は製造の請負、財産の売買及び物件の貸借以外の契約でその予定価格が四十万円をこえないものをするとき。

八　運送又は保管をさせるとき。

九　日本専売公社、日本国有鉄道、日本電信電話公社、国民金融公庫、住宅金融公庫、農林漁業金融公庫、中小企業金融公庫、北海道東北開発公庫、公営企業金融公庫、中小企業信用保険公庫、医療金融公庫、日本輸出入銀行若しくは日本開発銀行又は大蔵大臣の指定する公団との間で契約をするとき。

十　農場、工場、学校、試験所、刑務所その他これらに準ずるものの生産に係る物品を売り払うとき。

十一　国の需要する物品の製造、修理、加工又は納入に使用させるため必要な物品を売り払うとき。

十二　法律の規定により財産の譲与又は無償貸付けをすることができる者にその財産を売り払い又は有償で貸し付けるとき。

十三　非常災害による罹災者に国の生産に係る建築材料を売り払うとき。

十四　罹災者又はその救護を行なう者に災害の救助に必要な物件を売り払い又は貸し付けるとき。

十五　外国で契約をするとき。

十六　都道府県及び市町村その他の公法人、公益法人、農業協同組合、農業協同組合連合会又は慈善のため設立した救済施設から直接に物件を買い入れ又は借り入れるとき。

十七　開拓地域内における土木工事をその入植者の共同請負に付するとき。

十八　事業協同組合、事業協同小組合若しくは協同組合連合会又は商工組合若しくは商工組合連合会の保護育成のためこれらの者から直接に物件を買い入れるとき。

十九　学術又は技芸の保護奨励のため必要な物件を売り払い又は貸し付けるとき。

二十　産業又は開拓事業の保護奨励のため、必要な物件を売り払い若しくは貸し付け、又は生産者から直接にその生産に係る物品を買い入れるとき。

二十一　公共用、公用又は公益事業の用に供するため必要な物件を直接に公共団体又は事業者に売り払い又は貸し付けるとき。

二十二　土地、建物又は林野若しくはその産物を特別の縁故がある者に売り払い又は貸し付けるとき。

二十三　事業経営上の特別の必要に基づき、物品を買い入れ若しくは製造させ又は土地若しくは建物を借り入れるとき。

二十四　法律又は政令の規定により問屋業者に販売を委託し又は販売させるとき。

第九十九条の二　契約担当官等は、競争に付しても入札者がないとき、又は再度の入札をしても落札者がないときは、随意契約によることができる。この場合においては、契約保証金及び履行期限を除くほか、最初競争に付するときに定めた予定価格その他の条件を変更することができない。

（予定価格の決定）

第九十九条の五　契約担当官等は、随意契約によろうとするときは、あらかじめ第八十条の規定に準じて予定価格を定めなければならない。

（見積書の徴取）

第九十九条の六　契約担当官等は、随意契約によろうとするときは、なるべく二人以上の者から見積書を徴さなければならない。

第六節　契約の履行

（監督の方法）

第百一条の三　会計法第二十九条の十一第一項に規定する工事又は製造その他に

ついての請負契約の適正な履行を確保するため必要な監督（以下本節において「監督」という。）は、契約担当官等が、自ら又は補助者に命じて、立会い、指示その他の適切な方法によつて行うものとする。

（検査の方法）

第百一条の四　会計法第二十九条の十一第二項に規定する工事若しくは製造その他についての請負契約又は物件の買入れその他の契約についての給付の完了の確認（給付の完了前に代価の一部を支払う必要がある場合において行なう工事若しくは製造の既済部分又は物件の既納部分の確認を含む。）をするため必要な検査（以下本節において「検査」という。）は、契約担当官等が、自ら又は補助者に命じて、契約書、仕様書及び設計書その他の関係書類に基づいて行なうものとする。

（監督の職務と検査の職務の兼職禁止）

第百一条の七　契約担当官等から検査を命ぜられた補助者及び各省各庁の長又はその委任を受けた職員から検査を命ぜられた職員の職務は、特別の必要がある場合を除き、契約担当官等から監督を命ぜられた補助者及び各省各庁の長又はその委任を受けた職員から監督を命ぜられた職員の職務と兼ねることができない。

（監督及び検査の委託）

第百一条の八　契約担当官等は、会計法第二十九条の十一第五項の規定により、特に専門的な知識又は技能を必要とすることその他の理由により国の職員によつて監督又は検査を行なうことが困難であり又は適当でないと認められる場合においては、国の職員以外の者に委託して当該監督又は検査を行なわせることができる。

21. 中建審建議 公共工事に関する入札・契約制度改革（平成5年）

○　公共工事に関する入札・契約制度の改革について

〔平成5年12月21日中央建設業審議会建議〕

二　入札・契約制度改革の基本的視点

(3)　改革の基本的考え方

①　一般競争方式の採用

指名競争方式が悪用されたことが今日の深刻な不祥事を引き起こす一因になったことに鑑みれば、不正の起きにくい入札・契約方式への改革が必要である。このため、

ⅰ）　手続きの客観性が高く、発注者の裁量の余地が少ないこと、

ⅱ）　手続きの透明性が高く、第三者による監視が容易であること、

ⅲ）　入札に参加する可能性のある潜在的な競争参加者の数が多く、競争性が高いこと、

が求められており、これらの点に大きなメリットを有している一般競争方式の採用

の可能性について、まず第一に検討されるべきである。

しかしながら、無制限の一般競争方式による場合には、誰でもが競争に参加できるため、施工能力に欠ける者が落札し、公共工事の質の低下や工期の遅れをもたらすおそれがある。このため、そのような競争方式が公共工事において用いられている国は見当たらず、各国とも不良不適格業者の排除に様々な工夫をしているところである。例えば、一般競争方式を採用している米国においては、入札ボンドによる審査、発注者による事前・事後の審査等により、何重ものセーフガード（信頼できる業者を選択するための担保措置）を講じている。

一般競争方式は、その他にも入札・契約や工事監督に係る事務量の増大、受注の偏りや過大受注のおそれなどの問題も有しており、そのようなデメリットを極力少なくするための方策について検討することが必要である。

② 指名競争方式の改善

一般競争方式については、不良不適格業者の排除等の措置に限界があることから、発注される工事の規模や内容によっては一般競争方式のデメリットが顕在化することがある。このような場合には、信頼できる建設業者の選定、入札・契約や工事監督に係る事務の簡素化、受注の偏りの排除、良質な施工に対するインセンティブの付与などのメリットを有する指名競争方式を活用することが適当である。

この場合においても、指名競争方式の透明性・客観性、競争性を格段に高めることが必要であり、その具体的な改善方策について検討する必要がある。

③ 多様な入札・契約方式の活用

競争入札方式は、一般的には、価格によって落札者が決定される。しかし、技術競争を促進しながら、公共工事の質を高めるためには、公共工事契約の相手方の選定に際し、価格以外の技術的要素を重視することも重要な方法であると考えられる。

このため、価格だけでなく、工期、安全性、維持管理費用、デザインなどの要素をも総合的に評価することにより契約の相手方を決定する技術提案総合評価方式の導入を検討すべきである。

また、災害復旧工事等の緊急を要する工事や特殊な技術を要する工事については、随意契約によることが適当であると考えられるが、その場合にも手続きの透明性・客観性を高める工夫が必要である。

従来、ともすればある一つの方式（例えば指名競争方式）がすべての公共工事を通じて最もふさわしい入札・契約方式であるというように考えられがちであったが、多様な入札・契約方式の中から、それぞれの方式の特徴を勘案しながら、対象工事の性格、建設業者の状況等市場の特性に応じた最適な方式を、新しい視点に立って選択することこそが基本となるべきである。

三 入札・契約方式改革の基本方針

(1) 一般競争方式の採用

①　適用の対象

一般競争方式の対象範囲については、工事の特性及び我が国の建設市場の状況を十分踏まえた検討を行うことが必要である。

一般競争方式のメリットを十分に活かし、そのデメリットをできるだけ顕在化させないためには、資格審査等の制度的工夫を図ることが必要であるが、当面、次の理由により、一定規模以上の大規模工事について一般競争方式を採用することが合理的であると考えられる。

ｉ）　施工の難易度という点からは、大規模工事ほど施工業者の選定について慎重とならざるを得ないが、現実には、大規模業者については経営能力や施工の信頼性に不安の残る者はほとんどいないのに対して、規模が小さくなるに従って、財務・経営能力や信用力に不安の残る者が増大する傾向にあること。

ⅱ）　大規模業者については過去の工事実績等に関する情報が豊富であり、発注者においても容易に施工業者の能力が判断できること。

ⅲ）　不良不適格業者の参入は小規模工事の方が容易であること。

ⅳ）　小規模工事は発注件数が多く、事務量が膨大となること。

ｖ）　ガット政府調達協定改定交渉の進展等大規模工事の分野について国際調達のルールが定められつつあること。

一般競争方式の対象となる工事は、国、公団等については、原則として、各々一定規模以上の大規模工事とするが、地方公共団体の工事については国、公団等の規模を参考としながら、工事の内容、さらには不良不適格業者の混入可能性等を総合的に考慮して定められるべきである。

一定規模以下の工事については、どのような発注方式を採用するかは基本的には発注者の選択を委ねられるべきであると考えられるが、その現実的な選択として、指名競争方式を主として活用するものとしても、大幅に透明性・客観性、競争性を高める措置を講ずる必要がある。

将来に向けては、資格審査体制の充実を図るとともに、建設業界における競争体質の強化、入札手続き及び施工監督に係る事務量の軽減方策の検討を進め、また、一般競争方式の実施状況を勘案しながら、一般競争方式の対象範囲を拡大することが必要である。

②　競争参加者の資格審査の必要性

ア　セーフガード（信頼できる業者を選択するための担保措置）の必要性

一般競争方式は、一定の資格を満たす者であれば誰でも競争に参加できる仕組みであり、競争性が高い反面、不良不適格業者の混入する可能性も大きいことから、セーフガードの重要性は高い。このことは一般競争方式を採用している各国に共通する考え方である。

この場合、ペーパーカンパニーや暴力団関係企業のように、そもそもの営業に

問題がある者のみならず、一般には優良企業とされている者であっても、対象工事の規模や必要とされる施工技術等からみて的確な施工に不安が生ずる場合、他に多くの工事を抱え過大受注となる場合なども、的確に選別することができるものでなければならない。

イ　セーフガードの一層の充実

我が国においては、建設業法による許可制度、経営事項審査をベースとして各発注者において競争参加資格の審査を行い、さらに有資格者名簿に登録された業者の中から信頼できる業者を指名することによって、セーフガードが講じられてきた。

このうち、建設業の許可制度は建設業の営業のための最低必要条件であるに止まり、工事規模、施工技術の程度等に差異がある個別的な建設工事の適正な施工を確保するには不十分である。

今後、一般競争方式を幅広く採用していくとすれば、建設業許可の段階における不良不適格業者の的確な排除に一層努めるとともに、経営事項審査や個別工事に係る技術力の審査等資格審査体制の充実により、的確なセーフガードが構築されなければならない。

ウ　我が国における入札ボンド制度導入の可能性

入札に参加するに当たって実質的な事前審査としての役割を果たす入札ボンド制度を導入してはどうかとの議論がある。

この制度は、米国、カナダ等で広く使われているが、ヨーロッパ等他の国ではほとんど使われていない。

入札ボンドは落札者が契約を締結することを保証するものであるが、契約時には履行ボンドの提出が求められるため、入札ボンドの発行時には、履行ボンドの発行を前提とした審査が行われている。

本制度は、第三者による審査であり発注者の恣意から独立していること、ボンド会社自らの経営に影響するので真剣な審査が期待できること、与信枠の設定等により過大受注の防止が図られること、保証会社に審査を委ねられるので発注者の審査業務の軽減が図られることというメリットを有している。

その反面、入札ボンド審査の内容は財務・経営状況の審査が主であって、技術審査については技術者の保有状況等の一般的な審査に止まらざるを得ないこと、ボンド会社は営利企業であること等の限界があり、米国においても、入札ボンド制度に加えて、発注者による厳格な審査が行われている。

米国のボンド制度は一〇〇年以上の歴史の中で資格審査機能の充実が図られたものであり、法律によりほとんど全ての公共工事について入札・履行ボンドが義務付けられていることにより成り立っているものである。我が国においては、現状ではこれらの素地があるとはいい難いが、履行ボンドの検討状況を踏まえなが

ら、今後引き続き、入札ボンドについても検討されてしかるべき課題であると考える。

③　競争参加資格の設定と確認等

ア　総合的経営力・技術力の審査と評価結果の活用

一般競争方式の参加者を的確に審査するためには、米国で行われている入札ボンド審査と同様に、参加者の総合的な財務・経営状況や技術力について、客観的に判断する必要がある。このための方法としては、我が国で既に定着している経営事項審査の充実・活用を図ることが妥当である。

競争参加者の資格要件として経営事項審査の評価結果を活用するに当たっては、競争性の確保の観点から十分な競争参加資格者が確保される必要があり、あまりに制限的にならないようにすべきである。

イ　個別工事に係る条件の提示

公共工事の発注に当たって、具体的な工事に照らして本当に施工能力があるかどうかを判断するためには、過去の同種工事の実績、十分な資格・経験を有する技術者の配置等を条件とすることが必要である。これらの条件については、入札に参加しようとする者が条件に適合しているか否かを自ら判断できるように、客観的かつ具体的に公告しなければならない。

また、特に施工の難易度が高い工事については、予め当該工事に係る施工計画の提出を求め、それについての事前技術審査を行う方式（「施工計画審査型」）も考えられる。

手持ち工事量からみた受注可能量、過去の工事成績、労働安全の状況等については、今すぐ客観的な条件として設定することは困難であるが、いずれも受注者の選定に当たって重要な事項であり、その条件化の方法について早急に検討する必要がある。

競争参加資格条件の設定に当たっては、予め条件の設定の考え方（基準）を制定・公表するとともに、具体的な条件設定に当たっても、合議制を活用すべきである。また、必要に応じ、学識経験者の意見を聴くことも検討すべきである。

ウ　競争参加資格の確認等

競争参加資格者の確認については、必要に応じて合議制を活用しながら、入札の実施前に行うこと（事前審査方式）とし、特に技術的難度の高い工事等にあっては、学識経験者による専門的意見を聴くことも検討すべきである。

米国の連邦工事等においては、入札ボンド審査に加えて、入札後の審査制度が設けられている。入札後の審査制度は、最低価格入札者のみを審査すればよいので審査業務が軽減され、その分念入りな審査が可能となるというメリットがある。しかし、事前審査と異なり、契約をほぼ手中にしている者を入札後の審査により失格とすることは、当事者間の紛争の激化、異議申立てによる手続きの遅延等を

もたらすことから、よほど重大な事由がない限りは、入札・契約手続きの最終段階で最低価格入札者を失格とすることには相当の困難を伴うこととなる。

参加資格の確認結果については、申請者全員に対して通知をするとともに、資格がないと認められた者に対しては、その理由を明記すべきである。

参加資格が認められた業者名や業者数は、競争性を維持する観点から、入札時まで伏せておくことが適当である。

なお、入札終了後においては、入札経緯及び結果について閲覧方式により速やかに公表すべきである。

22. 建設省 公共工事の品質確保等のための行動指針（平成10年）

公共工事の品質確保等のための行動指針

平成10年2月10日

建 設 省

Ⅰ　発注者の役割とは

一般に、公共事業の発注者である国、地方公共団体等は、良質な社会資本を低廉な価格で整備し、維持する責任を有している。その目的を達成するために、発注者には公正さを確保しつつ、良質なモノを低廉な価格でタイムリーに調達する責任（発注者責任）がある。また、公共工事の発注者である国、地方公共団体等は調達のための投資のフロー効果を通じて、国（又は地域）の産業を育成することも期待されるが、分けて考える必要がある。

（http://www.kuniomi.gr.jp/chikudo/news/2001/kensetsu_chikudo/keg19980210.html）

木下　誠也（きのした　せいや）

昭和28年、大阪府生まれ。東京大学大学院工学系研究科（土木工学）修士課程修了。建設省に入省し、九州・中部・近畿地方建設局、静岡県、河川局、大臣官房、建設経済局等を経て、国土交通省国際建設課長、水資源計画課長、中部地方整備局企画部長、関東運輸局次長、内閣府沖縄総合事務局次長、近畿地方整備局長等。

大臣官房において、入札契約制度改革、日米建設協議の折衝に当たったほか、国際建設課長等として、海外建設プロジェクトの推進に関わる。また、和歌山工事事務所をはじめ地方整備局等で公共工事発注の実務に携わる。国土交通省退官後は、財団法人ダム水源地環境整備センター、愛媛大学防災情報研究センター、日本大学生産工学部を経て、平成28年4月より日本大学危機管理学部教授。その他、国土交通省国土審議会専門委員、社会資本整備審議会および交通政策審議会臨時委員、技術者資格制度小委員会委員長、土木学会建設マネジメント委員会委員、日本学術会議連携会員、一般社団法人建設コンサルタンツ協会理事等。

著書に『公共工事における契約変更の実際』（編著、経済調査会発行）、『公共調達研究』（日刊建設工業新聞社発行）、『南海トラフ巨大地震に備える』（共著、愛媛大学防災情報研究センター　企画・編集・発行）。専門は、建設マネジメント、防災・危機管理、社会資本の整備・管理、河川・水資源の計画・管理等。

博士（工学）、技術士（建設部門・総合技術監理部門）、APECエンジニア（Civil分野、Structural分野）。

公共調達解体新書（コウキョウチョウタツカイタイシンショ）

建設再生に向けた調達制度再構築の道筋（ケンセツサイセイ ム チョウタツセイド サイコウチク ミチスジ）

発　行　平成29年2月7日　初版発行

著　者　木　下　誠　也（キノ シタ セイ ヤ）

発　行　一般財団法人　経済調査会

〒105-0004 東京都港区新橋6-17-15

電話　03-5777-8221（編集）　03-5777-8222（販売）

FAX　03-5777-8237（販売）

E-mail book@zai-keicho.or.jp

https://www.zai-keicho.or.jp/

印刷・製本　三美印刷株式会社

ISBN 978-4-86374-213-0